黄河國家治理文獻集成（民國卷）第十七册
《黄河國家治理文獻集成》編委會　編
總第八十一册

恩格思治導黄河試驗報告彙編

全國經濟委員會水利處　編
魏雪剛　編

内蒙古出版集團
内蒙古人民出版社

圖書在版編目（CIP）數據

恩格思治導黄河試驗報告彙編 / 全國經濟委員會水利處，魏雪剛編．-- 呼和浩特 ：内蒙古人民出版社，2025．8．--（黄河國家治理文獻集成）．-- ISBN 978-7-204-18461-3

Ⅰ．TV882.1

中國國家版本館 CIP 數據核字第 202539YE61 號

恩格思治導黄河試驗報告彙編

全國經濟委員會水利處　編

編　　者	魏雪剛
策劃編輯	王　瑶
責任編輯	賈大明
裝幀設計	劉那日蘇　吉　雅　安立新
責任監印	包鐵柱
出版發行	内蒙古出版集團　内蒙古人民出版社
地　　址	呼和浩特市新城區中山東路 8 號波士名人國際 B 座 5 層
網　　址	http：//www.impph.cn
印　　刷	内蒙古愛信達教育印務有限責任公司
開　　本	880mm×1230mm　1/16
印　　張	19.75
字　　數	230 千
版　　次	2025 年 8 月第 1 版
印　　次	2025 年 8 月第 1 次印刷
印　　數	1—1000 册
書　　號	ISBN 978-7-204-18461-3
定　　價	170.00 元

如出現印裝質量問題，請與我社聯繫。聯繫電話：（0471）3946120

編纂委員會

引言

千古河流成沃野，幾年沙勢自風湍。

得益于黄河冲積所帶來的疏松土質和有機物，中華先民利用石製工具開始了農業生産，并逐步發展出旱地粟作農業，『能够最大程度保障食物供給的穩定性，奠定了中華文明起源和形成的堅實基礎』[一]。而利用河水灌溉，提高區域可預測農業産量，『在産業史上起着最有决定性的作用』[二]。隨後，技術進步、經濟發展、人口增加，讓先民的文化生活大爲豐富。嚴文明先生評價道：『這是一場影響深遠的革命。』[三]在這場革命中，平衡水、沙、産、人四者之間的關係，始終是黄河治理的核心問題。四者關係一旦失衡，就容易引發諸多災患。

歷史上，黄河下游因人口稠密、經濟發達，一直是學術界關注的重點。但自河源至今内蒙古托克托縣河口鎮的黄河上、中游區域，雖遠離王畿，人口稀疏，却也一直備受關注，人們逐步認識到黄河全流域治理是國家的重要任務。《漢書》載：『堤防之作，近起戰國，雍防百川，各以自利。』[四]没有全流域的協同治理，僅靠各地分段築堤，則黄河河患無法解决。秦建立了中國歷史上第一個中央集權大一統王朝，秦始皇東巡碣石，刻石銘記『决通川防，夷去險阻』[五]，開啓中央政府調動各要素治黃之先河，這『在中國，實質上是國家的一種職能』〔六〕。同時，國家通過對黃河的有效治理，爲沿黃流域人民群衆乃至其他地區人民群衆提供了重要的公共物品和産業支撑，成爲人民群衆眼中中央政府的功過評價指標之一。因此，治黃在增强沿黃各族群國家、政治、文化認同的基礎上，强化了中國大一統國家的合法性，成爲歷代國家治理能力的一個重要測度。

一、黃河治理維護了國家的社會穩定

從秦并六國到漢朝建立大一統國家，中國統一的多民族國家形成并得到初步發展。當時中央政府對所轄疆域有『北邊郡』和『内郡』之稱。内蒙古額濟納旗出土的居延漢簡有載，『貇（墾）田以鐵器爲本北邊郡毋鐵官印器内郡令郡以時博賣予細民毋令豪富吏民得多取販賣細民』，可以看出北邊郡是與内郡相對應的行政管轄區域。《史記》卷二十八『封禪書第六』載：『上乃遂去，並（并）海上，北至碣石，巡自遼西，歷北邊至九原。』〔七〕。《史記》卷三十『平準書第八』載：『天子北至朔方，東到太山，巡海上，並（并）北邊以歸。』〔八〕司馬遷多次提及北邊，足見統治者對北邊治理的重視。

漢武帝時，齊人延年提出從今内蒙古引黃河水經今北京一帶，向東注入渤海，以衛北部邊疆。『是時方事匈奴，興功利，言便宜者甚衆。齊人延年上書言：「河出昆侖，經中國，注勃海，是其地勢西北高而東南下也。可案圖書，觀地形，令水工準高下，開大河上領，出之胡中，東注之海。如此，關東長無水災（灾），北邊不憂匈奴，可以省隄（堤）防備塞，士卒轉輸，胡寇侵盜（盗），覆軍殺將，暴骨原野之患。天下常備匈奴而不憂百越者，以其水絶壤斷也。此功壹（一）成，萬世大利。」』〔九〕《史記》卷二十四『樂書第二』載：『天馬來兮從西極，經萬里兮歸有德。承靈威兮降外國，涉流沙兮四夷服。』〔十〕如今，包頭地區出土了『四夷盡服』瓦當，出土文物與傳世文獻的呼應，成爲黄河治理維護祖國北部邊疆穩定的見證。

《史記》卷三十『平準書第八』載：『嚴助、朱買臣等招來東甌，事兩越，江淮之閒（間）蕭然煩費矣。唐蒙、司馬相如開路西南夷，鑿山通道千餘里，以廣巴蜀，巴蜀之民罷焉。彭吳（吴）賈滅朝鮮，置滄海之郡，則燕齊之閒（間）靡然發動。及王恢設謀馬邑，匈奴絶和親，侵擾北邊，兵連而不解，天下苦其勞，而干戈日滋。』〔十一〕清代《汾陽縣志》卷十三『藝文』收録曹學閔《開修黄蘆嶺車路紀德政碑記》，上載：『永寧州，界連西陲，北達邊外歸綏諸路，商賈遠貿粟麥，泛皮船隨黄流南下，聚于州西磧口，一府之民仰利賴焉。而東至太原，南抵平陽，州縣凡二十餘，亦視汾爲橐鑰，蓋所繫非特一方生計矣。』〔十二〕民國時期，東北淪陷後，開發西北刻不容緩，而『黄河中游之水利，自應加以擴充及整理，藉（借）收桑榆之效，以挽狂瀾於（于）萬一』〔十三〕。

因黄河流域自然條件優越，歷朝歷代都十分重視對此地的開發，通過强有力的國家干預方式推動各類產業的發展，爲中國北部疆域的形成和社會穩定奠定了基礎。

二、民族交往、物資交流、技術轉移促成黄河治理共同體

《史記》卷十五『六國年表第三』載：秦始皇三十三年（前214），『築長城河上，蒙恬將三十萬』[十四]。這數十萬人中，擁有一技之長的人員不在少數。由此，邊地人口不斷增多，而豐富的物產則促進了商品交流與統一市場的形成。西漢《鹽鐵論・力耕第二》記録了『异物内流』的情形：『是以贏（騾）驢馲駞（駝），銜尾入塞，驒騱騵馬，盡爲我畜，鼲鼦狐貉，采旃文罽，充於（于）内府，而璧玉珊瑚瑠（琉）璃，咸爲國之寶。』[十五]此後，黄河北岸的『贏（騾）驢馲駞（駝）』『驒騱騵馬』『鼲鼦狐貉』『采旃文罽』與西南織錦、中原麻織、農作物等物資相互交流，逐步形成統一的國内大市場，加强了邊疆與其他地區的經濟聯繫，促進了邊疆特色產業的發展。

隨着民族交往交流交融的增强，清代以降，黄河流域内蒙古段輸入到内地的也不僅僅是『异寶』了。《綏遠通志稿・水路》載：『自乾隆以還。口外墾殖日廣。民殷物阜。出境之油、糧、鹽、鹼（碱）、甘草各貨。入境之日用雜貨。山西與歸綏往來之商運。凡經河路者皆以托屬河口爲唯一之碼頭。』[十六]從清乾隆年間到民國時期，由内蒙古經黄河運到山西的貨物有糧、油、鹽、碱、藥材、皮毛等，其中以糧油爲最大宗。糧食品種主要有糜黍、穀子、高粱、豆類及玉米、大小麥

等，油料主要是胡麻。内蒙古供貨支綫有從阿拉善盟阿拉善左旗吉蘭泰鹽池到山西吕梁市磧口鎮的運鹽駝路，五原縣、臨河區一帶各大幹渠的運糧水道，杭錦旗、達拉特旗的甘草馱運綫，鄂托克旗的運碱駝路。内蒙古段各條支綫以供貨爲主，山西段若干支綫以運銷爲主。

《臨縣志》載：『清朝乾隆至民國年間，陝、甘、綏、蒙等地的物資，通過此航綫運達磧口，再用牲口馱運到離石、吴城，轉運至東路（汾、平、介、孝等縣）。據民國 20 年（1931）統計，每年從綏遠磴口航至磧口的貨船不下 4000 餘艘』，『是陝、甘、綏、寧與晋西北物資集散之重鎮』。[十七]可見，内蒙古在甘肅、寧夏與陝西、山西等沿黄上下游物資交易中起到了重要的聯結作用；同時也吸引了山西、陝北、河北、山東、甘肅等地的農民遷移至此，并將開渠打壩、引水澆地等農業生産技術、手工技術和商業貿易經營方式帶到這裏。他們在此扎根，除了從事農業生産外，還挖甘草、下窑背炭、在黄河上拉船、在沙漠中拉駱駝、打短工放冬羊、開碾磨油坊，等等。不同地域、不同民族的人們合力修築河渠、引水興業，逐漸形成休戚與共的共同體。其間積纍的産品交易、商業管理、社會治理等方面的經驗，在今天依然有借鑒意義。

清代『首重治河，探河源以窮水患』[十八]，但更深層次的考量是『宣揚大一統及增强國家認同』[十九]。黄河流域人口基數大、分布廣，而全流域治理理念將不同地區、不同民族的人們凝聚成命運共同體，而『大一统』理念正是這一治理實踐的核心主題。

三、黄河流域拓展了中國的發展空間

早期統治者因巡幸及邊防建設所需，統籌管理沿黄河運與秦直道等沿黄馬道，維持着中央政府對北邊的有效治理。河套平原引黄渠道的建設爲秦漢王朝屯田事業提供了基本的水利保證，并將這些區域變成防禦北部邊患的大後方與根據地。于是，沿黄馬道、沿黄河運與萬里茶道、草原絲路等陸路運輸聯通起來，促進了中華文明與其他文明的交流互鑒，拓展了新的發展空間。

新中國成立之後，沿黄各族兒女在中國共産黨的領導下團結合作、艱苦奮鬥，實現了大河安瀾。黄河流域建立起行之有效的防洪抗汛機制，支撑着沿岸的産業發展，改善了周邊生態環境。當代治黄史證明，正是由于中國共産黨的正確領導以及集中力量辦大事的制度優勢，纔從根本上減輕了河患的威脅。進入新時代，黄河流域在築牢安瀾根基的同時，以蓬勃活力拓展着中國的發展空間。沿黄九省區在協同發展中不斷釋放潛力，讓黄河流域成爲國家區域協調發展戰略中不可或缺的重要一極，爲中國的發展源源不斷地注入新動能。

綜上所述，黄河流域的治理不是單純的河道治理、生態環境治理或社會治理，而是一種關涉水、沙、産、人四者關係的系統性、協同性治理，是推動國家可持續發展的動力，也是厘清國家治理與邊疆治理兩者動態交互實際效果的絶佳視角。而黄河工程等『中國本土理論資源、學術積纍』〔二十〕，有助于研究國家治理的演進歷程。進入新時代，黄河治理與國家治理的關係研究不斷開闢新視角、持續涌現新成果，其中鑄牢中華民族共同體意識、邊疆治理與黄河流域生態保護和高質量發展成爲非常重要的研究視角。因此，基于這一角度搜集整理黄河國家治理文獻，意義重大。《黄河國家治理文獻集成》，應運而生。

本叢書系統梳理了黄河治理的歷史脉絡與經驗，既爲新時代黄河流域生態保護和高質量發展提供了歷史鏡鑒，更以文獻爲載體，傳承了治理智慧、凝聚了民族力量，是服務國家發展戰略、鑄牢中華民族共同體意識的重要學術實踐。

《黄河國家治理文獻集成》編委會

二〇二五年一月

〔一〕韓建業：《中華文明的起源和形成》，載《中華民族共同體研究》2022 年第 4 期，第 80–91+172 頁。

〔二〕中共中央馬克思恩格斯列寧斯大林著作編譯局：《馬克思恩格斯選集》第二卷，人民出版社，2014 年，第 240 頁。

〔三〕嚴文明：《黄河流域文明的發祥與發展》，載《華夏考古》1997 年第 1 期，第 49–54+113 頁。

〔四〕（漢）班固：《漢書》卷二十九『溝洫志第九』，中華書局，1964年，第1692頁。

〔五〕（漢）司馬遷：《史記》卷六『秦始皇本紀第六』，中華書局，1963年，第252頁。

〔六〕冀朝鼎：《中國歷史上的基本經濟區與水利事業的發展》，朱詩鰲譯，中國社會科學出版社，1981年，第7頁。

〔七〕（漢）司馬遷：《史記》卷二十八『封禪書第六』，中華書局，1963年，第1398-1399頁。

〔八〕（漢）司馬遷：《史記》卷三十『平準書第八』，中華書局，1963年，第1441頁。

〔九〕（漢）班固：《漢書》卷二十九『溝洫志第九』，中華書局，1964年，第1686頁。

〔十〕（漢）司馬遷：《史記》卷二十四『樂書第二』，中華書局，1963年，第1178頁。

〔十一〕（漢）司馬遷：《史記》卷三十『平準書第八』，中華書局，1963年，第1420-1421頁。

〔十二〕（清）方家駒修，（清）王文員纂：《汾陽縣志》卷十三『藝文』，清光緒十年刻本，第57-58頁。

〔十三〕王華棠、劉錫彤、吳樹德：《黃河中游調查報告》，華北水利委員會編印，1934年，第1頁。

〔十四〕（漢）司馬遷：《史記》卷十五『六國年表第三』，中華書局，1963年，第758頁。

〔十五〕王利器：《鹽鐵論校注》，中華書局，1992年，第28頁。

〔十六〕綏遠通志館：《綏遠通志稿》第十冊，內蒙古人民出版社，2007年，第176頁。

〔十七〕臨縣志編纂委員會：《臨縣志》，海潮出版社，1994年，第273、321頁。

〔十八〕趙爾巽等：《清史稿》卷一二六『河渠一』，中華書局，1977年，第3715頁。

〔十九〕劉惠：《乾隆朝重構黃河河源的實踐與國家認同》，載《清華大學學報》（哲學社會科學版）2018年2期，第147-154+195頁。

〔二十〕許耀桐：《當代中國『治理』概念的演進探析》，載《國家現代化建設研究》2023年3期，第100-111頁。

出版前言

黄河，中華民族的母親河，她不僅孕育了中華文明，更見證了中華民族數千年的發展歷程。習近平總書記深刻指出：『從某種意義上講，中華民族治理黄河的歷史也是一部治國史。』這一重要論述，爲新時代黄河文化的保護傳承以及流域治理提供了根本遵循，也深刻揭示了黄河治理在國家發展和民族復興進程中的核心地位。在學習貫徹習近平新時代中國特色社會主義思想，積極響應國家黄河流域生態保護和高質量發展重大戰略，大力推進北疆文化建設的背景下，《黄河國家治理文獻集成》的編纂出版，具有重要的歷史意義、學術價值與現實指導意義。

黄河治理，自古以來就是國家的頭等大事。從遠古時期大禹治水，到當代運用科學技術進行系統治理，中華民族在數千年的時間裏，積纍了豐富的治河經驗，留下了浩如烟海的文獻遺産。《黄河國家治理文獻集成》收録了元代至民國時期古籍、朱批奏摺、期刊圖片等多模態文獻資源。這些文獻内容豐富、維度多元，既包含記載河工技術、治理方略等的專書，又有漢文朱批奏摺、工程檔案以及不同區域的調查研究報告等。民國時期的文獻則標志着現代水利科學開始融入黄河治理，展現了我國水利事業在時代變革中的創新與發展。近代照片的收録則以更加直觀的方式將黄河治理、黄河沿岸的風貌呈現給讀者。

該文獻的出版，不僅是對瀕危黄河文化遺産的及時搶救與保護，更是對我國水利史、國家治理史、邊疆治理研究學術鏈條的重要補充，具有較高的文獻價值和學術意義。尤爲重要的是，這一集成工作，深度契合鑄牢中華民族共同體意識這一全黨全國各族人民的共同任務。各民族在治理黄河的歷史進程中，緊密協作、共同探索，這些珍貴文獻便是各民族交往交流交融和中華文明認同的生動見證。對這些文獻進行整理出版，能够讓各族人民更加深刻地認識到，在歷史長河中，各民族共同爲黄河治理貢獻了力量，共同守護了家園，從而進一步增强對中華民族共同體的認同感與歸屬感，夯實鑄牢中華民族共同體意識的歷史根基。

《黄河國家治理文獻集成》以『國家治理』爲核心綫索，構建起一個全面、系統、多維的文獻體系：在時間跨度上，聚焦從元代至民國這一傳統治河向現代水利轉型的歷史時期，爲深入研究我國水利事業的發展脉絡提供了清晰的時間坐標；在内容分類上，細緻劃分爲技術專著、工程檔案、區域研究、朱批奏摺、科學報告、圖片等類别，涵蓋黄河治理的各個方面，從不同角度展現了我國在黄河治理上的探索與實踐；在版本選擇上，秉持嚴謹、科學的態度，確保文獻内容的準確性與代表性，爲學術研究奠定堅實基礎。

在編纂過程中，叢書特别注重『全流域治理』的理念，不僅收録了有關下游防洪治河的重要文獻，還涵蓋了中游地區水土保持以及上游地區灌溉開發等方面的珍貴記載。這種對黄河全流域治理的全方位關注，與當前『共同抓好大保護，協同推進大治理』的要求高度契合，充分體現了叢書在傳承歷史文化遺産的同時，緊密服務于當代國家發展戰略的時代價值。

在出版過程中，嚴格保持原書的版式與行款，最大程度地還原文獻原貌。對于部分出現黴變、殘缺的頁面，運用先進的數字化修復技術進行精心處理，在保留原始批注與印章痕迹的基礎上，兼顧了文物的真實性與文獻的可讀性。

此外，爲了更好地服務讀者，方便學術研究，本叢書新增了目録、提要等内容，這些新增部分由編委會精心撰寫。新增目録一般編製二級，個别圖書編製三級；原書有目録而内文無對應標題的，根據原書目録照録；原書目録爲關鍵詞或者其他情況的不編製目録；原書目録與内文不一致的，以原書内文爲準；原書無目録的，按卷端、版心或其他部分輯録；一册書中收録多種圖書的，以書名爲一級標題，編製二或三級。在文字使用上，統一使用現代漢語規範繁體字，對于原版文獻中的异體字、避諱字也使用現代規範繁體字，無對應規範繁體字的保留原字。

《黄河國家治理文獻集成》的出版，是對黄河文化遺産的一次系統性、搶救性保護，具有重大而深遠的現實意義：從學術價值層面來看，叢書成功構建起一座連接傳統與現代治黄文獻的橋梁，爲黄河流域生態保護、水利工程史、國家治理史、邊疆治理、中華民族共同體學等多個領域的學術研究提供了豐富、翔實的基礎文獻，有力推動了相關學科的發展與創新；從文化價值角度而言，生動展現了北疆文化與黄河文化在歷史長河中的交融共生，爲内蒙古『北疆文化』品牌建設提供了堅實的文獻支撑，進一步豐富了中華文化的内涵與外延；從實踐價值方面考量，書中所藴含的治河理念爲我們在新時代背景下實現人與自然和諧共生、推動黄河流域可持續發展提供了寶貴的歷史經驗與智慧啓示。

在此，我們要衷心感謝各藏書機構的大力支持，正是他們提供了珍貴底本資源，纔使得本叢書的編纂出版成爲可能。同時，我們也要向文化遺産智能應用服務中華民族共同體建設『英才與蒙』團隊致以崇高的敬意，他們歷經五年的辛勤耕耘，以嚴謹的治學態度和專業的學術素養，對文獻進行了系統的整理和輯録，爲叢書的内容質量提供了堅實保障。此外，我們還要特别感謝内蒙古自治區黨委宣傳部、内蒙古出版集團將本叢書納入『北疆文庫』重點項目，并在出版過程中給予全方位支持與幫助。

我們衷心期待，這套凝聚着無數心血與智慧的《黄河國家治理文獻集成》，能够在新時代的『黄河大合唱』中奏響歷史的强音，爲黄河流域生態保護和高質量發展注入强大的歷史動力，讓黄河文化在保護中傳承，在傳承中創新，在創新中不斷發展，綻放出更加絢爛的光彩。同時，希望這套叢書能够成爲促進各民族文化交流、鑄牢中華民族共同體意識的重要載體，助力各民族更加緊密地團結在一起，共同爲實現中華民族偉大復興的中國夢而努力奮鬥，讓中華民族共同體意識在黄河文化的滋養下，扎根于每一位中華兒女的心中，成爲推動中華民族不斷前進的强大精神力量。

提要

《恩格思治導黄河試驗報告彙編》，一九三六年全國經濟委員會水利處編。恩格思（Hubert Engels，1854—1945），德國德累斯頓工業大學教授，因首創河道模型試驗而聞名于世。他于一九三二年和一九三四年在德國進行了兩次大規模黄河模型試驗，研究黄河下游的治理方法。這兩次試驗報告組成了《恩格思治導黄河試驗報告彙編》的核心内容。此外，該書正文還收録恩格思《制馭黄河論》《黄河丁壩試驗簡要報告》兩篇重要文章及其肖像和傳略。此書附録包括《魯豫冀三省派員赴德參加黄河試驗全案》《全國經濟委員會派員赴德參加黄河試驗全案》《討論集》《全國經濟委員會頒給恩格思水利奬章全案》，全面呈現了兩次黄河模型試驗的歷史過程。鑒于其治理黄河的卓越貢獻，一九三五年恩格思獲全國經濟委員會頒授「一等寶光水利奬章」。

恩格思的黄河模型試驗不僅爲黄河下游治理提供了科學依據，還由此將河道模型試驗技術引入中國。《恩格思治導黄河試驗報告彙編》完整收録了這一事件的全部原始材料，具有重要學術價值。

目録

全國經濟委員會

恩格思治導黃河試驗報告彙編

水利處編

水利專刊第五種

民國二十五年三月

編例

1. 德國水工專家恩格思教授爲創辦水工試驗之鼻祖,耆年碩德,學識淵深,對於治導黃河之研究已逾廿年.民國十二年應美國費禮門先生之請,在德蘭斯登大學舉行黃河丁壩試驗,旋又著有制馭黃河論一文,由鄭肇經君於民國十三年自德寄歸譯爲華文,刊布國內,一時朝野人士咸甚注意.民國二十一年及二十三年,我國政府兩次撥款助其繼續試驗,更作進一步之研究,復先後派李賦都沈怡兩君前往參加,其結果闡明治河要理甚夥,爲學術界重大貢獻,爰將恩氏論文報告彙爲一編,以供研究黃河治本問題之參證

2. 恩氏民廿一及民廿三兩次試驗報告,爲其精粹所在,故附載原文,以資對照.

3. 我國政府委托恩氏於民廿一及民廿三年舉行之黃河試驗,關係重要,結果圓滿,所有關於函牘往返始末,特附錄於后,俾可查考。

4. 恩氏試驗報告出世,各方致函商榷請益者不乏其人,特將其來往函牘同列於附錄

5. 全國經濟委員會頒給恩氏水利獎章函牘附後.

中華民國二十四年十一月全國經濟委員會水利處識

恩格思治導黄河試驗報告彙編

目 錄

附 錄

德國水工名家恩格思教授八十歲肖像

Hubert Engels.

恩格思教授 Hubert Engels 傳略

恩格思教授一八五四年生於德國之Mühlheim城。今年一月二十五日，爲其八秩晉二誕辰。以恩氏數十年對於水利工程之努力，及其偉大之貢獻，舉世水利界咸欲舉觴而爲恩氏壽。

恩氏少時就學於柏林及明星工業學校，畢業後嘗從Georg Franzius氏建築 Kiel 軍港。繼在 Potsdam 從事 Havel 河導治，及 Oranienburg 船閘建築工程。旋復隨計劃 Bremen 海港之河工海港名家 Ludwig Franzius工作。此後復在萊茵河，Oberland 運河，Pillau 港 Memel 河及Nord-Elbe河之橋樑工程等處任職。綜其數十年之工程經驗，實爲其一生研究，教授，及著作之基礎，非空談理論者所可望其項背也。

一八八七年恩氏被聘爲 Braunschweiz 高工水利學教授，一八九〇年改任 Dresden 工科大學水利學教授。其生平最大貢獻——水工試驗所之創設——實始於此時，然當時僅爲一極小之試驗室，設備亦頗簡陋耳；迨一八九八年及一九一三年，遂漸擴充，規模乃具。恩氏關於模型試驗，水力學，河工學等研究與發明，不勝枚舉。不特德國水利工程上困難問題多賴其解决；卽美國密西西比河與中國黃河之導治，亦常請其研究也。

民國九年(一九二〇年)，我國黃河水災後，美人費禮門氏 J. R. Freeman 應中國華洋義賑會之聘，來華研究導黃問題。費氏以其研究所得，就商於恩氏，並請其作黃河丁壩試驗，是爲恩氏與中國河工發生關係之始。恩氏乃廣搜材料，悉心研究，著爲論文，其識見之卓越，爲世所稱。民國十八年導淮委員會擬聘恩氏來華，以氏年老體力不勝未果，遂由其弟子方修斯教授 O. Franzius代之。惟方氏所發表之「治黃管見」與恩氏頗有出入，而同時各家意見，又復各持一說，莫衷一是。民國二十一年，及二十三年，恩氏先後應我國之聘，在德舉行導黃試驗，將各家所擬方法，詳爲比較；其試驗結果，詳見報告書中。

恩氏待人接物，誠懇和藹；從事河工，則心精力果，數十年如一日。其治學以科學方法，熔經驗與理論於一爐。研究之精深，貢獻之偉大，皆爲吾人所欽仰而不能忘懷者也。

制馭黃河論

一　黃河之現狀

黃壤之性質，——黃壤散布之區域，——黃河上游峻岸之由來，——下游地層及兩岸沃土之成立，——隄防之緣起，—隄防崩潰及河道改變之原因，——一八五二年北岸決口黃河改道，——一八六八與一八八七年南岸兩次大決口，——上下游水坡之比較，——流量之推測，——下游不利航運之原因，——挾砂量之可驚，——隄防位置之考察，——河床高出兩岸之尺度，——河床增高之原因，——計算流速之公式，可應用於黃河，——固有隄防之構造，——中國河防工程之技能。

黃河上游六十萬方公里之高原，皆爲『黃壤』（或名黃土）所覆蓋。黃壤雖具相當之凝結力，而頗易爲流水所沖刷，粗視之似爲『粘土』之一種，實則大異；蓋粘土之成因，或因風雨之侵蝕，或爲冰河時代沈澱於低地之土質，而黃壤則否。但黃壤既具土性及黃褐色，謂之似粘土，亦無不可。黃壤與粘土性質上之最大區別，爲黃壤性疏而易於滲漉，吸水之量絕類海綿，且不現濘泥之狀；而最奇特者，黃壤性易直裂，壁立如削，形同危崖而無斜坡。考此特性之由來，乃黃壤成分中包含無量數之直立微細管，微細管外裹石灰質；石灰質則爲古代含石灰之植物莖根所遺留，以黃壤之下，恆發現僅具極小滲漉性之泥灰石層也。黃壤之分子細微如沙，又極輕鬆，揉之立成齏粉，故可隨風飛揚。惟道路上之黃壤，設遇天雨，久經車馬踐磨，即失去滲漉之性，成爲眞正之粘土矣。又黃壤爲最肥沃之農壤，當田禾生長時期，苟得充分之雨量，不需肥料，可以滋長。

中國北部黃壤區域頗爲遼闊(1)黃壤之播散，與地形絲毫無關，除高聳之峯巒外,高山低谷,均被蓋同樣之黃壤層積之厚,恆爲數百公尺。由此推知黃壤實爲風伯之驕子,微風伯之力,不足以使之均勻散布於陵谷。據地質家之考察,黃壤區內,因未能發現由數千年耕種而成之沃土層,足以證明黃壤尚日增無已。但黃壤眞正之成立時期確已過去,因古代氣候變遷後,洪水橫流之荒原,已變爲泄水入海之沃壤也。

黃壤既具極大之滲漉性,雨水固無停積之機會,亦不能暢流於黃壤之上部。小部分之雨水僅集於淺渠而下流,大部分之雨水滲入黃壤層,匯於地面下之堅固石層,或不透水之泥灰石層上,循坡度下流,是爲地下水流,或稱爲『潛流』。潛流恆冲刷輕鬆之土層,以闢流徑,匯入地上河流。地上河流再滙合衆流,朝宗於海,此自然之公例也。而潛流流於易侵蝕之黃壤層內,闢徑而外,同時可擴充流渠,漸成穹形。日積月累,黃壤勢必崩坍而罅穴益廣。迨上層穹狀之黃壤盡坍,兩旁之黃壤仍壁立對峙,於是潛流乃成爲地上河流;故黃河上游之支流,多發現於數百公尺高之黃壤峭壁間也。墜入水流之黃壤塊,則推轉下移,漸混水中,呈現黃色。黃河即爲滙合黃壤區內各支流朝宗於海者也。

考查黃河下游之山東山地,與中國其他山地,中隔平原(1);平原之成因,則爲沈澱物所冲積;沈澱物之上層,即黃河所攜挾之黃壤。冲積之時機,應爲黃河泛濫洪水橫流之期,所謂黃河之『洪積層』是也。而黃河於洪水期內溢出河槽,泛濫於兩側平原之時,河槽之水流行較速;泛濫區內之水流行較緩。笨重石礫恆下沈於二者之間;細微之沈澱物則多淤積於泛濫區內,是爲『沃土』。惟大部分之沈澱物仍隨河流注入於海,故黃河恆呈現黃色也。黃河既挾沙過量,河床淤積,漸高出兩岸之平原,勢必泛濫而改道。經屢次之改道,乃成一極偉大極平坦之『冲積洲』。冲積洲上所發現之長段砂質,蓋即數千年來黃河之故道也。

黃河兩岸既爲沃土,甚易引誘農民從事墾植。墾植之先,必防範水流溢出河槽,使不爲患,此乃兩岸隄防成立之緣起也。但隄成以後,沈澱物既無從發洩,又不能盡量同注入海。於是河床增高較前更速,而兩隄間河身彎曲過甚之處，又每於洪水期內冲刷益烈。河身日近堤岸，則堤岸之崩坍堪虞，即搶護得力，堤岸能支持於一時，然侵蝕既久，終必潰坍，而黃河全量之水，乃復溢出河床，奔騰泛濫於平原矣。

黃河下游完全流於錐狀冲積洲之『分水嶺』上。隄防兩側之天然河流恒循冲積錐之坡度，星芒四射而下流。而黃河之河床淤積，又往往高出隄外之地；加以河口淤塞不暢，勢必逆行橫流。迨乎隄防既潰，水不歸槽，河道乃遷。是故黃河兩岸人民以土地肥沃而墾殖於斯地者，累世被其害矣。

數千年來黃河決口改道，數見不鮮⑵，而最近六七十年內之決口改道，尤與日後治河有莫大之關係焉⑶。先是一八五一年秋汛，開封府以下之北堤決口。翌年決口擴大。一八五三年黃河全部水量注入新河道，向東北而流，橫貫運河，再三十公里與大清河合，由利津入海。按黃河舊河道已歷六世紀半之久，一旦委棄故道，遷徙五百餘公里長之下游河身，從利津入海，新舊二河口竟相距四百五十餘公里之遙，實爲世界所罕見之事也。自此而後，黃河又曾兩度試驗改道，且均在東經一百一十四度五分，沿冲積洲平原之南隄。一八六八年洪水爲災，該處之堤防崩潰。翌年又遭洪水，遂致廣大平原再經泛濫。彼時治河人士志趣分歧，或以爲河仍北流，或以爲河將南遷。卒從前說，不惜糜費，堵塞決口，迄一八七〇年二月工程告竣。一八八七年春南岸又決口，與修堵之口甚近（經度一百十四度）。受災之區益爲擴大，重災之區約二萬方公里，輕災之區約三萬方公里，淹沒村莊以數千計，溺斃居民以數十萬計。竭朝野之力，至一八八九年之正月復將堤防修竣，導黃河仍入一八五三年所改之道。一八九八年濟南府之下二十八公里再決口，被災之區約三百方公里。最近據費禮門(John R. Freeman)之報告（十）又決口二次：一爲一九一九年七月之決口，三百二十五方公里之沃土盡成澤國，五百六十餘村落飄沒爲墟，二十一萬七千餘居民流離失所；一爲一九二一年夏下游之決口，損失亦屬不貲，且有數公里之河道改徙，誠浩劫也。

黃河紀載之豐富,爲世界各河流冠(六),然未加整理,散佚殆半,故數千百年黃河之詳史,無可考查、最近又未應用新法,實測全河情形,故我等對於黃河之知識,仍屬極不完備。黃河之長,估計爲四千公里;上游計一千六百公里,中游計一千八百公里,下游計六百公里。上游多爲崇山峻嶺,故水面坡度頗不一致,平均約爲〇・〇〇一七五。河寬約在三十公尺以外上游絕對不能駛船。注入黃河之水,雨水較融雪之水爲多。中游之寬,隨兩旁壁立之黃壤岸而變更,水面坡度平均爲〇・〇〇〇八二。數段可通舟楫下游則始於孟津,從此向下宜考查者,爲黃河流入平原處,爲下流改道處。下游之河床既在沖積錐之脊,當然無支流來匯,故下游全部水量,即爲上游六十萬方公里之雨量也。下游之寬,隨隄防之距離而異。山東境內自東經一百十六度二十分至一百十八度五十分之間,堤爲雙層,曰『內堤』『外堤』。內堤又名『縷堤』,逼近河身,勢甚卑矮,形如絲縷,所以束湍悍之流者也。外堤又名『遙堤』,在縷堤之外,遠離河流,所以備衝決之患者也。二堤之間,或有村鎮,更自圍築堤防,以資保護。又或於縷堤遙堤之間橫築『格堤』數道,縱使決口泛濫,僅限一格之內。內堤終於東經一一八度二九分。雙堤終於東經一一八度二三分,自此以下則內外二堤相併矣。

河南境內雙堤僅發現於城鎮所在地、水面波度則因隄防之廣狹,河身之彎曲,與河流之分岔而異,平均爲〇・〇〇〇二較之上游之水面坡度,實屬微小。

凡計算『流量』之公式,莫不以流域內之雨量爲準鵠,但黃河流域每歲之平均雨量,及附近各地雨量之比較,尚付缺如,故我等不能採取任何已有之流量公式,應用於黃河。祇於黃河下游,曾用機械測得數處之流量;洪水期內最大之流量約爲每秒鐘八千立方公尺,低水期內之最小流量約爲每秒鐘三百八十立方公尺。洪水期恆在每年之七八月間,低水期則在十一月至翌年五月之間。其水位之差異,洪水之繁遷,均極劇烈(4)。

黃河下游自河口上溯五十公里以內,爲與海潮接觸之處,亦即爲『三角洲』成立之所(5)三角洲之外,有極廣之沙灘,橫亘於前。沙灘之上祇有少數較深之流槽,於低水期內水深約爲二公尺。其餘之流槽,水深不過半公尺許。自運河至黃河口之間,舟楫交通雖頗隆盛,但最大之船載重量亦不過一百十噸左右。就河口情形論,實無法開闢航道上溯至數百公里之遙。因沙灘外之海潮高度可達二公尺半,而沙灘以內之潮水高不及半公尺。且海口於一八八九年在鐵門關以北四五公里又向東分一支流入海,其長度約爲二十公里,分去主流水量甚多(1,5)。彼時山東當局曾擬於新分支流兩旁築堤,作爲通航之河口云(二)。

考查黃河之水量,及洪水期與低水期每秒鐘流量之差異,絕無奇特之處。且水量對於流域面積之比較,反覺微小。所堪注意者,惟混雜水流中之沈澱物耳。全世界各大河流中,攜挾沈澱物若黃河之多者,苦無例足以比擬。尤堪注意者,上中游之河道,多流於黃壤削壁之間洪水期內,嚙蝕特甚。據一八八九年荷蘭工程師單百克及魏舍(P.G. Van schormbeck u. A. Visser)關於一八五二年決口處以上一段之報告(三):『余等曾沿黃河之北岸從事視察,河岸壁立,約高出水面一公尺。在余等航行半小時以內,平均每十秒鐘必見河岸上之黃壤爲水所沖刷,巨塊下墜,砰然有聲。黃壤入水後之移動,初則甚緩;水淺處,則停而不動,旋即分散於河灘上,故該處積沙極多。而河水沖擊河岸,激而上升,往往達六・五公尺之高云。』又據單氏等實地之試驗,可知黃河各段每一立方公尺所含沈澱物之重量如次:

	時間	地段	每一立方公尺水所含泥砂重量
1	一八八九年四月廿六日	汜水縣(經度113°20") 靠岸之水,在水面下一公尺七,河床以上半公尺	3708格蘭姆
2	一八八九年五月三日	一八五二年決口處(經度114°40") 河心之水,在水面下一公尺七五	4491格蘭姆
3	一八八九年五月廿一日	齊河(經度116°) 河心水面上之水	5620格蘭姆

又據費禮門之紀載(十):『尋常低水位時,水中所含砂量,以重量計平均約為百分之〇・四。設河流之平均速率從每秒五呎增至每秒八呎,在一星期至三星期之內,則河中所含泥沙重量,漸次增高為百分之六・五。設以體積計,為百分之四・五。此乃一九一九年七月三十一日至九月二日在六處地方經十八次試驗之平均結果也。若在洪水期內,水中所含泥沙重約為百分之九或十。而此項泥沙,小部分乃當地被沖刷之土,而大部分則為從上游土質輕鬆之山地攜挾而來也。』茲更列舉世界各大河流之挾沙量,以資比較,則黃河挾沙量之豐富,可見一斑

河名		挾砂量	
非洲尼羅河	(洪水期)	1580	格蘭姆 立方公尺
印度恆河	(洪水期)	1940	,,
北美密西西比河	(平均)	670	,,
歐洲多惱河下游	最大量	2151	,,
	最小量	351	,,
歐洲萊因河下游 在荷蘭 Panenden 地方	最大量	310.5	,,
	最小量	2.5	,,
在Gorinchen地方	最大量	1174	,,
	最小量	10	,,

由此觀之,黃河口之海岸,每年約漲出三十公尺。與兩岸平原上黃壤層積之厚,莫非攜挾極大砂量造成之果。而河身為隄防所限,河床日益增高,亦屬自然之理也。

吾人欲知黃河河床為何而增高,不得不先研究隄防之布置。茲據費禮門之報告(十)(6):『黃河下游於黃運交叉處以上,兩岸內堤之距離,自六公里至十三公里不等。黃運交叉處附近及以下三十公里,內堤距離僅一公里半,再下一百十三公里,在津浦鐵路濼口鐵橋附近,內

堤之距離約僅二公里至三公里。(7，8)』又據一九一九年測得之黃河橫剖面,可規定河床高度與隄外平原之比較(7,9,10)。在三義寨地方(即一八五一年決口處以上八公里)之横剖面,河床高出兩岸平原,頗爲顯明。自一八五一年決口處以下十三公里,四十五公里,及一百四十二公里三處,所測之横剖面,河床已不高出兩岸外之平原。就横剖面之計算,自京漢路鐵橋至一八五一年決口處一段,長一百三十公里。洪水期内水面高出兩岸平原約爲六公尺至七公尺半。低水期之水面,約高出一公尺半至三公尺。又算得低水期内河床平均高出内外隄間之地面約一公尺半。河床之墊高,顯爲沈澱物之淤積。沈澱物之所以淤積,則因河口三角洲日漸向海中伸漲,遂致河道延長,水面坡度減小,排洩不暢,而沙質淤積矣。荷蘭工程師單氏與魏氏報告中曾有一八八七年決口區内之河床,高出隄外平原一公尺半之説,信不誣矣。

復次,隄成以後,砂土淤積之範圍,祇限於隄外之灘地。黃河下游堤外之灘地,甚爲遼闊。洪水期之水流,溢出河槽,泛濫於灘地,直流而下。低水期内水循槽流,蜿蜒屈曲於内堤之間。河槽既非鞏固,每遭洪水,河槽莫不改移,勢必彎曲益甚,而流道加長。當洪水驟落之際,水歸槽流,以流道忽長,水坡低落,挾轉力弱,平均速率亦減。於是水中之沈澱物,僅一部分之細微砂土順流而下,重大之砂質則停積於河槽及灘地之上,此河床高出兩岸外地面之又一原因也。

總括之,得以下之結論曰,因堤防距離之遼闊,河岸之欠缺堅實,及河床經洪水後彎曲之劇烈,與易於分出支流,故水流之挾砂能力減小,而淤墊爲患矣。苟欲證實此結論之不謬,可觀察黃河流於山峽之一段。洪水低水均限於峽内流行,洪水之道不加寬,低水之道不紆曲,沈澱物暢流而無停滯之患。是以荷蘭工程師單魏二氏亦嘗建議(三),將距離過寬之隄改狹,以限制河身。且證明齊河(濼口以上數公里)地方,河寬僅五百四十公尺,水坡並無異乎尋常之處。而費禮門氏不僅在隄防過寬之弊害上注意,且已測得實例,證明隄防距離改狹後,雖洪水期之水量,仍可暢流,而水面坡度仍不加大。又以一九一九年在黃河運河交叉處以下三十一公里與二十一公里二地,測得之橫剖面(11,12)詳細考察,知洪水下流時,河床雖易遷移,而水坡不變也。茲更就費氏測得之數代入『韓慕開』(Hermanek)之公式,而證明之。

公式

$$V=C\sqrt{tJ}=\frac{Q}{F}$$

費氏測得之數(11)

流　量	$Q=5966$	m^3/sec
面　積	$F=3028$	m^2
平均速率	$V=\frac{Q}{F}=1.97$	m/sec
水面寬	$b=400$	m
平均深	$t=7.57$	m

按韓氏係數表

係　數	$C=54$	
則	$V=54\sqrt{7.57\cdot J}=1.97$	m/sec
則水坡	$J=0.000172$	

此數與前所推測之平均水坡〇·〇〇〇二相差甚微。是以黃河雖攜挾砂量過多,似仍可應用尋常計算流速之公式也。

費禮門氏又曾精密考察得二種重要之結果(11,12):一為黃河河槽不加寬,而河床可刷深之處,即黃河流行天然山峽之一段。有山峽之限制,低水期之河道,僅能得微小之紆曲。而洪水期水道則限於一槽。與隄防寬闊之段,水溢灘地,槽形成為複式迥然不同。故抑轉力強,砂難停滯,河床反可刷深也。但洪水期過,砂土仍填塞河床,恢復原狀矣。一為費氏曾沿下游實測數處之流量,砂量,水位及河床高度而比較之,並觀察各地河床被侵蝕之砂土沉澱物,如何遷移(13)。於是發現此種遷移無常之砂土,僅有一小部分為水流從上游攜挾而來之黃土,大部分則為常地被沖刷之砂土云。

苟欲計畫治理黄河,改狹河道,亦應注意河上之建築物。一爲灤口之津浦鐵橋,一爲滎澤之京漢鐵橋(經度113,30′),而固有隄防之構造,與防禦之方法,亦皆有考究之價値(十)。舊隄防之質料,爲附近一帶之砂土,含粘土甚少,頗易滲漏,故堤之尺度不得不大。隄防之寬自八公尺至二十三公尺不等。兩旁坡度爲二與一之比。隄頂約高出洪水面二公尺至三公尺。堤工甚堅,但缺青草護蓋堤坡。由此可證明堤之外坡恆峭立如壁之故,蓋河身彎曲處,日漸沖刷堤基,而及堤坡。堤坡既缺少掩護物,迨侵蝕過甚,而成峭壁也。且堤坡無草,凡遭大雨,水從堤坡下流漸成深溝,而堤身頻危矣。故洪水期内最危險之隄防外,恆另施掩護工。灤口以下一段爲防隄起見,曾用稭料或石料編成挑丁埽伸入河流,以抑水勢,不使直接沖刷堤基。埽身且高出洪水位(14)。又有數段,間用稭料編成魚鱗鋸形等狀之埽以掩護堤岸者(15,16,17,18)。埽端爲不規則之突出形,取其能殺水勢也。洪水之後,埽多沉墊,則添加新料,是爲『加廂』(19)。更有護岸之建築物,或採用石料,以取其堅實(20)。尤堪注意者,於堤防危險之處,搶築險工,其法使埽料與堤身用椿簽聯合一氣,洵亦救急之道也(21)。至若埽料編織物之技能,及堵塞決口之方法,與荷蘭及北德一帶根本無大差異。是以各國工師目睹中國河防工程者,莫不同聲讚歎也。

二 治理黄河之商榷

治理黄河可應用治理(荒溪)之原理,——首宜改良河口,不必顧及航運,——費禮門主張建築新堤限制洪水河床;免除河床增高,添設丁埽,以防水流侵堤。——恩格思主張固定中水位河槽。——舊堤保存加以修葺,並植草掩護。——治理黄河實空前之文化事業。

黄河之治理,首在制馭下游。『制馭』云者,本歐洲治理『阿爾本』山域荒溪之名詞也。今用之於黄河,蓋黄河之性質,固亦大規模之荒溪耳。『荒溪』者,上游水行山地,承納小流,來自山嶺,勢陡流激,碎石砂緣隨之而下所謂由本者是也。荒溪約分三部：曰『集流區』曰『集流槽』曰『冲積洲上之流道』凡治理荒溪者必先整理上部，然後可確定冲積洲上之流道。惟黃河以規模偉大，似不必以此公理繩之。雖據津浦路黃河橋之計劃書中所云（九）苟黃河經過之山嶺未盡植林，而暴雨或山水可自黃土層上直馳入河，或黃河自身可無限制的冲刷黃土之岸，則下游河床增高必無已時，流道變遷亦難確定。又荷蘭工程師單氏曾本荒溪護岸之旨，擬定治河之計畫奈工程浩大，足與長城相埒，結果未必有十分把握也。夫上游中游之護岸計畫固不可少，考之治河原則亦須正本清源，務使全河工程脈絡相關，以免分道揚鑣。惟治本主要目標，如減少挾砂量，又豈短時期內可得顯明之效果，而觀察下游形勢之危險，救護之策急不容緩，故主張先治下游，從『疏』字上着手。應用新科學利器，引導全部水量及砂量暢流入海，使不為患。與治理荒溪下游，原理上固無大差異也。凡治理荒溪之下游，恆於流道兩旁築隄，限制水流，歸於一槽，槽底不必堅實，使水流可刷深槽底。吾人治理黃河下流，亦當不違此旨。而黃河異於尋常荒溪之處，即無時不攜挾極豐富之砂量耳。苟欲導砂盡量入海，則河口三角洲之擴張，較前益甚，而河流將因之變長，求恢復『恆壹態度』必需要『絕對的比降』愈大，而河口以上一段水位必致漲高，是不可不顧慮及此。故治理下游，首宜改良河口，改良之根本方法，應利用潮汐冲刷三角洲之沉澱物，並洗刷河床，澄清河口，勿使淤塞。至若精密計畫，於此篇可暫勿論。蓋詳細之考察，與河口之情況，尚付闕如，亦無從決定辦法也。

治河兼顧航運，固屬要舉，但就黃河下游航運之零落而論，亦非十分重要，設祇求防患，不顧舟楫之航行，則治理下游，工易而費少。蓋河流供航運用者，則預定河之橫斷面時，須來低水期及洪水期俱不礙及航運為宜所需要者：一為適當之水深，一為適當之河寬。設兩岸已有隄防，則洪水期之河面為堤所限，不得展之於寬，勢必納之於深，水流之抨轉力必因此加大而害及河身。若欲河面加寬，必先將隄距改大，使隄外灘地加寬。再於二隄之間，確定常水位之紆曲流槽。堅築河床，以防遷移。然拆毀舊堤，加寬河面，與另築新堤，工艱費鉅，殊非經濟之道也。

恩禮門之建議曰：「黃河之爲害在堤防距離之過寬，與河流向兩旁擴充毫無拘束。治理之道，宜使河道完全伸直，另築新堤與高出洪水位之『挑丁壩』，以造成統一之洪水流槽。而洪水之押轉力須足以刷沙，流溜又不致洗刷河床爲宜。查黃河在孟津以上一段之河流，兩岸夾山，水力足以刷沙，可資佐證(11,12)。茲摘錄恩禮門之報告：『治理黃河之問題，在使黃河流行於一狹直河槽中。其方法擬於現有內堤之內，另築直線新堤。在此新舊二堤之中存留空地，任洪水溢入，俾可沉澱淤高，可資將來之屏障。如遇特別洪漲，並於新堤與河槽之間，建築挑丁壩，以防新堤之崩潰(22)。苟能實地加以更精密之考察，或於試驗室中從事更深切之研究，則作者所提出之建築物，其方向與尺寸，當可加以改正也。茲特將計畫大概情形，陳述如下(23)：現有河槽，當設法改直，其長度自五哩十哩至二十哩不等。選擇直河槽之地位，宜在現有內隄之正中，然亦當因地制宜(6)。洪水河槽上部之寬度，擬定爲三分之一哩。兩堤頂之距離約爲半哩弱，用以代現在四哩至八哩之河面。至若河流如何導之注入新槽，必須應用各種設備，而對於天然流水之冲刷力，尤宜充分利用。在新舊堤中間所留約二三哩闊之地帶(22)，將漸次淤墊，將來或可與洪水齊平。積沙之地極爲肥沃，可資耕種。積淤之法，應在堤上多建閘門，以司啓閉，耕種時則閉閘以拒水，收穫之後，則啟閘以納水。洪水攜挾之淤泥，因以沉澱，成爲沃壤，極利於農作物也。俟新舊兩堤中間之地，淤積之高與普通洪水位齊平後，雖遇異漲或特別變故，則此二哩寬之新淤地帶，當可減殺水勢，屏障堤防。不致驟然崩決，演成一八八七年與一八五一年所發生之慘劇，亦不致發生如歷年紀載中無量數之損失也。』」

荷蘭工程師單氏亦曾建議，築堤束小洪水位之河面，增加冲刷力，以治河床之墊高，蓋即築堤束水束水刷沙之遺意。

費禮門並主張苟因地方情形之需要,不妨於新河道內,安設短曲之灣,以變流道之方向。且願仍採用中國堤防,及高出洪水位之挑丁壩,以免洪水侵堤。所不同者中國之築挑丁壩,在灘地已冲刷盡淨,水流將危及堤坡之時。而費氏則預築挑丁壩於灘地之上,從事預防。挑丁壩之間,每經洪水可淤積填塞,使堤防之外,多得一種保障云。

按費氏之計畫果能實施,則黃河河床之墊高,與堤防之崩潰,必可避免。惟計畫之如何實施,似宜審慎考慮耳。按諸治河通例,中水位之流槽不可不固定,而流槽形態恆爲之字形。費氏之洪水槽其直如矢,殊不適於中水位河槽。違反天然,竊恐難以求功。且費氏改狹之新河床寬度,僅當現今河床八分之一至二十二分之一。則新河床未經刷深之際,洪水面必致壅積漲高,其何以障之勿使泛濫。或以爲築堤束水,可自孟津始。該處山坡夾流爲天然狹隘之段,新堤之上水面壅積,有山坡障護,無外溢之虞。然新堤之建築,段節相續,進行甚速,河床之刷深,非朝夕之功,爲避免泛濫起見,故孟津以下之新堤及丁壩之高度,均須超過此最高之壅積洪水面,而洪水之壅積預計有數公尺之高。若爲此暫時之洪水壅積使堤身加高數公尺,則日後河床已經刷深,堤高遠超過尋常洪水位之需要,損失之貲應爲幾何?况築堤之時水面壅積,其下游未築堤防之處,水勢將益爲猖狂,舊堤之抵抗力素弱,恐決口之警,較之未治以前益頻矣。

費禮門之建議,既恐有上述之患,因另擬治理之計劃如次:但著者未嘗親臨黃河之濱,詳加觀察,亦不敢認所建議者爲當也。姑言之,以供當代水利家之商榷。竊按黃河之病,不在堤距之過寬,在缺乏固定之中水位河槽。故河流於內隄之間可任意屈曲,遷徙莫定害乃生焉。河流遷移無常,即易荒廢。故抑轉力弱,砂礫淤積,河床墊高或河灣屈曲愈銳,日近堤防冲刷堤基,洪水一至而崩潰堪虞矣。治理之道,宜於內堤之間,固定中水位河槽之岸,河灣過曲則裁之取直。河流分支則塞支強幹。其利有二:一爲中水位河槽之『谿線』(或名谷道)可固定不移。一爲河流之力可刷深河床,不致展之於寬,而河床之墊高固可避免,河灣亦不致近堤矣。且遼闊之灘地,亦可保存無恙。當洪水大漲之時,水溢出槽,灘地之上,可淤積沃壤,日漸增高,即中水位河槽,日益加深,冲刷力可將因此以增大。固有堤防之不規則者,亦宜修治。搶險之掩護工程,如挑丁壩之類,可以拆毁,惟堤身須栽植青草,以資掩護,一則防水流之侵蝕,一則防雨水之冲瀉。而安設涵洞,引水灌田,宜有完善之計畫,緣涵洞爲堤防之弱點,不可不愼也。

中國近時選派青年求學異邦,他日歸國,以歐洲學理與中國固有之水利經驗相印證,必能造詣甚深,爲祖國造福。按中國水利問題,實爲全世界之最繁難而浩大者,即如黄河之治理,必得數十百萬人之經營,始克奏效,未來之空前文化事業,其在斯邦乎。

參考書籍

(1) **FERDINAND FREIHERR VON RICHTHOFEN**, Chine, I. Band, Berlin 1877.

(2) **J. G. W FIJNE VAN SAVERDA**, Memorandum relative to the improvement of the Hwang-Ho or Yellow River Haag 1891.

(3) **P. G. VAN SCHERMBEEK**, Eenige mededeelingen over zijine reis near de doorbrake der Gele Rivier in China.
Tijdschrift van hat Kon. Inst. v. Ing. 1891-2(Notulen der vergadering 10 November 1891)

(4) **G. JAMES MORRISON**, On the breach in the embankment of the Yellow river. Engineering, March 3, 1893.

(5) **FERDINAND FREIHERR VON RICHTHOFEN**, Schantung and Kiautschou. Berlin 1898

(6) **DR ERNST THIESSEN**, China, 1 Teil, Berlin 1902.

(7) **W. F. TYLER**, Notes on the Hwangho or Yellow River, published by the Maritime Customs Office. Shanghai 1906.

(8) **E. V. CHOLNOKY**, Ueber Flussregulierungen und Bodenmeloratíonen in China. Hydrograph. Mitteilungen, Heft 21. Budapest 1905, ungarisch .nach dem Referat von v. Lozy in Petermanns Geogr. Mitteilungen, Band 52, S. 91-92, Gotha 1906.

(9) **BRUNO SCHULZE** und Maschinenfabrik Augsburg-Nuernberg, A. G. Die Hoangho-Bruecke. Zeitschr. d. Ver. Deutscher Ing. 1914, S. 241.

(10) **JOHN R. FREEMAN**, Flood Problems in China. Proceedings Am. Soc. C. E. Vol. XLVIV-Nr. 5, May, 1922.

(11) To Establish a National Hydraulic Laboratory. Washington 1922. Government printing office.

圖 源

圖	源	圖	源	圖	源
1	三	9	十Pl. 14	17	七
2	九	10	十Fig. 12	18	七
3	九	11	十Fig. 16	19	七
4	七	12	十Fig. 17	20	七
5	九	13	十Fig. 18	21	七
6	十Fig. 6	14	七	22	十Fig. 19
7	七	15	七	23	十Eig 20
8	十	16	七		

黄河丁壩試驗簡要報告

一九二三年應美國費禮門先生之委託
在德國德蘭斯登大學水工試驗所舉行

導言

費禮門先生于其所著之『讀恩格思教授黄河丁壩設計試驗報告書後』一文中（1923年5月3日）謂：

『使模型比例率爲 1:100，則丁壩頂部之長度爲 750 公厘，相距 1250 公厘（49吋），則河道中迴溜之分佈，不致爲對岸槽壁發生之水流所擾亂。

予亦懷疑何以 1:50 比例之模型，或五倍大於現在實際所應用者，不能適合試驗之用。即是壩端至對面槽壁之距離淨存半公尺（20吋），模型試驗水深爲 220 公厘（8.67吋）。設在各丁壩之間不預加沙礫，或先以砂礫填淤丁壩間自岸至壩端一半之距離處成曲線形，如予在天然河流所見者；然後導入含有 ½% 至 2% 泥土之渾水（土粒直徑約爲 1/1000吋），歷若干小時，俟達平衡狀態而後止，則對于予之研究有更大之幫助。

予之所以主張壩頭應爲弧形，半徑50公尺，其首端成45度角者，冀對岸水溜順繞弧線流動，而減少壩脚之刷深也。及今思之，若能加倍丁壩弧線之半徑，其起始與岸成30度角，在壩頭改45度角爲60角度，則效用當更佳。予深信施用此法後，兩壩間隣接岸旁沙灘之淤積,更爲平坦。予憶于多年前,米梭利河 Missouri River 試驗各種丁壩首端之形式,結果其半徑較大者,則其防底部冲刷之效力更大。

爲作更進一步之探討,下列各問題,應用模型試驗研究之。

1. 丁壩與岸在起點處向下游成30度角,在首端作75公尺至100 公尺半徑之弧形,使與岸成60度角,或與水流成30度角。

2. 予希望試驗水流含沙$\frac{1}{2}$%,1%,及2%,(以重量計),其粒顆直徑不得大於 1/1000吋,或混合以上述沙粒$\frac{1}{4}$至$\frac{1}{10}$大小之細泥,並延長試驗時間,俟河床已達到固定之形狀而後已

當增大丁壩之弧度及其角度時,應注意丁壩間未曾淤積以前,壩內旋溜之方向,與其力之大小。至於關於經濟上之問題。

1. 丁壩最遠之安全距離爲若干。

2. 丁壩之形狀(與岸所成之角度,壩首端之弧度及上游坡面之傾斜度等等),以何種最省材料。

依費氏之所提出各問題,余於試驗設備時間,及費氏之經濟供給之可能範圍內,作模型試驗研究之。

余所解費氏之意,丁壩應傾斜30度,及此項試驗將終了時,復接費氏函;彼意原係指丁壩應傾斜60度,以是復作具60度傾斜丁壩之試驗。此外並將具弧形壩頭之垂直形丁壩,暨直線垂直形丁壩,分別試驗之。此次試驗于一九二三年八月三十一日開始,同年十月九日結束。

概　　論

此次試驗認爲美中不足者,爲未能措置合乎實際情形之含泥濁水(Muddy water),而用研成粉末之褐煤屑粒代之。其比重經多次混合

後爲 1.174，其顆粒之成份如下：

顆粒直徑	大於 1.50 mm	12%
顆粒直徑	1.50至0.85 mm	27%
顆粒直徑	0.85至0.65 mm	35%
顆粒直徑	0.65至0.40 mm	6%
顆粒直徑	0.40至0.22 mm	8%
顆粒直徑	小於 0.22 mm	12%
		100%

至直徑 1/1000 吋（=0.0254mm）大小之炭屑粒，其成份雖少；然於炭屑爲水溜洗刷處，即浮蕩水中，隨水流行，若成黑色雲體，甚易觀察其蹤跡。於溜勢甚緩處，炭屑即復沉澱於河底黄色沙粒上，顯然易見。至此次所用之沙粒則與往昔試驗時所用者相同。

丁壩之直伸部分，用四公分厚之松木板製成；彎曲部分，用鋅皮依形釘在木條上，丁壩之横剖面爲長方形。但實際建築之丁壩，其剖面爲梯形，壩頭且有坦坡，故其受水之侵蝕，較模型中所用長方形之丁壩爲小。以是于此次試驗觀察所得之冲刷情形，較諸實際者爲甚。

於此余欲贅言者，關於如何設計丁壩迎溜面之坡度，使所用材料最爲經濟一問題（V2）余未及試驗，蓋以其爲築壩所用材料之專門問題也。數年前余曾作該項研究，並著爲文，可參考 Bautechnik『河槽在各種横壩下所受流水冲刷之影響』（1904）『峻陡之壩首斂抑平坦之壩首斂』（1906），以及余著之水利大全（第 2 版本第 443 至 448 頁，第 3 版本第 448 至 452 頁）。

又余之所以不極重視壩頭之形狀者，蓋壩端泥土若受水流冲刷可於未築壩頭之前，用適當之材料保護河底。參閱余于 Bautechnik 發表之文（1894）『河中橋墩基地防禦水流冲刷法』。

是以此次試驗，予只解答第一與第二兩問題，且僅限于高出洪水面之丁壩，在洪水時保護隄岸之效果。今按黄河情形假設各值如下：

流量 Q=8000 m^3/sec；　比降 J=0.0002，

平均流速 V=2.0m/sec；　平均深度 t=11.0m

模型長度比例尺：首次試驗爲1:100

依照模型規律（相似性法則）得後之値：

模型流速 $V=\frac{2.0}{\sqrt{100}}=0.2$ m/sec，模型水深 $t=\frac{11.0}{100}=0.11$m，

模型比降 J=0.0002，

當流速爲 0.2m/sec 時，水流猶不能移動炭屑粒，故此次試驗，僅限于觀察丁壩間水流情形，並於壩間水面洒以Bärlapp-Samen (Semen Lycopodium Clavatum）粉，使水流情態清晰可見（參閲照片）。

爲明瞭水之冲刷及泥沙之沉澱情形，模型比例尺，須增大爲1:50；如是。

模型流速 $V=\frac{2.0}{\sqrt{50}}=0.283$ m/sec，模型水深 $t=\frac{11.0}{50}=0.22$m模型比降 J=0.0002所用水量，應使與上述模型尺度符合。

如是模型比例爲1:100時，流量Q=28.5公升/秒，流速係數C=40（通常流速公式$V=C\sqrt{RJ}$）模型比例1:50時，流量Q=33.5公升/秒，C=50，流速係數C之値，與巴清公式第二級暨第三級相符合，是乃模型尺度正確之一證也

此次試驗，乃嚴格遵照模型規律進行，故其結果，可應用之于實際無誤，而前次所作之試驗，（1923年4月10日報告書）因模型尺過小之故，則未能完全遵守模型規律也

試驗之概觀及其分類　（圖一至圖八）

1. 探究丁壩間最大而安全之距離。
2. 探究丁壩在各種平面位置下對于下列三者之影響：
   a. 壩頭所受之冲刷
   b. 壩間之淤積

c. 河岸之安全

問題一　此試驗用比例尺1:100及1:50兩模型舉行之。吾人視爲丁壩間最大及安全距離之準繩，以在此距離下，丁壩迎溜面與岸連接處，須猶有迴溜發生方可。此次兩模型試驗之結果，皆甚爲符合，是即丁壩距離爲丁壩于河岸垂直線上投影長度之八倍半時，迴溜猶可產生。而更可注意者，在1:100模型中，迴溜與壩根之距離爲0.8公尺，在1:50模型中，其距離爲1.6公尺，倍於前所述者。兩者之比例，(0.5:1.0)亦與以上符合，更足以證明模型試驗之精確可靠也。上述試驗，其目的只爲觀察水流情形，故丁壩間皆未加塡砂粒。全組試驗終了時，曾將丁壩間水流情况，加以觀察，皆頗相似。而丁壩間已塡有一部份砂礫之試驗，其水流情形，亦與上述者相仿也

問題2a及2b　爲明瞭壩頭處所受之冲刷，及所洗出泥土之移動情形起見，曾先作兩特別試驗。試驗前在壩頭沙質河床上，掘一20公厘(暨40公厘)深200公厘寬之槽，槽中塡以褐炭屑，使與河床面相平。水流十小時後，將槽水小心放乾，然後測量河床冲深及淤高各處，因得知丁壩在較大之距離下，(其距離爲丁壩于河岸垂直線上投影長度之八倍半)，僅臨河之褐炭屑，(塡入河床中者)爲水冲去，是即各丁壩僅彎曲臨河之一端，因河床爲水冲刷，而致受危險，應加以防護也。壩頭被冲去之褐炭屑，隨水流沉澱於丁壩之間。此點甚爲重要，在丁壩導線(各丁壩頭之連接線)內之河床，則絲毫未受流水之侵襲，故壩距雖大，已足以禦衛其冲刷也。

以後數組試驗，兩丁壩間一部分塡以砂粒，臨河之坦坡上，復舖以褐炭屑。于此次及以後之試驗，壩頭前河床上，亦皆塡有褐炭屑，每試驗之水流時間，俱爲10小時。試驗之結果，可略述如下：

1. 丁壩間水流情形，普通言之，與前述之試驗相同。惟丁壩Ⅱ之上方約三公尺長一段迴溜不若如是之顯著。

2. 坦坡上之褐炭屑，不爲水所冲刷。

3. 壩頭深渦中,被冲出之褐炭屑,隨水流沈澱於丁壩間。

傾斜30度角之丁壩試驗完畢後,即繼續傾斜60度角丁壩及垂直丁壩試驗之進行,其結果總括如下:

1. 沿褐炭屑坦坡所發生顯著之迴溜處,與丁壩Ⅱ之距離,雖因丁壩傾斜度減小而增加,然各式丁壩,其壩間之水流情形,甚爲類似。

2. 各組試驗,丁壩間褐炭屑坦坡,俱不爲水所侵蝕。

3. 壩頭深渦之深度,因丁壩傾斜度減小而增加,至於兩垂直丁壩,直線形丁壩之深渦,較諸費禮門先生所設計之壩頭具弧形者爲大。

4. 洪水時丁壩間之淤積量,因壩頭深渦之冲深而增加。由深渦冲出之褐炭粒,因深渦之加深,(即丁壩傾斜度之減小),而沉澱於壩間較遠之處。

5. 丁壩傾斜度愈小,則河床因丁壩所生之移動愈不規則。

以上各項推論,嚴格言之,僅能適用於與模型相似之天然河流,同時實際所築之丁壩,其壩面不應爲洪水漫越淹浸,一如模型所用者然。各種壩式所需工程建築費,亦應注意。此次所試驗之四種丁壩,其長度比例爲2.34:1.29:1.04:1由試驗得知,四種丁壩形式,當其壩間距離爲丁壩于河岸垂直線投影之長度八倍半時,即可保護堤岸免被水冲刷。故只爲保護堤岸計,而各種壩之壩間距離相等時,自以垂直式之丁壩,最有採用之價値。

然于决定丁壩距離時,河床所受丁壩之影響,亦應計及。丁壩距離愈遠,則河床所受丁壩不良影響愈大,是乃顯然易見之事實,並與吾人平素經驗相符。但吾人所有關於丁壩之經驗,只限於此類丁壩,其壩面爲洪水淹沒者,蓋築丁壩以治河時,向不採用向出洪水面之丁壩也。

依試驗之結果,河床受直線垂直形丁壩之影響爲最不良,而費禮門設計之丁壩,其傾斜程度愈大時,河床所受之不良影響愈微。故適當之辦法,直綫垂直形丁壩之距離應爲最小,而傾斜之丁壩,其距離應按傾斜度之增加而加大。根據上述之理由,同時使四種丁壩之建築工程費用相等,可得各丁壩距離如下圖。

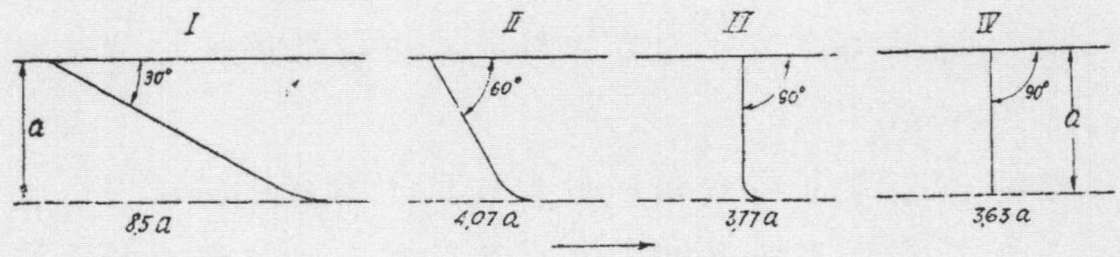

據試驗結果,吾意以爲第一種丁壩形式爲最佳,而同時壩頭之培修費以第一種爲最小,第四種最大。

使傾斜度稍小之丁壩,具弧形壩頭,壩頭切綫與水溜平行,如丁壩I者然,則壩頭之培修費,亦不至較丁壩I爲大。以故余敢建議丁壩形如下:

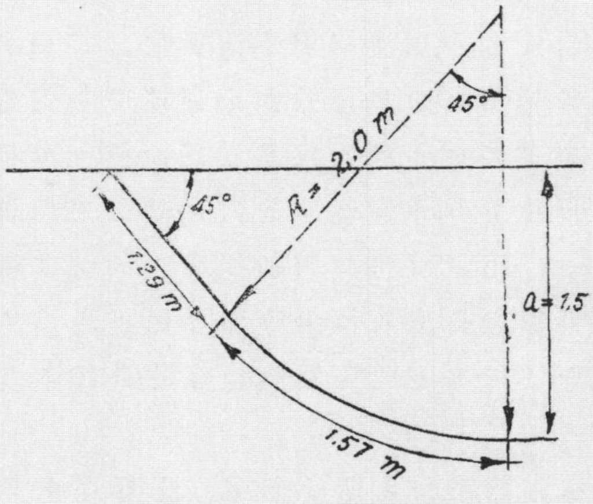

此丁壩之費用可較丁壩I者省

$$\frac{(3.508-2.34)}{3.508} \times 100 = 33\%$$

設丁壩首端弧綫之半徑,可較現在所許可者縮小,則可使用傾斜60度之丁壩(如丁壩II),當更節省費用。此問題可更以模型試驗解决之。

1923年10月15日於德蘭斯登大學

一、恩格斯教授在德蘭斯登大學水工試驗所舉行黃河丁壩試驗攝影

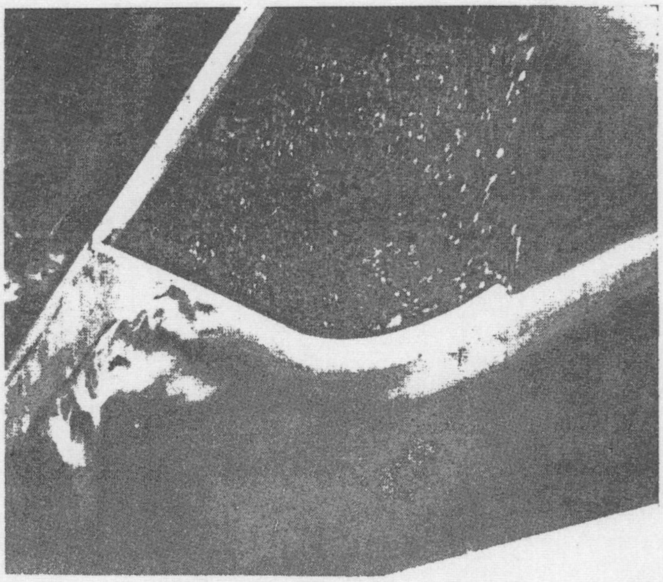

二、丁壩間淤沙攝影

三、丁壩間迴溜攝影

民國廿一年治導黄河試驗簡要報告

試驗要點：

關於含泥之直形河流，在各種隄防形式及各種水位下所受影響之大規模模型試驗，以作解決治導黄河問題之助。

予於1932年所作試驗，得有結果如下。

（一）洪水對於河底之影響，在最大隄距11公尺爲最小，在最小隄距4.5公尺爲最大。換言之，即河底中最高沙檻與最深水潭之高低差異，在最寬隄距爲最小，在最狹隄距爲最大也。

（二）隄距最大而在河灘地附以引隄者，其過渡段最開展，即最適宜。

（三）隄方式樣對於改造航槽，其影響不如隄防位置之大。

（四）隄防位置逼狹洪水河床太甚，不能使洪水面因以降落，而反以增高

予曾於此加註，謂此數項結果，對於河工上凡欲降落洪水位所用之方法，最關緊要，故深欲以最大規模，將此問題再加切實研究，以資治導諸大川如米西西比黄河等之助。上所述之報告，寄交李儀祉君閲後，李君即來函謂瓦痕湖（Walchensee）之大規模試驗，可以適於試驗治導黄河問題之用，且將作一切準備，使見諸實行。予於是致函李君謂此等試驗，可使縮狹隄距究否可以刷深河槽，而因以降落洪水面之問題徹底明瞭。欲作此試驗，宜先作100公尺長直形之模型槽。河床形式先取梯形，以炭泥作河底，以混凝土作岸。試驗費需16,000馬克。此項試驗經費，於1932年蒙受河患最烈之河南河北及山東三省政府捐助，於是一切關於黄河之試驗準備，即在奥貝那赫（Obernach）起始佈置。試驗之

初,擬以流動料(泥沙)注於槽之首端,而收聚於槽末端之沉澱池內,如1931年試驗所用者。繼以所用流動料極其細微,所需要之沉澱池費將甚多,乃以循環流式代之。其詳細說明,俟於續行寄上之報告,玆但舉其大要。

低水循環流所需之水量,在試驗開始之前,先由清水進路注入一抽水池。槽之末端,備有抽泥水機,水以之陞入一鐵製之蓄水櫃,其上具有節水閥,水由此導入木製之回水槽。蓄水櫃備有45公尺長之滾水堰,藉以保持恆壹之壓力。如欲增加每秒流量,以達洪水需要之水量,則加水於靜水進口而已。水行河槽中帶下之沈澱質,以抽泥水機唧之,經過急斜之回水槽,而輸回於槽之入口,以免於河槽內有死水之處,沈澱質因之停積。減少時賸餘之水量,由蓄水櫃中二管流出,而歸於沉澱池。試驗時所用之細質,經過極詳愼之預備試驗,以規定之。因無巨量之中國黄土,乃以瀝青炭粉屑替代,粒徑由0.5至3公厘,比重每立方公寸1.33公斤。其他研究諸細料過篩之情形,備見以後寄呈詳細報告中。用選擇適當之細料,作預備試驗於特製之小木槽,以定相當之降度爲0.0011。按合乎場所情形而規定之河槽大小,得模型在平面之尺寸比例爲1:165。設天然隄距爲1470公尺,得模型尺寸爲8915公釐。天然中水位河床之寬爲325公尺,得模型尺寸1970公釐。爲免去河灘地上於洪水深度時發生薄層之溜,故將模型比例尺之高,倍於其長,即高比例爲1:82.5。據予所知,最大洪水位每秒爲9000立方公尺時,模型水深應爲109公釐,合天然水深8.8公尺。經過試驗之最小水深爲54.6公釐,在天然爲4.5公尺。由以上所定各數,規定模型水量爲:

最高洪水位	每秒193.0公升
中水位	每秒69.0公升
低水位	每秒23.7公升

水位過程曲綫,亦據余所有關於黄河之參攷書繪之。含泥之量,則並非按所知之發表資料強定之以求符合,乃聽之於各種通過流量之

自然演致。欲求達到洪水量,即由清水入口不斷加入清水,以求適合於水位過程曲綫。若由洪水減至低水,則含泥之水,由蓄水櫃經過二管,放於墊泥池中,亦求適合於水位過程曲綫用循環方法,則水中含泥之量,能自動調節。或疑此法不能恰合於天然現象,此疑點將於下列「試驗結果」中解釋之。時間比例尺規定每24小時爲一模型年。試驗時期每次以三個模型年最爲適當。第二模型年可得一自然演成之寬河床,而第三模型年則不過就先一年所得結果,再加以證實耳。玆再須聲明者,模型年若選擇適當,則凡於河床之變演,流速之增減,兩岸沙檻之推移,皆能與天然相吻合,此在萊因河上流之直段,已經證明者也。試驗凡分兩組爲之,組II隄距3825公厘,及組III隄距8915公厘。每組通流全部時間各爲72小時,每秒流量相同。所得結果,俱列下表中。

黃河試驗（1932年一月二十四日報告）		試驗組II	試驗組III
		隄距在模型中爲3825公厘	隄距在模型中爲8915公厘
時期		第三模型年 1932年十月十三至十六日	第三模型年 1932年十月二十八至三十一日
洪水通流量		每秒193公升	每秒193公升
洪水通流全橫斷面(河灘及河槽)		0.3116平方公尺	0.4429平方公尺
平均洪水斷面流速(河灘上與河槽中之流速差不計)		每秒0.619 公尺	每秒0.436 公尺
洪水時表面流速	河槽中	每秒0.777 公尺	每秒0.710 公尺
	河灘上	每秒0.450 公尺	每秒0.284 公尺
洪水時水面降度		千分之1.21	千分之1.19
洪水時量點65處水面之絕對高		$+97.886_7$公尺	$+97.873_4$公尺
洪水時量65河槽中之水深(以預備試驗前修平之河底爲零)		110公厘	96.7公厘
洪水時量點65河槽中之實際平均水深(由橫斷面測量算出)		111.5公厘	117.6公厘
洪水通流時之比較平均含泥量(非絕對値)	量於閘門	每公升 0.963 格	每公升 0.485 格
	量於板堰	每公升 0.880 格	每公升 0.650 格
	平均	每公升 0.922 格	每公升 0.568 格
由洪水減至低水之比較平均含泥量(非絕對値)	量於閘門	每公升 0.740 格	每公升 0.396 格
	量於板堰	每公升 0.515 格	每公升 0.405 格
	平均	每公升 0.627 格	每公升 0.401 格
由洪水減至低水之時及放空水槽時沉澱池沈澱下之砂量		670公升	320公升

試驗 時河灘上沈澱下之砂量	左岸河灘	290.0公升	2625.2公升
	右岸河灘	40.9公升	971.3公升
	共計	330.9公升	3596.5公升
河灘上積淤之平均高(積淤之砂量平均分配)	左邊	3.21公厘	7.75公厘
	右邊	0.45公厘	2.87公厘
	平均	1.84公厘	5.33公厘
死水處沈澱下之砂量		465.9公升	777公升
由河槽中輸出之總砂量		1466.8公升	4693.5公升
由以上所得之輸砂總量算出河槽全段之平均刷深		8.8公厘	29.3公厘
河槽平均刷深(由水槽中線測量出之縱斷面算出)		7.9公厘	27.4公厘

試驗結果 上表中所列之數字,俱爲第三模型年洪水試驗所得,至低水試驗所得之相當數字,對於本問題關係較輕。在達到低水位以前,因河床發生波痕,以致粗糙異常,不能與洪水時情況,直接作一比較。此種縐痕之發生,當可以徐緩之特別試驗免除之。但試驗時並未用此法,因水位增高後,波痕即復消滅也。本來河床之演成,並不因此波痕而生變異,此節曾經特別試驗證明。又流速算式$V=c\sqrt{RJ}$中之糙率系數c,在試驗II較大於在試驗III,雖每秒之挾砂量,在試驗II較在試驗III大過數倍。至水面降度之比較,在試驗II僅大於在試驗III百分之二,以挾砂量及糙率之相差數衡之,幾無足重輕。由洪水減至低水時,及徐徐放空水槽時,沉澱池中所沈澱之砂量,在試驗II所得結果,倍多於在試驗III。至洪水時每秒砂量與沉澱池中所沈澱之砂量,似略有差異。其原因由於前者在試驗III,於死水之處(回水槽,蓄水櫃,水槽之進口出口)所沈澱之物質,較在試驗II爲多,且在沈澱池中所沈澱之砂量,爲三模型年所共有,而在上表中所載洪水時平均含砂量,則僅限於第三模型年。洪水位之平均高,在試驗II爲+97.8867,在試驗III爲+97.8734公尺。洪水時之水深,對於最初修平之河底,在試驗II爲110公厘,在試驗III爲96.7公厘。由橫斷面實際測量所得,洪水時之平均水深,在試驗II爲114.5公厘,在試驗III爲117.6公厘。河槽之刷深,在試驗II爲8.8公厘.在試驗III爲29.3公厘,此值由河槽中所輸下之

泥砂總量，平均分配之於河槽總長而得。以上所得之數，又細加測量一縱斷面，以資校正，乃得河床刷深之平均數。在數此試驗II為7.9公厘，在試驗III為27.4公厘。試驗III所得河床之刷深量，較之試驗II，遠過於所期望者，其原因如下。蓋堤距狹小，則河槽中及河灘上之流速，以及水深種種，皆較大於堤距之寬大者。惟其如此，故其刷泥之力亦大，且使所帶之泥砂，毫無停積之機會。此時仍用循環方法為之，而不復再加以泥砂，則發見河床之刷深，已呈停止之狀。又當由洪水減至低水時，沉澱池中所沈澱之泥砂，亦不再增加。以上所言，可由每歲含砂量之減少，就其百分率而證明之。在試驗II模型年後所達到之程度，在試驗III則四模型年後，其功已見。堤距之寬大者，於模型年增加，則河槽之刷深漸見逐年減少，以至停頓。而堤距之狹小者，則刷深增強。此由下列事實，可以見之。蓋在狹隄距之試驗，由洪水位減至低水位時，泥砂大部均經過沈澱池而去，而在堤距之大者，泥砂反多得機會，以沈澱於寬衍而為紆緩漫流所蓋之河灘也。水之含砂量，在同樣之每秒流量下，在狹小堤距因有較大之水深，及適宜之橫斷面，遠高於在寬衍之河灘。由此次首創用循環流方法所作之模型試驗，得一新法，使所加入之砂量，按照一定之逐年含砂量曲線為之。此次所作試驗，因缺一儀器，故未用此法。此項儀器可使每次應含砂量，迅速表現，現已於奧貝耶赫製成。1933年計劃續作之試驗節目，為1931年試驗之複演，惟改用一彎曲之水槽。又推廣試驗及於彎曲之隄，仍用兩種不同之隄距，故總計之當為試驗四組也。

民國二十一年治導黃河試驗報告書

目次

假定:

黃河大模型之中水位河岸平直堅實;
洪水位河床,寬狹不同;
水中挾有多量砂土。

一　試驗之目的與範圍

恩格思教授應中國國民政府救濟水災委員會之請,自 1932 年六月至十月,在德國明星水工研究所之奧貝那赫(Obernach)露天水工試驗場,作治導黃河之試驗(參觀附圖十六)。其目的,在欲確定治導黃河之方策,先研究束狹洪水堤防以後,河槽是否刷深,而洪水面之高度,是否因此降落。

該項試驗,在與天然河流相似之直形模型水槽中舉行之。模型縮小之比例爲 1:165，計長 97.5 公尺，水槽兩旁之灘地，係由直徑 0 至 5 公釐之石灰石砂礫堆砌而成，面部平整，但不固定河槽之斜坡及洪水堤防，係由三合土構成。至於水中挾砂，根據預備試驗之結果，採用直徑 0 至 2.1 公釐之「瀝青炭粒」（Pechkohlenrohgriess），其比重爲 γ = 1.33kg/dcm³。槽床之斜坡及水面比降，定爲 1.1‰。水槽深度縮小之比例爲 1:82.5，較諸模型長度之比例實放大一倍，以期其便於觀測也。

堤防之距離不同，足以影響砂礫之遷移，河床剖面之變遷，及水位之高下，故分試驗爲二組，一組之堤距爲 8.9 公尺，另一組之堤距爲 3.8 公尺。在同樣情形之下，（如流量相同，水面比降與槽底斜坡相同，試驗時間相同等）分別試驗之。每組試驗，均須經過三模型年。每一模型年，計歷 24 小時。而每一模型年中，流量之變遷，兩組相同；即先自低水位每秒 23.7 公升，增高至洪水位每秒 193 公升，再降至低水位。試驗時河槽中水深，約自 40 至 110 公厘，灘地水深，約自 0 至 42 公釐。

每次試驗，除測驗水深，流量，流速及水溫外，並測河槽內冲刷之深度，灘地淤積之高度，流水之每秒挾砂量，及每模型年內由河槽冲刷砂土之多寡。

試驗結果之重要者，除於本報告內敘述外，並附以圖表。但爲明晰起見，重複之記載與詳細之計算，略而不贅。又以每次試驗之情形大致相同，故圖解與說明，祇敘述一模型年，藉通其他。

此項試驗學理方面，由恩格思教授主持，設施方面，由本研究所工程師魏克（Wäcken）擔任；中國方面亦派有工程師李賦都參加試驗。

試驗時期雖歷五月之久，但大部份之時間，耗於黃河砂質替代品之選擇；並研究此項砂質與比降，流量之相互關係。經過日夜精密研究以後，主要試驗，得於較短時間中進行，極爲順利；而於是年嚴冬以前，完成其工作，此堪欣慰者也。

二　模型之比例與模型之尺度

依據1931年十二月十四日,爲中國救濟水災委員會所建議之模型比例（參觀附圖十三）,並參酌奧貝耶赫試驗場原有渠槽之寬度,原擬規定模型槽之寬度爲十一公尺,因彼時主張由分水池放出之水量,流經模型後,仍流回奧貝耶赫河也（參觀附圖十六）。

但經過水槽預備試驗（參觀照片1）後,預料試驗時耗失之砂量,爲數甚鉅,試驗期內每日添加之砂量,估計爲18立方公尺,殊非經濟能力所能負擔,而此項砂礫配合,又頗困難,不得不籌劃補救之策,力求經濟。於是研究所徵得恩格思教授同意,改建挾砂循環試驗設備,（Schwemmstoffkreislaufbetrieb）使模型內流出之挾砂水量,藉抽水機輸入回水槽,復返模型。此項回水槽,又不得不因地制宜,建於原有之渠槽內。於是原定之最大模型槽寬度,即兩岸洪水堤間之距離,不得不自11公尺縮至8.9公尺。若以黃河之遼闊（堤距有達11公里者）,與試驗模型寬度8.9公尺相較,比例固屬不甚妥適,如就試驗槽之橫剖面,水深,流速及流量而論,比例亦覺微小,似均足以影響試驗之結果,難期精確。然實際上對於解答待決之問題,並非重要,蓋堤距即使放大,其試驗之現象與窄堤者大致相類,而吾人藉此次試驗之結果,所推測於天然河道者,僅欲知其變化之性質,而不欲求其變化之數量也。當恩格思教授爲水災委員會籌劃試驗時,曾擬定河槽寬度爲2.5公尺,堤防距離爲11公尺。今模型寬度由11公尺減爲8.9公尺,則河槽寬度亦須相當縮小,茲決定槽寬爲2公尺（確數爲1.97公尺）。按照1:165之模型平面長度比例推算,則天然河槽之寬度約爲325公尺,洪水堤之最大距離約爲1471公尺;其他一組試驗之堤距爲3.8公尺,約當天然洪水堤距631公尺。

倘河槽深度之比例,同爲1:165,則水深太淺,有成直線水流之虞,而以灘地上爲尤甚。故深度之縮尺,採取平面之二倍,即1:82.5。參考以往河工試驗之經驗,此項長度與深度比例之差異,並無妨礙。所用之砂,比重較小,移動亦較易。（瀝青炭屑之比重 $\gamma=1.33 Kg/dcm^3$）應用此種比例,規

定模型之橫剖面如附圖十

試驗時採用之流量,係參酌黃河內約估之數爲依據黃河之洪水量計每秒8400立方公尺,中水位流量爲3400立方公尺;並假定介於低水位與中水位間之流量,每秒1100立方公尺,爲試驗時低水位流量之根據,以免模型中水流過淺今依照該項流量,及與模型比例尺相當之河槽寬度325公尺,洪水寬度631公尺,及假設中水位河槽深度5.5公尺,算得河槽內洪水深度應爲9公尺,灘地上水深爲3.5公尺,低水深度爲3.13公尺;中水位時,水平河槽由此推算模型堤距如爲3.8公尺,模型內各項水位之相當深度如下:洪水深度爲109公釐,中水爲67公釐,低水爲38公釐,參考附圖十

三　黃河砂質替代品之選擇與河槽比降之確定

模型之尺寸既定,則砂質之種類及配合,必須加以精密之選擇。而河槽之比降,因與水流及砂粒之移動,有密切關係,尤須加以確定

欲求模型與天然河流相類似,則模型中之砂質,在相當之水深中,其活動之狀態及活動之界限,須求其與天然者(中國黃土)相近似。而確定模型槽之比降,亦應使砂質在各種水深中之動作,與天然河流內之挾砂動作相似,(即砂礫移動之界限 Geschiebebewegungsgrenze)。同時水流不可太緩而成直線式,不可太急,而成射流式(Schiessende strömung),必須爲交錯流(Turbutente strömung)方可,又在各水深下,必須可以發生水面波浪,與天然情形相似者,換言之,即水面流速必須大於水面波浪速率限度每秒23公分(23 cm/sek)但在灘地上,此項條件,未能求其嚴格適合。

黃河砂質移動之大小,及其因時因地而變更之情形,既缺準確之參考資料,則模型內砂質之選擇,祇可求其性質與天然者相似而已

最主要情形,水槽中砂質之遷移,應多數爲浮蕩動作,是以砂質宜

細宜輕。至於砂礫移動之界限可參考黄河論著（註一），略知其梗概。即低水含砂甚少，洪水挾砂極多，如以重量計，竟達百分之十。由黄河於各種水位測繪之橫剖面得知，洪水位時，河槽刷深；水位一旦降落，砂質乃沉澱於河槽與灘地之上。

茲爲選擇適合於以上條件之「模型砂質」，初以德國黄土，細砂，伊薩河之細土及瀝青炭泥（Pechkohlenrohschlamm）等，在水槽内作預備試驗。槽内水深在40公釐至125公釐間，槽底及水面之比降爲1至2%。木槽長度爲30公尺，闊1.4公尺，深0.75公尺（參考照片一）。試驗結果，因德國黄土含有多量細微分子，粘性極大，難於活動（參觀附圖十四試驗組4，5，6及附圖十五試驗組9）。且組織分子，大小相等，經過水流以後，易生波痕。而試驗伊薩細土，雖無波痕，但須經過極長時間之水流與特大之比降，始行移動（參觀附圖十四，試驗組3）。細砂試驗，以其易成波痕，過於活動，全不合用（參觀附圖十五，試驗組8）。至於試驗伊薩河之砂質雖不發生波痕，然太難活動（參考試驗組7）。試驗瀝青炭泥，雖全無波痕，然亦覺分子太細，不易活動（參觀附圖十四試驗組2）。

上項預備試驗，因木槽末端無沉澱池之設備，測驗一次，物質方面之損失頗鉅，且放砂之數量及配合，更難期適當，故於試驗組2完竣後，即暫停止。其他試驗，乃於小槽中舉行之。小槽長僅12.5公尺，闊0.25公尺，深0.25公尺。砂質可以循環周轉（參觀照片2）。

循環流式試驗之結果，認爲瀝青炭之比重較小，最適合於模型試驗。試驗組2中以含有多量細粒，不易活動，乃泥以直徑逵2公釐之細粒，即得試驗組1之結果（附圖十四）。其成分，再加以精密之配合，則新混合物（附圖十五試驗組10）幾全無波痕，並於相當界限内，能充分活動，於水面比降1.1%。及水深40公釐之下，每秒之挾砂量，爲每公升0.1格蘭姆（0.1g/l）；水深110公釐時，爲每公升3.0格蘭姆（3.0g/l）而

費禮門氏則定黄河之最高挾砂量爲百分之十。

模型水流之含砂量雖小;然採用最後所定之混合成分,於數小時後,即有顯著之刷深及淤積。由此,已足以觀察其性質而得有結果矣。

由模型試驗而得之定性結論,與其注意含砂量之絕對數值,毋甯重視低水與洪水時挾砂量之比例。此次所用之瀝青炭屑,此項比例為1:33與黄河挾砂之情形大致相同也。

後此試驗,皆以瀝青炭屑代砂質,其活動性隨水深,比降及速率而變化,可由附圖一知之。至於試驗三越月之詳細報告,均屬選擇砂質一項,對於本報告無關緊要茲從略。

四 模型之設備

甲 設備述要 模型之設計及權衡設備之安置,於附圖九內,可知其梗概。

試驗所用之清水,由分水池(36)(附註數字與附圖九之號碼相同)經長約110公尺之梯形清水槽(25),流注抽水池(5)。流注之水量,由兩端節制閘(26與28)隨意調節之。使試驗之際,抽水池中之水面,由水標(7)之觀察,使保持一定高度。隔絕抽水池(5)與沉澱池(10)之活閘(11),及安置於水槽上部之進水閘(31),皆於試驗時閉之。

試驗所用之水,藉抽水機(6)取自抽水池(5)中,經裝置制水閥(9)之壓水管(8),而達蓄水櫃(12)。蓄水櫃中,並設45公尺長之滚水堰(13)。因此抽水機之給水能力,雖有強弱,而水位之高下及給水管(16,17,18)中之給水量,可保常態矣。蓄水櫃中之水位,由水標(14)觀察之,餘賸之水,遥由回水管(15)流回抽水池(5)。

由蓄水櫃(12)流出之水,經裝置大小二節水閥之給水口(16與17),注入坡度頗大之回水槽(19)。水管(18)通沉澱池(10),管上裝制水閥,使循環水流有任意減小之可能。全部循環流量,沉澱池(10)内均能容納。池之上部,裝有滚水堰(34),下部裝有排水活閘(11)。

回水槽之末端(19),先使流水作90°之變向,經過距離相等之九座進水閘(20)後,即平舖流入模型水槽之中。藉河槽及灘地上約一百塊之限流板(21),使水流不致發生漩渦,並與槽軸平行。其上安置之活動頂蓋(22),可以消去表面之水浪。

乙　各部之構造　按諸工作狀況及地方情形而建築之試驗設備,詳見附圖十及附圖十二。

用作水管活門之節水閥(16與17),實即蓄水櫃之雙重洩水閘。但節水閥(28)僅爲單純之活板。草圖中所有高度尺寸,均已放大,按諸事實,則抽水池與蓄水櫃之水面高度,其最大差度僅爲1.2公尺。抽水機之效能爲5.5馬力。

爲免淤浮質沉澱起見,所有回水管徑,不得不縮小。凡有滯流之處,並改用適宜之管形。

丙　構造之精確　模型寬度之差誤,未超過±10公釐,故槽寬之差誤約爲±0.5%,而灘地寬度之差誤在堤距狹窄者,約爲±1%;在堤距寬闊者,約爲±0.3%。堤頂高度及河床岸坡上之高度,各點精密測量之結果,與1.1‰之比降直線相較,其差誤均達±6公釐。參照附圖四及附圖五,高度之差大致彼此相消,此項差錯,亦可不再加以校正。槽底與灘面皆用模型板放置河床斜坡上順河槽拉平,故其平均比降,可視爲準確。

丁　砂質之配合與考驗　由礦地運來之瀝青炭屑,其分子之組合,因包含多量細粒,不適於用。於舖入河槽以後,須經過清水之長久冲洗,使全槽砂粒之組合,適與預備試驗所規定者相同而後已。此項校正砂粒之工作,須於冲洗之際,時時以篩濾之,考察砂粒之組合。當每組主要試驗告竣之後,槽內餘賸之砂粒,應再用篩濾法檢查之。所缺之砂粒成分,須選擇補充。因此每組試驗伊始,槽底殘餘之砂,雖未完全調換,然砂粒之配合仍屬相類云。

戊　灘地之概況　模型試驗中如欲確定灘地之糙率,依普通試驗方法大都使模型中灘地之流速,與河槽內流速之比例,均等於天然河流。因黃河內此種流速之比,無從參考;又以灘地不平,多生叢草,乃假定灘地之糙率略大。故用 0 至 5 公厘之石灰石碎砂,舖砌灘地。並於模型首端五公尺內,將灘地護固。

灘種構成灘地之白色砂質,與黑色之瀝青炭屑,易於分別,乃其優點。但於試驗以後,二者難於分析,又其劣點也。

己　河槽與灘地之平整　欲使河槽及灘地平整,曾用二人手持模板,牽引於其面上(參觀照片6)。而模板之牽引,則依順堤頂及河槽斜坡頂部前進。所堪注意者,平整河槽與灘地,須於水中行之,不可乾做。否則乾時平整,一旦放水,不免發現陷塘矣。

五　權衡設備與測量法

流量之調制,全賴附圖九所示之節水閥(16與17)。調節流量係採鹽水參淡法(Salzverdünnungsverfahren)(註二)審定每秒 23.7 至 193 公升間五種不同之流量。其測驗之曲線從略。然節水閥口徑與流量間之關係,可參考流量曲綫(附圖二),及調節器之口徑曲綫(附圖三)。

沿槽安置水位測量站十八處,各站距離爲 5 公尺。驗試時,各站均用水標測之,其準確程度至 ±1 公厘。每模型年中所測各站水位,依照時間繪入圖中(參觀附圖一),連成曲綫,可以觀察水位之變遷。

欲求水面之比降,可利用水位曲線依照一任何時間量出各站之水位,再按水槽長度繪成之。其差誤約在 ±1% 之間(參觀附圖四,五)。而期節水面比降之工作,係利用模型末端,河槽與灘地分別裝設之活動壅水堰。惟試驗以後,頗覺灘地上之活動堰,並非必需,故第三組試驗時,已廢去不用。

水流模型中,其河槽,灘地及回水槽中之水面流速,均用浮標飄流於一定之距離中,同時觀察所須時間,計算得之。該項測量,當試驗時每隔十五至二十分鐘,卽須舉行一次—模型年內,測驗流速之結果,詳見附圖一。

每秒鐘含砂量之測驗,須每隔相當之時間,取水量一公升,再從水中提出砂質,權其重量。此時,須注意水之比重及取水瓶之體積與温度之關係。取水之處,在水槽末端壅水堰之下,並於取水之際,將瓶沿堰之全寬而移動,庶幾所含砂質,較近平均值也。初試之後,感覺回水槽雖改用適宜之形態,仍有數處發現砂質沉澱,故於水槽首端,亦應採取水樣,測驗砂質,以資校正。但水槽進水處,有限流板等之設備,採取水樣,耗時太多,對於測驗之結果,仍難準確耳。

回水槽中沉澱之砂質,於每次試驗後量之,作計算含砂量時之參考。但壅水堰下採取水樣測驗,每秒鐘洩出之砂量,並不因死水處砂質之停留與消除,發生若何影響。

每組主要試驗,經過三模型年。完成以後,乃使河槽乾涸（放水緩流入沉澱池),測量槽底及灘地之高度。法於各水位觀察處,由活動之横剖面測量機,繪出横剖面。由手持住垂直之探尺,及裝於其上之紀錄筆尖,按照天然尺寸繪出高度。而探尺於垂直畫板上之横向推動,縮小十倍。照片4爲預備試驗水槽上之横剖面測量機。其横剖面之一,見附圖八,此外更沿槽軸取100點,測量水平,繪成縱剖面。

測繪斷面後,由規定之權衡器,測量槽床冲刷之砂量,及沉澱池與灘地上淤積之砂。同樣測量回水槽及抽水池死水處之淤砂。砂質淤積之空隙容積,須於計算容積時顧及之。

砂質之分子組合,於試驗以前,從河槽中取出查驗之。試驗之後,再取出河槽中及沉澱池與死水處之砂質,考察其分子組合。根據篩濾法將砂粒分成八組,其直徑之大小爲0至2.1公厘。

爲研究繼續之模型年中,排洩之砂質,其組合是否發生變更,須隨時在壅水堰下採取水樣,將砂烘乾,用篩分析。

六 大模型之預備試驗

大小木槽中所作之預備試驗,其水量及水面比降皆保持平衡,無有變更。但大模型內作預備試驗,水深及水量,必須與天然者相似故按照模型比例縮小之水位曲線而變遷之。黃河內流量之時間過程,甘勒(Köhler)與費禮門(Freeman)曾測定之。由是可得流量曲線圖。並依據估計之低水位及洪水位,繪成堤距3.8公尺之水位曲線,詳見附圖一。圖中無顯著之中水位,亦與各家紀錄相符。爲適合此項水位之變遷起見,蓄水櫃節水閥口之相當寬度,曾經較久之預備試驗確定之,並與模型年之時間相關,詳見附圖三無論舉行寬堤試驗或窄堤試驗,一律按照節水閥口之大小,調制水量。同時,根據流量之調節,校正水槽末端壅水堰之位置,以確定比降。

模型年之適當時間比例,僅可由大模型之預備試驗確定之。欲得準確之時間比例,必先觀測天然河流與模型中其剖面之變化及砂洲移動之速率互相比較,再行計算時間比例,庶可準確。但黃河尚缺此類觀察,不得不隨意選擇,姑定一模型年爲廿四小時。經過多次之預備試驗,證明經歷此項暫定之時間後,河床之變遷已明白顯出,砂質之移動,亦可測量矣。但準確之時間比例,亦非必需,因寬窄隄距之二組試驗,僅比較其性質也

爲愼重起見,故每組試驗,均經過三模型年。然第一年後,河床形態之變化,業已顯出(見附圖十一)以後二年中,僅表示砂質之遷徙,漸近其最終狀態,不再有多大之變化矣。復又攷驗模型中各處,在任何水深之下,是否爲交錯流,並察看水面流速能否產生水面波浪藉注顏色液體於水中。知於灘地水深小於5公厘時,交錯流不能發生,河槽中測得之流速,恆高於水面波浪流速限度每秒23公分。至於地灘上水深大於12公厘時,其流速始超過上述者。推水位高度,不合以上二種之規定,其

發現之時間甚短,如與整個試驗時間比較,可略而不計。

大概言之,試驗之設備,尙與所需要者適合。其中缺點,僅抽水機效率較小耳。如抽水機輸送之高度較大,而回水管各部,可用較大之坡度,較小之横剖面,則流速增加物質之沉澱,亦將減少。其他缺點,係河槽首端,缺少適當之取水處,以供測驗砂質之用。倘使抽水機之輸水高度較大時,即可於槽首裝設瀉流板,以便採取水樣,又足以改善與槽軸平行之入口水流,更有認爲缺點者,乃試驗時,測驗流水含砂量每次約需十五分鐘,模型當時之挾砂,有不合處,不能即刻校正。欲求測驗迅速,彼時尙缺相當之儀器,現在水工研究所已預備設計矣。

七　主要試驗

甲　試驗範圍　大模型中作多次預備試驗後,曾作一正式試驗,是爲主要試驗第一組。惟尙缺多種附屬觀察,故於本報告書内,未嘗論及,於是原定計劃之三組堤距試驗,乃商得恩格思教授之同意,改爲3.8公尺及8.9公尺二組堤距試驗;是爲第二第三兩組主要試驗。

乙　試驗之過程　兩組主要試驗,其進行方式,每模型年内,均屬相同。故本報告書中,僅附以一試驗日觀察所得各値之全部圖表。其試驗之過程,參酌附圖一,二,三加以說明。當砂質平舖河槽後,須於六處至八處地點,測驗砂質之組合。然後裝設水位觀測站,校正水平。放水入槽,須至適宜程度,俾接循環流式之水後,可以調節之,達於低水深度。此後即開始測量水位,流速,挾砂量及溫度等;同時,水量即按照預備試驗所規定之調節曲線,藉蓄水池之放水閘而漸次變化。所得結果,例如含砂質之確定,放水閘口之大小與流量之多寡等,均於觀察之際,按照時間,紀錄於同一圖内。如水位須升高時,便添加新水,水位須降落時,則洩水入沉澱池中。

第一模型年試驗完畢後,槽内之水即洩入沉澱池使河床乾涸,留影備考,並繪出谿線,確定沉澱池中淤積之砂量,及砂之密度。第二第三模型年,亦同樣進行。

迨第三模型年後,測繪河槽之縱剖面,及水位觀測處之橫剖面。至於河槽內冲去之砂,一部淤積於灘地,一部沉澱於沉澱池及回水管中死水處。其沉澱之量,以測瓶量之;更與留於河槽中之砂質,同樣測驗其組合及密度之比例最後將一模型年中,在各同一地點取得之水樣混和之,再測其砂粒之組合。至此一組試驗,始告完成。

作下組試驗時,須將沉澱之砂質,還入河槽,與殘餘者混和之。如成分中有所缺乏,則補充之,使與原定砂質之成分比例相符。

丙　試驗之研究　當試驗之時,每模型年內測得之數量,曾按照時間彙列於同一圖表(例如附圖一,二,三)。又將每次試驗時相同時間測得各值,依槽長繪出例如附圖四,五,所示者:

(一) 外堤及中水位河槽岸之高度。

(二) 試驗前後之河床變遷,及每個橫剖面之最深點。

(三) 低水位及洪水位水面之位置。

圖中最下之曲綫,則示明原有中水位之橫剖面,沿全槽長度因刷深而起之變化。此項變化用F_1與F_2之比例表明之(F_1/F_2)而F_1與F_2之面積,則於試驗前後,藉剖面測繪機所測得者也。

由附圖四及五,知水面之高低,實與原來槽底之比降相平行。

第二組窄堤試驗後,觀察槽底各點,因知自槽首至末端之水深,逐漸增加;冲刷之深度,平均較小。反之,觀察寬堤試驗,其水深自槽首至末端,則逐漸減小,冲刷之深度平均較大。此種情形,於$F_1:F_2$之曲綫中,亦可見之,而橫剖面之測繪,較僅測槽軸之河底,更為準確。窄堤距之面積比,示明近槽之末端,冲刷之深度較大;但槽之首端,微有淤積;此種淤積,或可於將來復試時,略微變動壅水堰之位置免除之。而於寬堤距,示明水深自槽首至末端減小,而面積比例曲綫$F_1:F_2$則略微上升。

倘於兩組試驗,作比較研究時,則以上之解釋及圖表,尚欠明瞭,更須撮要敘之。其最應注意者,爲兩組試驗中,洪水之作用若何,須詳細觀察比較。因洪水期間,河槽之變化最烈,而中水及低水,影響河槽之變化較小也。至於其他結果之比較,關於水流情形者,只以洪水期爲根據,關於河床之變遷與淤積及冲刷者,則以整個試驗期爲根據也。

所有第二及第三兩組主要試驗之結果,茲按模型年分列於附表,以資比較。說明如下:

表內第一至第四行所記載者,係河槽及兩灘地上水面流速之平均值,每秒挾砂量及水面比降之平均值。此項平均值,係從洪水期間所測各個結果之曲綫面積而得。

第五行爲洪水面之平均高度。所感困難者,乃洪水面位置之比較數值,須從十八個觀測站測得之水位曲綫,仿附圖四及五例,分洪水期爲十五等分時間,依各時間繪製沿槽水位線,由各個水位線取測線中點之水面高度,按時載之,連以曲線,再求其平均數,即附表第五行之數值。

第六行係河槽中心平均深度之數值。乃於每組主要試驗後,取河槽之縱剖面平均而得。

第七行係河槽之平均刷深量。乃用測積法,由測得F_1/F_2曲線之平均高度(附圖四及五),計算得之,並非直接測量而得也。

第八行之數值,係每組主要試驗中,河槽刷深之平均值。該項數值,乃假定死水處,灘地上及沉澱池中之淤積,由河槽中冲刷而來,求其平均值也。

第九第十兩行所載之刷深值,係由他種不甚精確之算法得來。所以附載於此者,蓋證明由各種算法得來之數值,彼此雖有參差;然大小之級位則相符合也。

第九行之河槽刷深值,係從試驗前後,河槽中線之縱剖面計算得之。

第十行之河槽平均刷深值,係洪水前與洪水後,同一流量每秒

51.5 公升（較中水流量稍小）之水位相差値試驗時，因水位之升降，横剖面亦變化不已，欲測其變化，實爲不可能。故自一模型年至次模型年之刷深値，祗可由此種水位變遷値估計之。

第十一行數値，乃灘地淤積之高度，係假定灘地淤積之總量，平均分佈於灘面而得。

最後討論者，乃砂粒之組合。試將河槽，灘地，沉澱池及水樣中剩餘之砂質，取而晒乾之，篩濾之。并於每次試驗，觀察篩濾之特徵，由顆粒成分組合曲線圖中，面積部份之比，作爲砂粒組合之記號。

此項研究之結果，詳於附圖十八，七，及六中。所宜注意者，即每組試驗之前，河床之砂粒組合，均大致相同。

再者，由此試驗可以觀察下列各種現象：堤距愈寬，則灘地上砂質愈細；水深愈增，河槽之砂質愈粗；反是水深愈小，河槽砂質愈細；由一模型年至次年，水流則加增較粗之成分。此種現象，一部顯而易見，但對於普通砂礫及水流之互相關係，給與有力之證明。然關於此次試驗目的，不甚主要，從略述之。

試驗時所採取之水樣中，其砂質較試驗前後之河槽砂質爲細，蓋因低水位爲時較久，此時挾砂多係微粒也。

試驗結果中，其最堪注意者，砂面波痕並未發生若何障礙。照片十二，二十，二十一及二十二，即此等波痕之形狀。灘地上及河槽中之波痕，僅發生於水深48公厘以下。試驗開始後半小時，流量雖不增加，而水位曲線略微上升，即發生波痕，并沿槽向前推進。一旦水位升高，波痕即復消滅；復於洪水過去後相當水位下再次發生。此項波痕之消失與成立，對於水位曲線之影響較微（附圖一），而影響流速曲線（9時與22時）之變動則甚大。惟波痕之發生，對於試驗結果，無關緊要；蓋比較兩組試驗，僅在無波痕之洪水期間也。且由特種試驗，證明將至低水位時，如迅速停止水流，即不發生波痕。至於波痕之發生，只使河床局部高低改變，而整個形狀並無變動。

八　試驗之結果

甲　總論與批評　二組試驗之結果,在未互相比較以前,須認明循環流式之砂質試驗,與天然河流之實際挾砂情形相同之處至何限度。並研究二者之差異如何。

模型河槽,可視為直形河流之短段,在水量不變之時,天然河內流,經此段之水,已於該段以上挾有泥砂,其多寡視坡度及深度為定,而於循環流式模型試驗時,係將原試驗之水抽回,流入試驗槽首內,以模仿天然河流之情形。其差異之點,乃模型內之泥沙,由槽底之冲刷而來。當水位增高時,天然河流之水,流入該段前,已含有較多之砂量。而在模型內,祗添注清水,然後藉河床之冲刷,始含有較多之砂量。當水位降落時,模型與天然河流之狀況無甚差異。試驗用之總水量,一部份於洪水降落時,他部份於一模型年後方導入沉澱池。故由河槽刷出之砂量,大部份均積於沉澱池中。其他刷出之泥砂,則淤積于回水槽內死水處。該二種砂量,須從河槽之總冲刷量扣除,此種情形,僅於循環流式始見之。

此外特須注意者,一切試驗結果,僅適合於直形河槽而有固定之中水位河岸及固定之槽尾水位者。

以下為二組試驗結果之比較,(參觀附表)其單位值以寬堤試驗之數值為標準。

(1)洪水水面流速之比;

河槽內為1:1.12

灘地上為1:1.5

(2)洪水每秒挾砂量,在二組試驗內,由一模型年至次模型年均漸減少。因河槽之冲刷,漸近終點故也。然於三模型年之試驗期中,尚未達完全固定之境。三模型年內,每秒挾砂量平均數之比為1:1.8。故縮小堤距,使挾砂量加倍;換言之,入海砂量,亦多於寬堤者一倍。淤積於沉澱池之砂量，亦可作爲入海砂量之比較標準，但回水槽內，亦有淤積，故不甚準確。此項淤積之砂量，其容量比爲1:1.9。其值與直接測量者幾全相符。

(3) 水面比降，在二組試驗內，幾可使之完全相同，平均爲 1.163‰暨 1.174‰。最大差數約爲上述二者平均數之±4%

(4) 兩組試驗之洪水位，在三模型年內，雖河槽逐漸刷深，而水位則幾無變化。推厥原因，或以爲槽尾壅水堰之位置未變所致，或以爲河槽刷深，適與灘地之淤高相消，亦未可知。但縮小堤距後，洪水位約平均升高 14.1 公厘。

如前所述計算，河槽之刷深量，時應減去沉澱池及回水槽之淤砂量，然欲以此上述之數值，校正洪水位則未能獲效；蓋由各模型年之水面高度，未能觀出河冲刷深，對於洪水位有何影響也。

(5) 河槽之刷深量，可用四種方法計算之。寬堤距試驗所得之數值，大都相近(22.8至 23.8 公厘)；窄堤距所得數值，則相差懸殊，(4.8至 7.2 公厘)，而最大值 7.2 公厘，係由死水處灘地上及沉澱池內之淤積，計算而得。惟淤層少而且薄，分佈又廣，量度時難期準確。故此項刷深量之計算法，不甚精密。其由測量橫剖面所得之數值 4.8 公厘，最爲可靠。

於是測量所得之刷深量 23.8 與 4.8 公厘，尚須減去死水處與沈澱池淤積之數值 5.5與3.7 公厘（見附表第八行）。故刷深量在寬堤距者爲23.8—5.5 = 18.3 公厘。在窄堤距者爲4.8—3.7=1.1 公厘：二者刷深之比爲1:16.6。

(6) 假設灘地之淤砂，分佈均勻，則淤高之數值爲 4.3 與 1.5 公厘；故寬堤距者之淤高，與窄堤距者之比爲 1:0.35。然灘地上之淤泥分佈，實際並不均勻普通爲寬條式。其形態之彎曲，與河槽內谿線之彎曲，大致相同。其厚度由槽首至槽尾，由槽岸向堤邊皆減小,故灘地上之淤積情形,乃依順水流之橫向遷徙也。

總而言之,第二組試驗之窄堤距河槽,對於泥砂之順流運輸,較第三組試驗之寬堤距河槽,最爲適宜。故於第二組窄堤試驗時,沈澱池中之淤砂量,亦較第三組寬堤試驗時特多。

但寬堤距之特點,在含砂量較少時,泥砂之横向遷徙較多,因此灘地之淤積,亦遠高於窄堤距也。

試驗結果之最堪注意者,乃採用寬廣之瀉洪剖面,則河槽刷深之速,遠勝於窄狹之瀉洪剖面。蓋泥砂可逕由河槽遷向灘地也。因中水位河岸已經固定,灘地不再冲坍,則河槽之刷深與灘地之淤高,同時進行,不難得一固定之河槽。經過若干年後,河槽刷深已至相當程度,不妨再築較低之堤防,用以束狹灘地。

據此試驗之結果,對於黃河之治導,可擬定下列二法:

（1）保護中水位河岸,防止灘地之冲坍。河槽逐漸刷深,灘地逐漸淤高以後,即施護岸工程,待河槽刷深至相當程度,再築較低之堤,束狹灘地。

（2）立刻用較高之堤,束狹灘地,並不固定中水位河岸。如此則河槽之刷深較緩,蓋河槽之谿線,在兩堤之間改易無常,足使河槽位置變遷而更危及堤防,則堤防又須時加保護也。

二者之中,孰爲優良,須參酌實地情形,及安全與經濟問題;然後決定之。

乙 試驗之結果與實施 以上所述,純係理想模型內,有規律之試驗結果。試驗所用砂質,與黃河之挾砂,因乏參攷資料,殊欠適合。是以上項試驗結果,僅能定其性,不能定其量。欲求試驗與天然河流相符,須以與天然絕對相似之模型試驗之,俟將來黃河已有充分之測驗紀錄時,方可着手也。

九 附錄

圖一　第二組主要試驗第一模型年。
試驗所得之各種曲線（水位曲線,河槽及灘地之水面流速線,平均挾砂量線）。

圖二　第二組主要試驗第一模型年。
試驗所得之各種曲線（水面比降線,抽水池內之水位線,空氣及水之溫度綫,流量綫）。

圖三　第二組主要試驗第一模型年。
試驗所得之各種曲綫（壅水堰之位置,蓄水櫃上節水閥之位置,蓄水櫃之水標位置,抽水機壓水管上節水閥之位置）。

圖四　第二組主要試驗第一模型年。
河槽之縱剖面（測繪外堤之平均高度,河槽岸坡之平均高度,洪水位及低水位,試驗前後之河底高度,河槽橫剖面內最低點之位置,試驗前後之橫剖面面積比例）。

圖五　第三組主要試驗第一模型年。
說明如圖四。

圖六　試驗時採用之沉澱質及冲浮質之砂粒組合（主要試驗第二及第三組）。

圖七　第三組主要試驗。
試驗前後槽床砂質之組織。

圖八　第二組主要試驗。
橫剖面圖（用活動剖面測繪器繪製）

圖九　模型試驗設備草圖。

圖十　河槽模型之橫剖面。

圖十一　第三組主要試驗。
低水時河槽內沙洲及谿線之位置。

圖十二　試驗之佈置,平面圖與橫剖面圖。

圖十三　恩格思教授於一九三一年十二月十四日擬定之模型尺度。

圖十四　預備試驗時,鑒定各種砂土之組合成分一覽。

圖十五　預備試驗時,鑒定各種砂土之組合成分一覽。

圖十六　明星水工水力研究所試驗場之平面圖。

圖十七　試驗結果一覽表。

圖十八　第二組試驗前後河床之砂質組織。

註一：　參考　J.R.Freeman, "Flood-Problems in China".
Franzius, "Der Huangho und seine Regelung".
Köhler, "Der Huangho"

註二：　參考　Kirschmer, "Das Salzverdünnungsverfahren für Wassermengen".

Lichtbild Nr. 1

Gerinne für Schwemmstoffdurchflußversuche, Lange 30 m, Breite 1,4 m, Tiefe 0,75 m.

（一） 浮砂直流式試驗槽（長30公尺寬1,4公尺深0,75公尺）

Lichtbild Nr. 2

Gerinne für Schwemmstoffkreislaufversuche, Lange 12,5 m, Breite 0,25 m, Tiefe 0,25 m.

（二） 浮砂環流式試驗槽（長12,5公尺寬0,25公尺深0,25公尺）

Lichtbild Nr. 3
Aufnahme der Gerinnesohle nach einem Vorversuch. Sohlenmaterial: Pechkohlenrohgrieß von 0÷2,1 mm Korndurchmesser, Wassertiefe 150 mm, Gefälle 1.5 ‰, leichte Riffelbildung.

（三） 預備試驗後之槽床（瀝青炭屑之粒徑為(0—2,1)mm 水深150mm 比降1.5‰波狀皺痕較微）

Lichtbild Nr. 4
Fahrbarer Profilschreiber zur Aufnahme von Gerinnequerschnitten im verzerrten Maßstab.

（四） 橫剖面測繪機

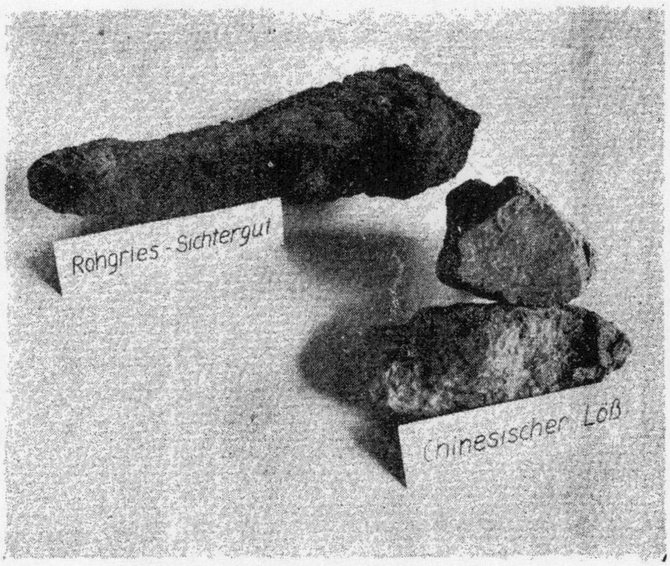

Lichtbild Nr. 5

Probe des Modell-und des Naturschwemmstoffes.

（五） 模型所用浮砂與中國黄土之樣品

Lichtbild Nr. 6

Einebnen des rechten Vorlandes bei Hauptversuchsreihe 3.

（六） 舉行第三組主要試驗時平整右槽灘之情形

Lichtbild Nr. 7

Die Anordnung der Stauklappen am Gerinne-Ende bei Hauptversuchsreihe 2.

（七） 第二組主要試驗時水槽末端壅水堰之設備

Lichtbild No. 8

Das untere Ende des Modellgerinnes (Hauptversuchsreihe 3).

（八） 模型水槽之末端(第三組試驗時攝)

Lichtbild Nr. 9

Pumpensumpf mit Pumpe, Beruhigungsbehälter und Nebeneinrichtungen, im Hintergrund der Versuchsstand.

（九） 抽水池與抽水機及其附屬設備

Lichtbild Nr. 10

Hauptversuchreihe 2, Modelljahr 1, HNW

（十） 第二組主要試驗第一模型年中低水位時情形

Lichtbild Nr. 11

Hauptversuchsreihe 2, Modelljahr 1, HHW.

（十一） 第二組主要試驗第一模型年洪水時情形

Lichtbild Nr. 12

Hauptversuchsreihe 2, Flussbett nach Ablauf des 3. Modelljahres.

（十二） 第二組主要試驗經過第三模型年後河床之情形

Lichtbild Nr. 13

Hauptversuchsreihe 2, Flussbett nach Ablauf des 3. Modelljahres (Riffel durch rasches Abstellen des Wasserdurchflusses nicht ausgebildet.)

（十三） 同12圖（因試驗終了迅速停止水流砂面波痕不能形成）

Lichtbild Nr. 14

Hauptversuchsreihe 3, Modellgerinne vor Beginn der Versuche.

（十四） 第三組主要試驗未開始前之模型槽

Lichtbild Nr. 15
Hauptversuchsreihe 3, Modelljahr 1, MW.

（十五） 第三組主要試驗第一模型年
中水位時之情形

Lichtbild Nr. 16
Hauptversuchsreihe 3, Modelljahr 2, HNW÷MW.

（十六） 第三組主要試驗第二模型年高低水至
中水位時之情形

Lichtbild Nr. 17

Hauptversuchsreihe 3, Modelljahr 2, HHW.

（十七） 第三組主要試驗第二模型年最高洪水位時之情形

Lichtbild Nr. 18

Hauptversuchsreihe 3, Modelljahr 2, HW÷MW.

（十八） 第三組主要試驗第二模型年洪水降至中水位時之情形

Lichtbild Nr. 19

Hauptversuchsreihe 3, Flussbett nach Ablauf des 3. Modelljahres. (Riffel durch rasches Abstellen des Wasserdurchflusses nicht ausgebildet.)

（十九） 第三組主要試驗經過第三模型年後之河床
（因停止水流甚速砂面未起波痕）

Lichtbild Nr. 20

Hauptversuchsreihe 3, Flussbett nach Ablauf des 1. Modelljahres.

（二十） 第三組主要試驗經過第一模型年後河床之情形

Lichtbild Nr. 21

Hauptversuchsreihe 3, Flussbett nach Ablauf des 2. Modelljahres.

（二十一） 第三組主要試驗經過第二模型年後河床之情形

Lichtbild Nr. 22

Hauptversuchsreihe 3, Flussbett nach Ablauf des 3. Modelljahres.

（二十二） 第三組主要試驗經過第三模型年後河床之情形

Lichtbild Nr. 23

Hauptversuchsreihe 3, rechtes Vorland nach Ablauf des 2. Modelljahres.

（二十三） 第三組主要試驗經過第二模型年後之右岸灘地

Lichtbild Nr. 24

Hauptversuchsreihe 3, rechtes Vorland nach Ablauf des 3. Modelljahres.

（二十四） 第三組主要試驗經過第三模型年後之右岸灘地

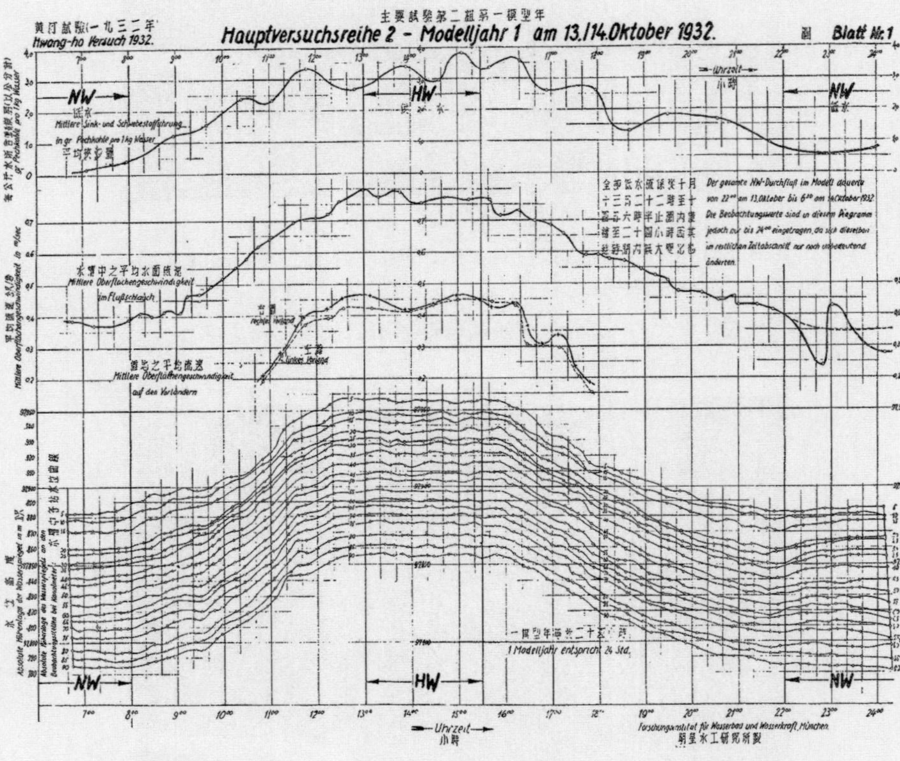
主要試驗第二組第一模型年
黄河試驗(一九三二年)
Hwang-ho Versuch 1932.
Hauptversuchsreihe 2 - Modelljahr 1 am 13./14. Oktober 1932.
圖 Blatt Nr. 1
NW
HW
Uhrzeit
小時
Mittlere Sink- und Schwebestofführung in gr Pechkohle pro 1 kg Wasser
Mittlere Oberflächengeschwindigkeit im Flußschlauch
Mittlere Oberflächengeschwindigkeit auf den Vorländern
1 Modelljahr entspricht 24 Std.
Forschungsanstalt für Wasserbau und Wasserkraft, München.

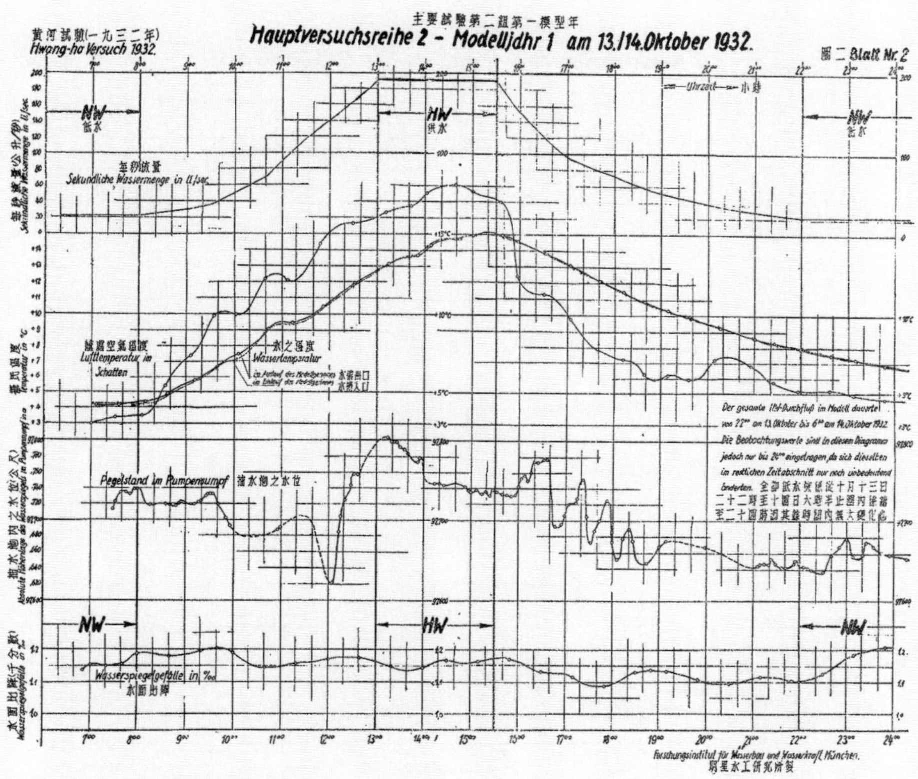
主要試驗第二組第一模型年
Hauptversuchsreihe 2 - Modelljahr 1 am 13./14. Oktober 1932.
黃河試驗(一九三二年)
Hwang-ho Versuch 1932.
圖二 Blatt Nr. 2
Uhrzeit 小時
NW
HW
每秒流量
Sekundliche Wassermenge in Lt/sec.
Lufttemperatur im Schatten
Wassertemperatur
水之溫度
Pegelstand im Pumpensumpf 抽水池之水位
Wasserspiegelgefälle in ‰
水面坡降
Der gesamte HW-Durchfluß im Modell dauerte von 22 am 13. Oktober bis 6 am 14. Oktober 1932.
Die Beobachtungswerte sind in diesen Diagramm jedoch nur bis 24 eingetragen, da sich dieselben im restlichen Zeitabschnitt nur noch unbedeutend änderten.
Forschungsinstitut für Wasserbau und Wasserkraft, München.

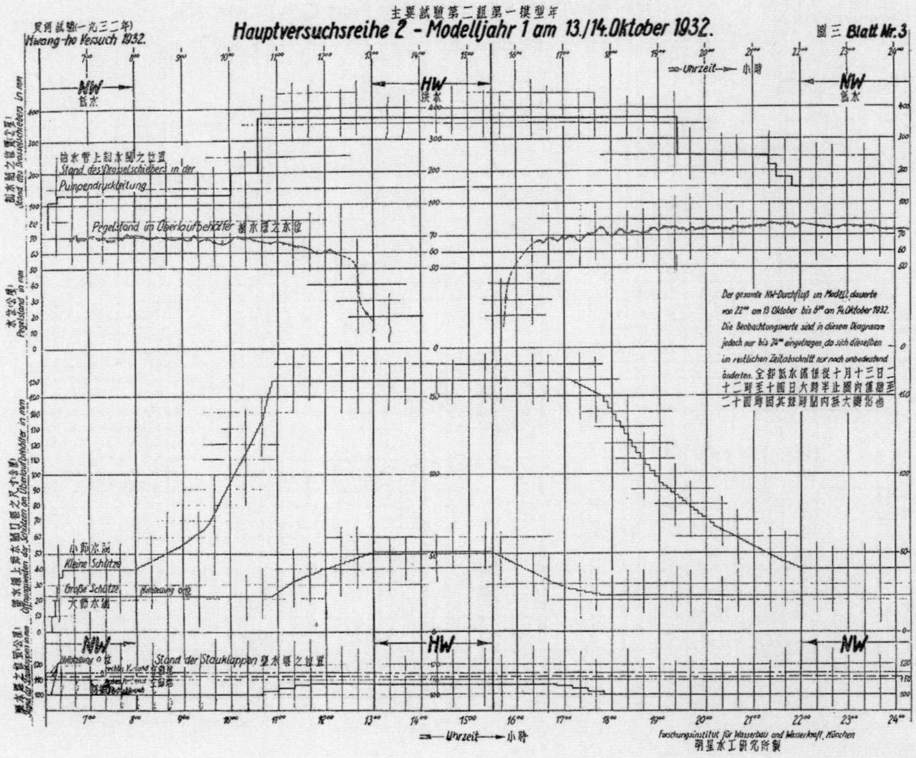
主要試驗第二組第一模型年
Hauptversuchsreihe 2 - Modelljahr 1 am 13./14.Oktober 1932.
黄河試驗(一九三二年)
Hwang-ho Versuch 1932.
圖三 Blatt Nr.3
Uhrzeit 小時
NW
低水
HW
洪水
抽水管上釗水閘之位置
Stand des Drosselschiebers in der Pumpendruckleitung
Pegelstand im Überlaufbehälter 溢水箱之水位
Der gesamte NW-Durchfluß im Modell dauerte von 22⁰⁰ am 13 Oktober bis 6³⁰ am 14.Oktober 1932. Die Beobachtungswerte sind in diesem Diagramm jedoch nur bis 24⁰⁰ eingetragen, da sich dieselben im restlichen Zeitabschnitt nur noch unbedeutend änderten.
全部低水流係從十月十三日二十二時至十四日六時半止圖內僅錄至二十四時因其餘時間內無大變化也
小剛水閘
Kleine Schütze
Große Schütze
大剛水閘
Stand der Stauklappen 壅水板之位置
Forschungsinstitut für Wasserbau und Wasserkraft, München
明興水工研究所製

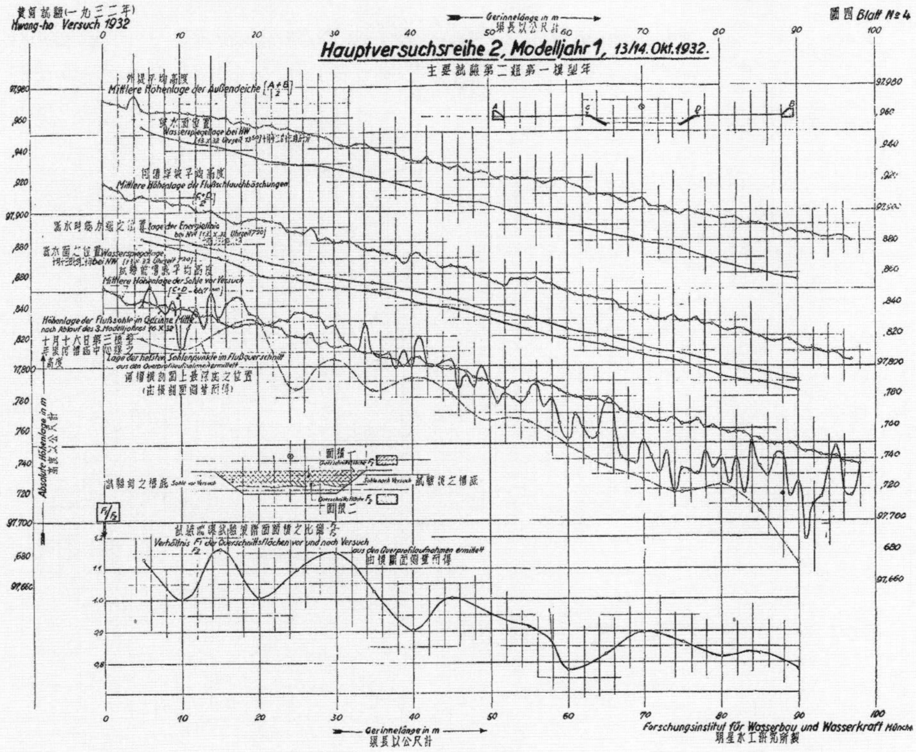
Hwang-ho Versuch 1932
Hauptversuchsreihe 2, Modelljahr 1, 13/14. Okt. 1932.
Blatt Nr. 4
Gerinnelänge in m
Mittlere Höhenlage der Außendeiche
Mittlere Höhenlage der Flußschlauchböschungen
Absolute Höhenlage in m
Gerinnelänge in m
Forschungsinstitut für Wasserbau und Wasserkraft München

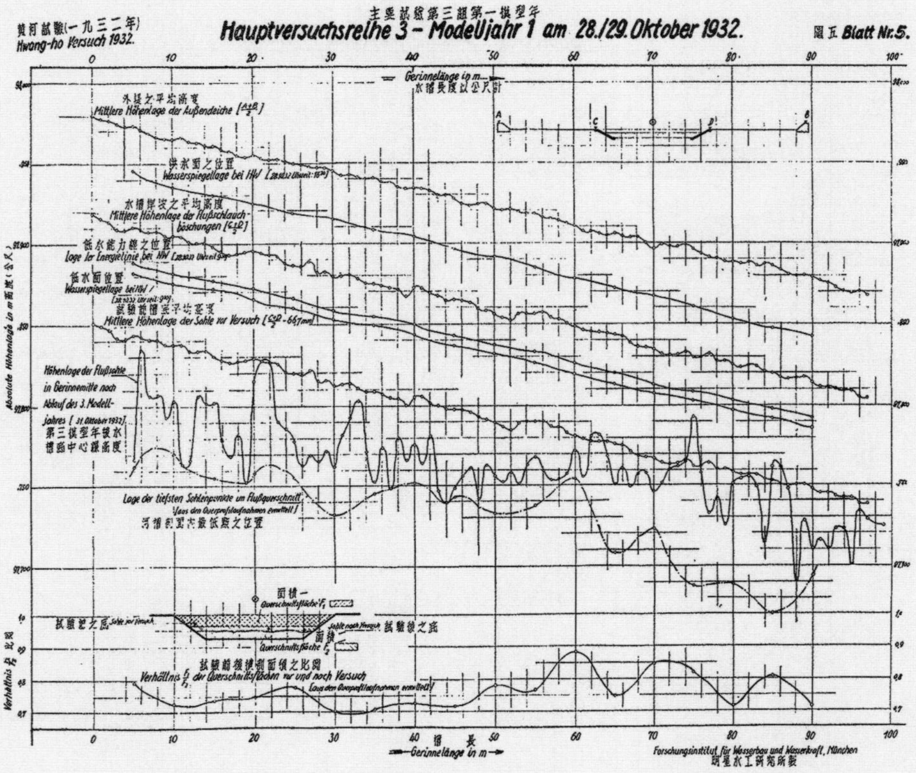

主要試驗第三組第一模型年
黄河試驗(一九三二年)
Hwang-ho Versuch 1932.
Hauptversuchsreihe 3 - Modelljahr 1 am 28./29. Oktober 1932.
圖五 Blatt Nr. 5.
Gerinnelänge in m
Mittlere Höhenlage der Außendeiche [(A+B)/2]
Wasserspiegellage bei HW
Mittlere Höhenlage der Flußschlauchböschungen [(C+D)/2]
Lage der Energielinie bei NW
Wasserspiegellage bei NW
Mittlere Höhenlage der Sohle vor Versuch [(C+D)/2 - 66,7 mm]
Höhenlage der Flußsohle in Gerinnemitte nach Ablauf des 3. Modelljahres [31. Oktober 1932]
Lage der tiefsten Sohlenpunkte im Flußquerschnitt (aus den Querprofilaufnahmen ermittelt)
Absolute Höhenlage in m
Querschnittsfläche F_1
Sohle vor Versuch
Sohle nach Versuch
Querschnittsfläche F_2
Verhältnis $\frac{F_1}{F_2}$ der Querschnittsflächen vor und nach Versuch
Gerinnelänge in m
Forschungsinstitut für Wasserbau und Wasserkraft, München

黄河試驗(一九三二年)
Hwang-ho Versuch 1932.

試驗時採用之沈澱質及沖浮質之砂粒組織

圖六 Blatt Nr. 6.

Kornzusammensetzung der während der Versuche entnommenen Sink-und Schwebestoffproben.

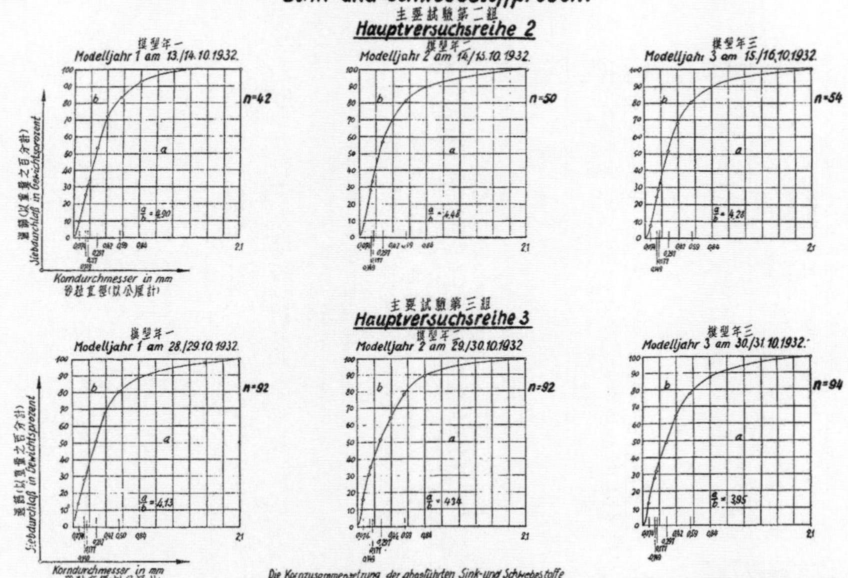

Die Kornzusammensetzung der abgeführten Sink-und Schwebestoffe wurde aus n während eines Modelljahres in gleichen Zeitabständen entnommenen Proben ermittelt.

Forschungsinstitut für Wasserbau und Wasserkraft, München
明星水工研究所製

黃河試驗（一九三二年）
Hwang-ho Versuch 1932.

圖七 Blatt Nr. 7

主要試驗第三組前後河床砂粒之組織
Kornzusammensetzung des Bettmaterials vor und nach Durchführung der Hauptversuchsreihe 3 am 28./31. Oktober 1932.

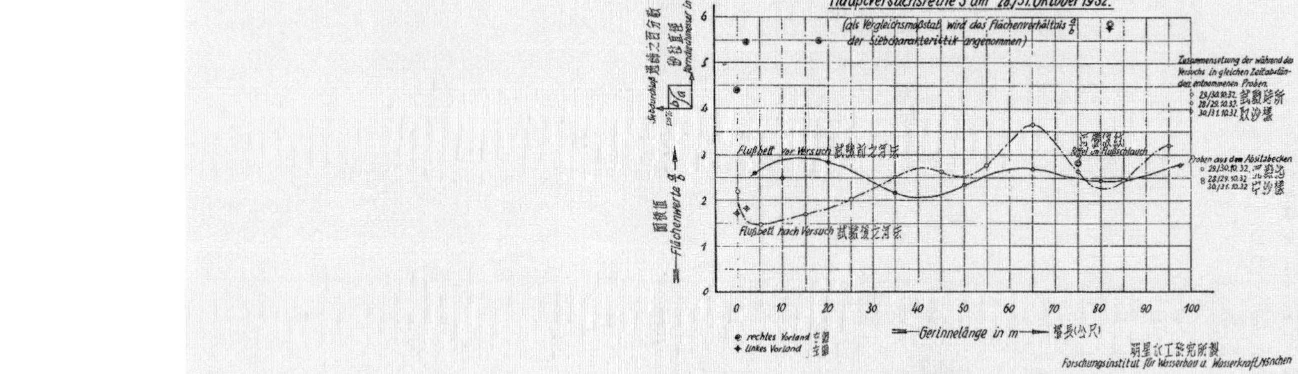

明星水工研究所製
Forschungsinstitut für Wasserbau u. Wasserkraft München

黃河試驗一九三二年
Hwang-ho Versuch 1932.

主要試驗第二組
Hauptversuchsreihe 2 am 13.÷16. Oktober 1932.

圖八 Blatt Nr. 8.

Querprofil bei Kanalmeter 50 (stromab gesehen)

[nach Ablauf des 3. Modelljahres mit Hilfe des fahrbaren Profilschreibers aufgenommen.]

高度比例 Maßstab der Höhen 1:1
寬度比例 Maßstab der Breiten 1:10

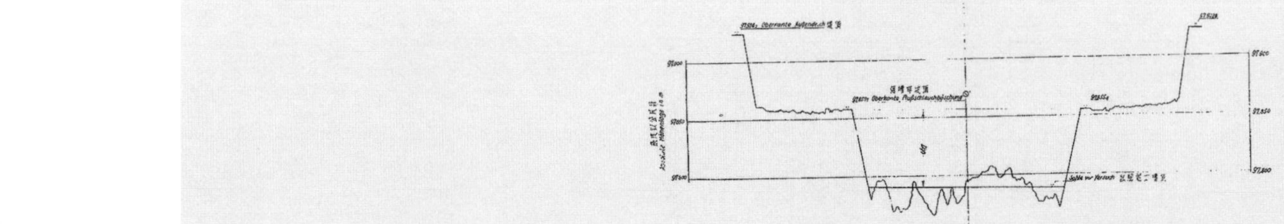

明星水工研究所製
Forschungsinstitut für Wasserbau und Wasserkraft München

Hwang-ho Versuch 1932.
黃河試驗(一九三二年)

圖九 Blatt Nr. 9.

模型試驗設備草圖

Schematische Darstellung der Versuchs-anordnung.

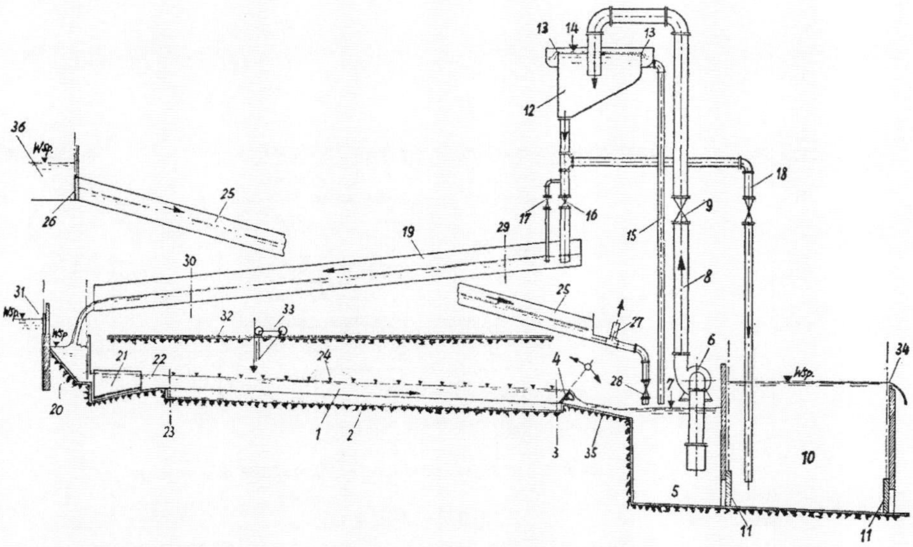

1. Modellgerinne 模型水槽
2. Bewegliches Sohlenmaterial 活動之槽床砂質
3. Wassertemperaturmeßstelle am Ende des Modellgerinnes 槽尾測驗水溫處
4. Drehbare Stauklappe 壅水活動堰
5. Pumpensumpf 抽水池
6. Pumpe 抽水機
7. Wasserspiegelbeobachtungsstelle Pumpensumpf 觀察水面處
8. Pumpendruckleitung 壓水管
9. Drosselschieber 制水閘
10. Absitzbecken 沉澱池
11. Schieber 活閘
12. Überlaufbehälter 蓄水櫃
13. 4,5 m lange Überfallkante 四十五公尺長之滾水壩
14. Wasserspiegelbeobachtungsstelle Überlaufbehälter 測水面處
15. Ableitungsrohr in den Pumpensumpf 回水管通抽水池
16. Große Schütze } zur Regelung der sekundlichen Wassermenge 大節水閘
17. Kleine Schütze } 小節水閘
18. Ableitungsrohr mit Schieber in das Absitzbecken. 回水管通沉澱池
19. Rückleitrinne 回水槽
20. 9 über den Einlaufquerschnitt verteilte Spannschützen 九座進水閘
21. Richtbleche 限流板
22. Beruhigungsfloß 安水筏
23. Wassertemperaturmeßstelle am Einlauf in das Modellgerinne 測水溫處
24. Wasserspiegelbeobachtungsstellen 水位測驗處
25. Frischwasserzuführungsrinne 清水槽
26. Grobspannschütze 節制閘
27. Ableitung des Oberwassers in die Obernach 洩水管放入河流
28. Feinregelung der Frischwasserzufuhr 精緻節水閘
29:30 Meßstrecke zur Messung der Oberflächengeschwindigkeiten 流速測驗處
31. Einrichtung für Durchflußversuche mit Klarem Wasser 進水閘
32. Gleis 軌道
33. Fahrbarer Profilschreiber zur Aufnahme von Modellquerschnitten 橫剖面測繪器
34. Übereich 滾水堰
35. Schußrinne zum Pumpensumpf 緊水槽放水入抽水池
36. Verteilbecken 分水池

明星水工研究所製
Forschungsinstitut für Wasserbau und Wasserkraft, München

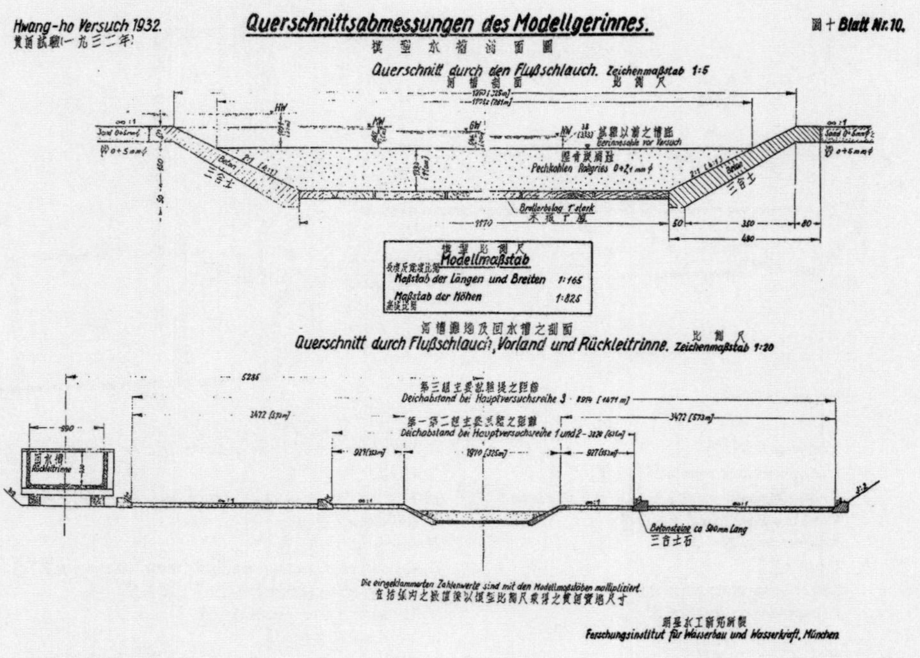
Hwang-ho Versuch 1932.
黄河試驗（一九三二年）
Querschnittsabmessungen des Modellgerinnes.
模型水槽剖面圖
圖十 Blatt Nr. 10.
Querschnitt durch den Flußschlauch. Zeichenmaßstab 1:5
河槽剖面 比例尺
試驗以前之槽底
Gerinnesohle vor Versuch
Pechkohlen Rohgries
Beton
三合土
Bretterbelag 1" stark
Modellmaßstab
模型比例尺
Maßstab der Längen und Breiten 1:165
Maßstab der Höhen 1:825
河槽灘地及回水槽之剖面
Querschnitt durch Flußschlauch, Vorland und Rückleitrinne. Zeichenmaßstab 1:20
比例尺
第三組主要試驗堤之距離
Deichabstand bei Hauptversuchsreihe 3
第一第二組主要試驗之距離
Deichabstand bei Hauptversuchsreihe 1 und 2
回水槽
Rückleitrinne
Betonsteine
三合土石
Die eingeklammerten Zahlenwerte sind mit den Modellmaßstäben multipliziert.
括弧內之數值係以模型比例尺乘得之黃河實地尺寸
明興水工研究所製
Forschungsinstitut für Wasserbau und Wasserkraft, München

Hwang-ho Versuch 1932.
黄河試驗(一九三二年)

圖十一 Blatt Nr. 11.

低水時河槽内沙洲及谿線之位置
Lage der Bänke und Verlauf des Talweges im Flußschlauch bei Niedrigwasser.

(aus den nach Abfluß eines jeden Modelljahres aufgenommenen Lichtbildern nachgezeichnet.)

第三組主要試驗
Hauptversuchsreihe 3 am 28./31.10.1932.

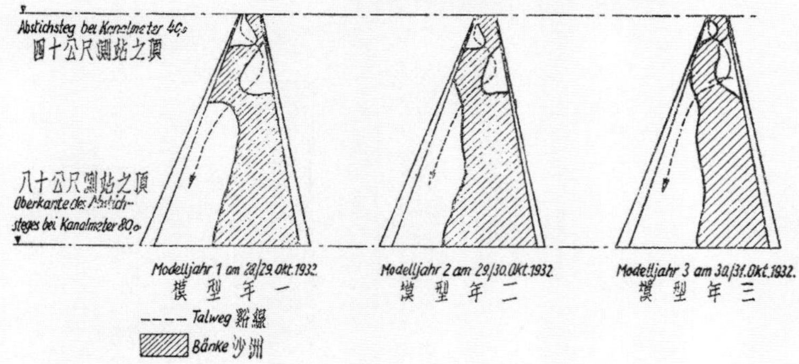

明星水工研究所製
Forschungsinstitut für Wasserbau und Wasserkraft, München.

Hwang-ho Versuch 1932
黄河試驗(一九三二年)

Versuchsanordnung.
試驗之設置

圖十二 Blatt 12

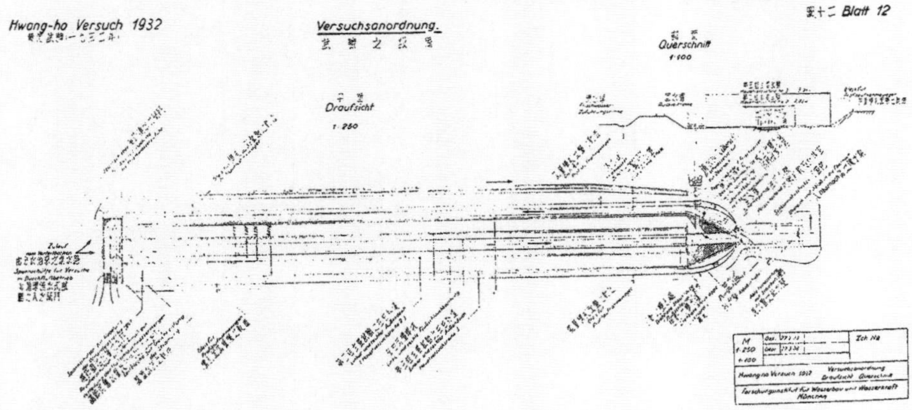

Hwang-ho Versuch 1932
黄河試驗一九三二年

n. Schr. v. 14.7.32 Eng. / F.J. { Modellmaßstab der Längen u. Breiten = 1:150
" " der Tiefen = 1:35

圖十三 Blatt 13

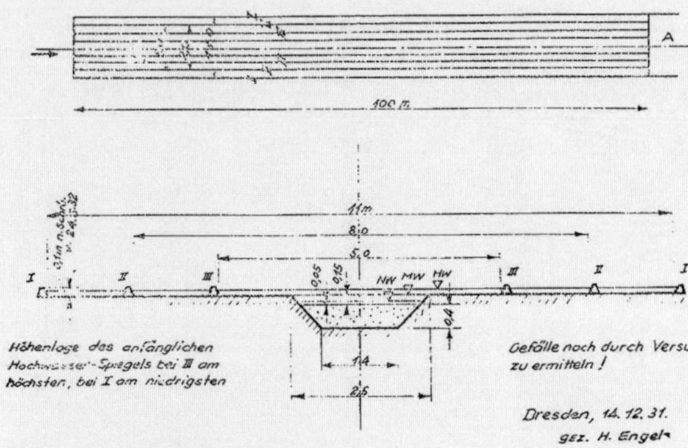

Dresden, 14. 12. 31.
gez. H. Engels

黄河試驗一九三二年
Hwang-ho Versuch 1932

圖十四
Blatt 14

Kornzusammensetzung der bei den Vorversuchen geprüften Bodensorten

① Pechkohlen-Rohgrießsichtergut 0,6–2 m/m aus Penzberg in Oberbayern $\frac{a}{b} = 3,35$
② Pechkohlenrohschlamm 0–0,6 m/m aus Penzberg in Oberbayern $\frac{a}{b} = 1,5$
③ Isarschlamm aus dem Vorlaßbecken der Versuchsanstalt in Obernach $\frac{a}{b} = 5,49$
④ Löß aus Mobschatz bei Dresden (Sachsen) $\frac{a}{b} = 8,09$
⑤ Löß aus Hohlweg Graupa bei Dresden $\frac{a}{b} = 7,56$
⑥ Löß aus Prietitz in Sachsen $\frac{a}{b} = 10,05$

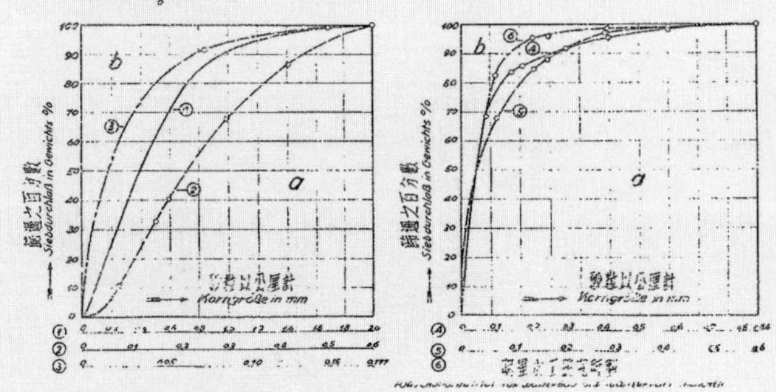

黃河試驗(一九三二年)
Hwang-ho Versuch 1932

圖十五 Blatt 15

Kornzusammensetzung der bei den Vorversuchen geprüften Bodensorten.

預備試驗時鑒定各種土質之砂粒組織表

⑦ Jsargeschiebe 0–2 m/m $\frac{a}{b} = 1{,}34$

⑧ Tertiärsand aus Unterbachern in Oberbayern $\frac{a}{b} = 0{,}86$

⑨ Löß aus Oberbergen am Kaiserstuhl in Baden $\frac{a}{b} = 4{,}25$

⑩ Pechkohlen Rohgrieß 0–2,1 m/m für Modellversuche verwendet $\frac{a}{b} = 2{,}7$

⑪ Hwangho-Löß, Charakteristik aus „Der Hwangho und seine Regelung" von Prof. Franzius in „Bau Technik" 1931. $\frac{a}{b} = 1{,}55$

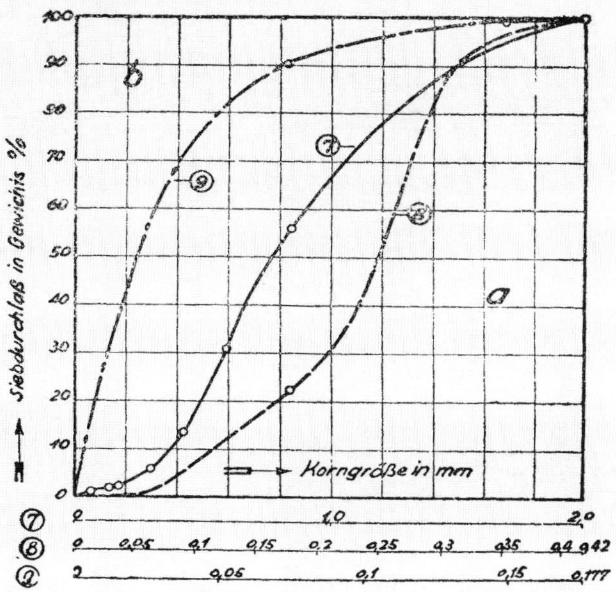

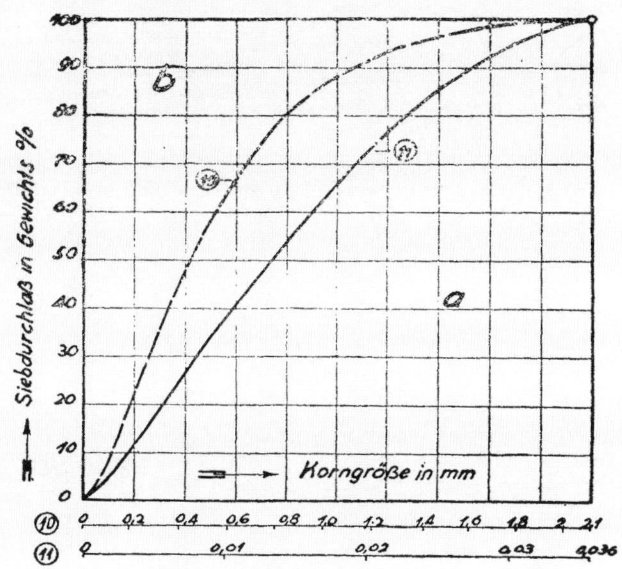

明星水工研究所製

FORSCHUNGSINSTITUT FÜR WASSERBAU UND WASSERKRAFT MÜNCHEN

圖十六 Beilage Blatt № 16

明星水工研究所試驗場

Wasserbau-Versuchsanlagen

des Forschungsinstituts für Wasserbau und Wasserkraft

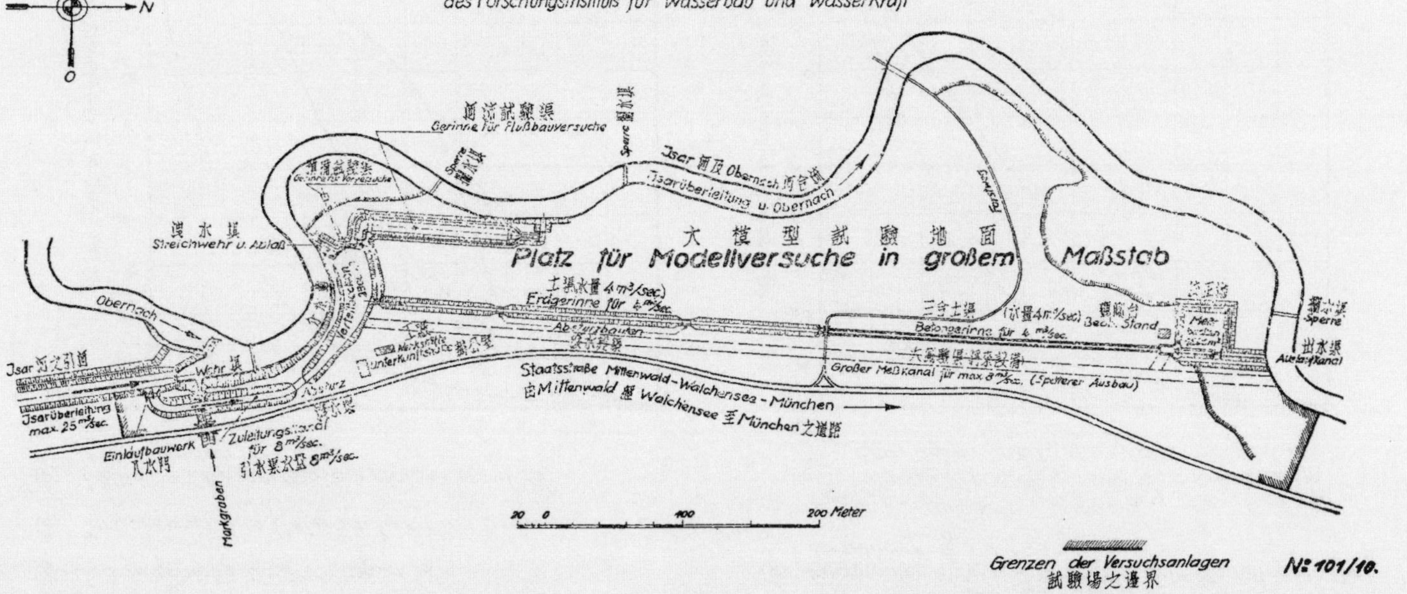

第十七表 一九三二年黃河試驗結果一覽表

	名稱	主要試驗第二組 模型年 1 1932年十月十三及十四日	2 1932年十月十四及十九日	3 1932年十月十五及十六日	平均數值	三模型年後刷深或淤高之總數	主要試驗第三組 模型年 1 1932年十月廿八及廿九日	2 1932年十月廿九及三十日	3 1932年十月三十及三十一日	平均數值	三模型年後刷深或淤高之總數
1	河槽內平均洪水面流速(以公尺/秒計)	0,773	0,792	0,777	0,781		0,713	0,668	0,710	0,697	
2	灘地上平均洪水面流速(以公尺/秒計)	0,433	0,433	0,450	0,438		0,323	0,283	0,284	0,297	
3	洪水之平均挾砂量(g濕青炭屑/1kg水)	3,25	3,14	2,39	2,93		1,88	1,63	1,33	1,61	
4	洪水時之平均水面比降(以千分之幾計)	1,155	1,178	1,188	1,174		1,211	1,140	1,137	1,163	
5	洪水位之平均高度(洪水高度數值係對於水平基點之絕對位)(以公尺計)	$97,905_4$	$97,905_7$	$97,907_5$	$97,906_2$		$97,893_8$	$97,890_5$	$97,892_0$	$97,892_1$	
6	第三模型年後河槽中心之平均高度(以公尺計)			$97,788_4$					$97,771_4$		
7	河槽之平均刷深量由試驗時測得之橫剖面用測積器計算而得 (以公厘計)					4,8					23,8
8	河槽之平均刷深量因下列各處之淤積計算得之 死水處 以公厘計 灘地上 以公厘計 沉澱池 以公厘計 (假定淤積砂量平均分佈河槽內)			2,25 1,64 } 4,94 3,30		2,25 1,64 } 7,2 3,30			3,75 18,20 } 19,95 1,75		3,75 18,20 } 23,7 1,75
9	第三模型年後河槽之平均刷深量由試驗前之河床高度(97,795)與第六行之數值相減而得之(以公厘計)					6,6					23,6
10	河槽之平均刷深量由同一流量之(51.5立升/秒),水面高度差數計算之(以公厘計)	2,7	1,1	1,3		5,1	6,9	13,2	2,7		22,8
11	灘地上淤積之平均高度(以公厘計)			右灘 0,87 左灘 2,62		1,5			右灘 2,32 左灘 6,26		4,3

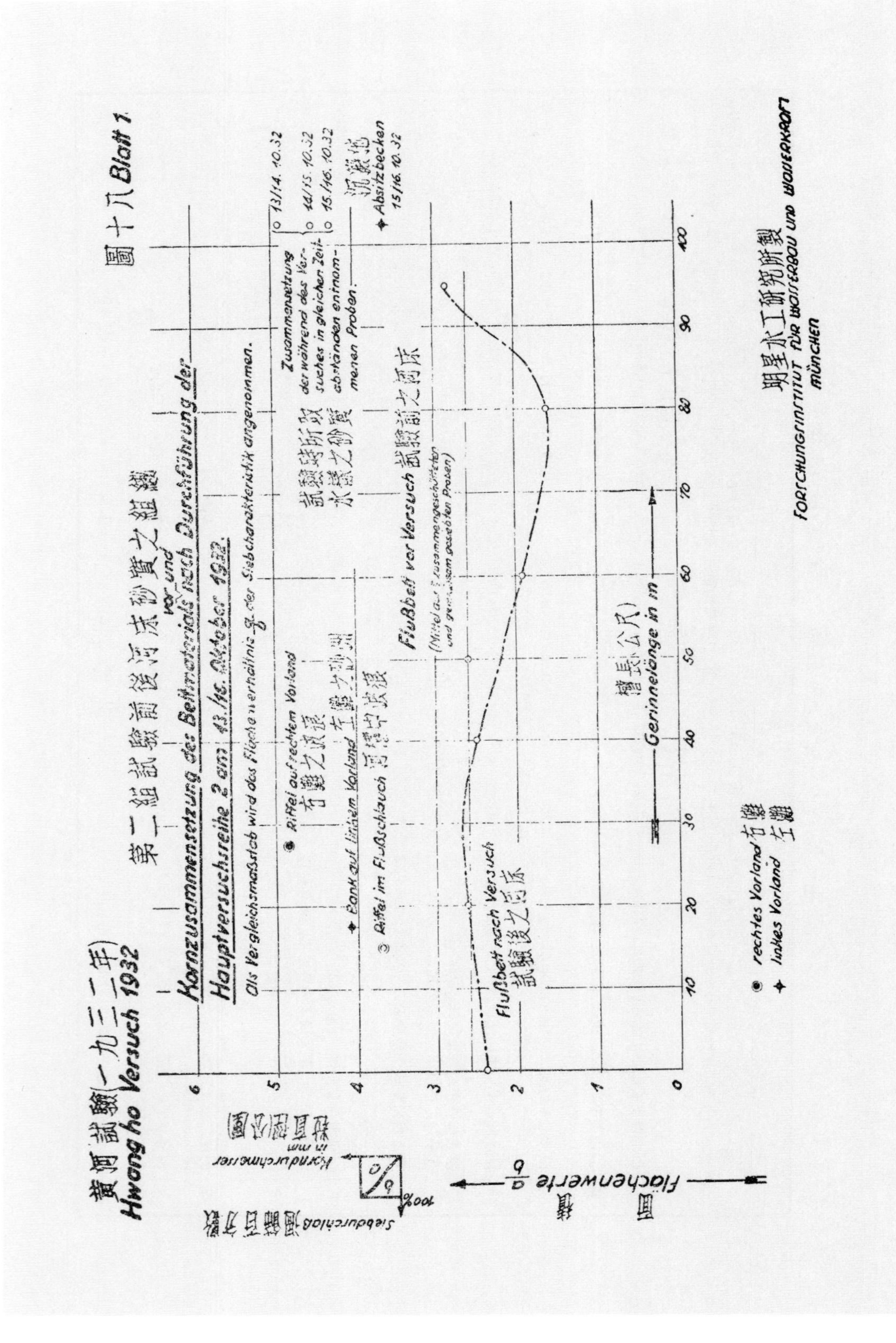
黃河試驗(一九三二年)
Hwang ho Versuch 1932
第二組試驗前後河床砂質之組織
Kornzusammensetzung des Bettmaterials vor und nach Durchführung der
Hauptversuchsreihe 2 am 13./16. Oktober 1932.
圖十八 Blatt 1
Riffel auf rechtem Vorland 右灘之沙浪
Bank auf linkem Vorland 左灘之沙洲
Riffel im Flußschlauch 河槽中沙浪
Zusammensetzung der während des Versuches in gleichen Zeitabständen entnommenen Proben.
試驗時所取水樣之砂質
13/14. 10. 32
14/15. 10. 32
15/16. 10. 32
沉澱池 Absitzbecken 15/16. 10. 32
Flußbett nach Versuch 試驗後之河床
Flußbett vor Versuch 試驗前之河床
Flächenwerte
Siebdurchlaß
Korndurchmesser in mm
槽長(公尺)
Gerinnelänge in m
0
1
2
3
4
5
6
10
20
30
40
50
60
70
80
90
100
rechtes Vorland 右灘
linkes Vorland 左灘
明星水工研究所製
Forschungsinstitut für Wasserbau und Wasserkraft München

Forschungs-Institut
für Wasserbau und Wasserkraft e. V.
München.

Großmodellversuche über das Verhalten eines stark schwemmstoffführenden, mit geradlinigen befestigten Mittelwasserufern versehenen Flußlaufes bei verschiedenen Breiten des Hochwasserbettes.

GLIEDERUNG:

A. ALLGEMEINE ÜBERSICHT ÜBER ZWECK UND UMFANG DER VERSUCHE.

Die nachfolgend beschriebenen Modellversuche wurden im Auftrag der Flood Relief-Commission der chinesischen Regierung auf Anregung von Herrn Geheimen Rat Professor Dr. Dr. e.h. Engels, Dresden im Freiluftlaboratorium des Forschungsinstitutes für Wasserbau und Wasserkraft Obernach (Lageplan siehe Beilage Blatt Nr. 16) in den Monaten Juni mit Oktober 1932 ausgeführt. Sie hatten den Zweck, die für das Aufstellen eines endgültigen Regelungsplanes für den Hwangho unter anderem wichtige Fragen zu klären, ob durch das Verkleinern von Hochwasserdeichabständen ein wesentliches Eintiefen des Flußbettes und damit ein erhebliches Absenken des Hochwasserspiegels erreicht werden kann.

Die Versuche wurden an einem im Maßstab 1:165 erbauten, 97,5 m langen, stark schematisierten Flußmodell – die Gerinneachse war eine Gerade – ausgeführt. Die zum Flußschlauch symmetrisch angeordneten Vorländer waren eben und unbefestigt, die Flußschlauchböschungen und die parallel dazu geführten Hochwasserdeiche betoniert. Das Vorlandmaterial bestand aus gut abgestuftem Kalksteinsand von 0 bis 5 mm Korndurchmesser. Als Modellschwemmstoff wurde aufgrund gesonderter Vorversuche Pechkohlenrohgrieß ($\gamma_v = 1,33$ kg/dcm^3) von 0 bis 2,1 mm Körnung, als Modellgefälle ein Sohlen-und Spiegelgefälle von etwa 1,1 ‰ verwendet. Der Tiefenmaßstab war 1:82,5, was einer zweifachen Verzerrung gegenüber dem angenommenen Grundrißmaßstab entspricht.

Der Einfluß der Deichweite auf die hydraulischen Verhältnisse des Modells (Schwemmstofftransport - Querschnittsausbildung - Spiegellage etc.) wurde in zwei Versuchsreihen bei Deichabständen von 3,8 und 8,[illegible] m Breite unter sonst gleichen Bedingungen (gleiche Wassermenge, gleiches Spiegel-und Sohlengefälle, gleiche Versuchsdauer etc.) untersucht. Jede dieser Hauptversuchsreihen umfaßte drei aufeinander folgende Modelljahre von je 24 Stunden Dauer. Die Modellwassermengen wurden während eines jeden Modelljahres nach einer für beide Versuchsreihen gemeinsamen Regelungskurve kontinuierlich von NW (23,7 Ltr/sek) über HW (193 Ltr/sek) auf NW geändert. Die Wassertiefe im Flußschlauch lag bei den Untersuchungen zwischen 40 und 110 mm, über den Vorländern zwischen 0 und 42 mm.

Gemessen wurden neben Wassertiefe, Wassermenge, Wassergeschwindigkeit und Wassertemperatur die Austiefung im Flußschlauch, die Aufhöhung der Vorländer, der sekundliche Schwemmstoffgehalt des Wassers und die während eines Modelljahres aus dem Flußschlauch abgetragene Schlamm-Menge.

Die wichtigsten Versuchsergebnisse sind dem vorliegenden Bericht in Form von Tabellen und Diagrammen beigefügt; von einer Wiedergabe sämtlicher Einzelaufschreibungen und Zwischenberechnungen wurde der Übersichtlichkeit und Klarheit des Berichtes wegen abgesehen. Da ferner alle Versuche in stets der gleichen Weise durchgeführt wurden, sind nur die Diagramme und Einzelaufschreibungen eines 24-stundigen Modelljahres dem Bericht als Erläuterung beigefügt.

Die Versuche wurden wissenschaftlich von Herrn Geheimen Rat Engels Dresden, technisch von Herrn Ingenieur Wäcken vom Forschungsinstitut für Wasserbau und Wasserkraft geleitet. Von Seiten des Auftraggebers war Herr Dipl. Ing. Futu Li Tientsin von der Flood Relief-Commission zu den Versuchen abgeordnet.

Den größten Teil der 5-monatigen Versuchszeit beanspruchte die Bestimmung des geeigneten Modellschwemmstoffes und die Erprobung seines Zusammenwirkens mit Gefälle und Wassermenge. Durch die eingehende Untersuchung dieser Zusammenhänge, zum Teil im Tag- und Nachtbetrieb, konnten die Hauptversuche störungslos in verhältnismäßig kurzer Zeit durchgeführt und noch vor Eintritt winterlicher Witterung beendigt werden.

B. MODELLMAßSTÄBE UND MODELLABMESSUNGEN.

Die am 14.12. 1931 der Flood-Relief-Commission vorgeschlagenen Modellabmessungen (siehe Beilage Blatt Nr. 13) waren seinerzeit unter der Voraussetzung errechnet worden, daß für den Aufbau des Modelles die volle Breite von 11 m des in Obernach bereits vorhandenen trogartigen Flußbaugerinnes ausgenützt werden könne. Es war dabei beabsichtigt, das Gebrauchswasser dem Verteilbecken durch eine Schütze zu entnehmen und dasselbe nach dem Durchfluß durch das Modell wieder an die Obernach zurückzugeben (siehe Beilage Blatt Nr. 16).

Vorversuche in einer Holzrinne (Lichtbild Nr. 1) und überschlägige Berechnungen ergaben jedoch, daß bei diesem Durchflußbetrieb wirtschaftlich nicht tragbare Verluste des schwer zu beschaffenden Schwemmstoffmaterials und erhebliche Schwierigkeiten für eine nach Menge (18 m^3/Versuchstag) und Kornzusammensetzung richtig bemessene Schwemmstoffzufuhr eingetreten wären.

Aus diesen technischen und wirtschaftlichen Gründen entschloß sich deshalb das Forschungsinstitut im Einverständnis mit Herrn Geheimen Rat Engels Dresden zur Durchführung eines "Schwemmstoffkreislaufbetriebes", bei dem mittels einer Pumpanlage und einer Rückleitrinne das aus dem Modell abfließende, schwemmstoffbeladene Wasser wieder dem Modelleinlauf zugeführt wird.

Die für den Kreislauf des Wassers zu erbauende Rückleitrinne mußte wegen örtlicher Rücksichten in das vorhandene Flußbaugerinne gelegt werden. Daraus ergab sich eine Verkleinerung der ursprünglich vorgesehenen größten Modellbreite von 11 auf 8,9 m zwischen den Hochwasserdeichen. Eine maßstabgetreue Übertragung der natürlichen Breitenverhältnisse des Hwangho (bis 14 km Deichabstand) kam bei der zur Verfügung stehenden Modellbreite von 8,9 m nicht in Frage. Für den Querschnitt des Flußschlauches, die Wassertiefe,-Geschwindigkeit und-Menge hätten sich so geringe Größen ergeben, daß der qualitative Wert der Untersuchungen stark vermindert worden wäre. Zudem war es für die Beantwortung der gestellten Versuchsfragen unwichtig, auch extrem große Deichweiten in die Untersuchung einzubeziehen, da die grundsätzlichen Erscheinungen sich ebenso bei kleineren Deichabständen zeigen mußten und da von vorneherein nur eine qualitative und nicht eine quantitative Übertragungsmöglichkeit der Versuchsergebnisse auf die Natur feststand. Bereits der erste Versuchsvorschlag von Herrn Geheimen Rat Engels an die Flood-Relief-Commission sah deshalb eine Flußschlauchbreite von 2.5 m gegenüber einem Deichabstand von 11 m vor. Entsprechend der oben erwähnten Einschränkung der Modellbreite von 11 m auf 8,9 m mußte auch die Breite des Flußschlauches verringert werden, und zwar wurde sie endgültig auf ca. 2 m (genau 1,97 m) festgelegt. Für die Übertragung in die Natur war dabei ein Grundriß-maßstab von 1:165 angenommen, der einer Flußschlauchbreite von 325 m und einem größten untersuchten Abstand der Hochwasserdeiche von 1471 m entspricht. Die zweite Versuchsreihe, die mit einem Deichabstand von 3,8 m ausgeführt wurde; entspricht in der Natur einem Abstand der Hochwasserdeiche von 631 m.

Bei der Anwendung des gleichen Maßstabes 1:165 für die Höhen hätten sich sehr kleine Wassertiefen und die Gefahr von laminarer Strömung insbesondere über den Vorländern ergeben. Es wurde deshalb eine zweifache Verzerrung des Höhenmaßstabes gegenüber dem verwendeten Grundrißmaßstab gewählt, d.h. ein Höhenmaßstab von 1:82,5. Wie aus vielfachen Erfahrungen aller Flußlaboratorien bekannt ist, ist eine derartig geringe Höhenverzerrung unbedenklich. Sie wurde ermöglicht durch die Verwendung eines spezifisch sehr leichten und auch leicht beweglichen Schwemmstoffmaterials (Pechkohlenrohgrieß mit $\gamma = 1,33$ kg/dm^3). Mit diesen Maßstäben ergaben sich für das Modell die in Beilage Blatt Nr. 10 dargestellten Querschnittsabmessungen.

Den Versuchen wurde eine HW-Menge des Hwangho von 8400 m^3/sek, eine MW-Menge von 3400 m^3/sek und eine zwischen NW und MW liegende und für die Versuche als NW bezeichnete Wassermenge von 1100 m^3/sek zugrunde gelegt, letztere deshalb, um nicht zu kleine Wassertiefen zu erhalten.

Für diese Wassermengen und eine dem Modellmaßstab entsprechende Flußschlauchbreite von 325 bzw. Hochwasserbreite von 631 m sowie angenommener Mittelwasserbettiefe von 5,5 m, ergab sich eine Hochwassertiefe von 9 m im Flußschlauch bzw. 3,5 m über den Vorländern und eine Niedrigwassertiefe von 3,13 m, während das MW den Flußschlauch gerade bordvoll füllte. Für die Versuche errechneten sich die entsprechenden Wassertiefen für HW bei der engen Deichweite von 3,8 m zu 109 mm, für MW zu 67 mm und für NW 38 mm. Sie sind in der Beilage Blatt Nr. 10 ebenfalls eingetragen.

C. VORVERSUCHE ZUR BESTIMMUNG DES MODELLSCHWEMMSTOFFES UND DES MODELLGEFÄLLES.

Nachdem die Abmessungen des Modlles festgelegt waren, mußte die Art und Kornzusammensetzung des für die Großversuche zu verwendenden Schwemmstoffmaterials näher bestimmt und das dem Modellgerinne zur Erzeugung bestimmter Bewegungsvorgänge zu gebende Modellgefälle ermittelt werden.

Die Ähnlichkeit zwischen Modell und Natur erforderte, daß der Modellschwemmstoff bei ähnlichen Wassertiefen angenähert dieselben Bewegungseigenschaften und Bewegungsgrenzen besaß wie der Naturschwemmstoff (chinesischer Löß). Ferner mußte das Modellgefälle so abgestimmt sein, daß bei allen Wassertiefen die der Natur entsprechende Beweglichkeit des Schwemmstoffes vorhanden war (Geschiebebewegungsgrenze), daß weder laminare noch schießende, sondern ausschließlich turbulente Strömung auftrat und daß ferner bei allen Wassertiefen im Modell ebenso wie in der Natur das Auftreten von Oberflächenwellen ermöglicht war, d.h. daß die Oberflächengeschwindigkeit wenigstens im Bereich des Flußschlauches über der Grenzgeschwindigkeit von 23 cm/sek lag. Über den Vorländern ließen sich diese Bedingungen nur beschränkt verwirklichen.

Da weder über die Größe noch über den räumlichen und zeitlichen Verlauf der Schwemmstoffbewegung im Flußbett sichere Vergleichsunterlagen zur Verfügung standen, mußte die Auswahl des Modellschwemmstoffes nach allgemein gültigen, qualitativen Gesichtspunkten vorgenommen werden.

Zunächst war maßgebend, daß der Materialtransport im Gerinne in der Hauptsache schwebend erfolgte, das heißt daß die Schwemmstoffteilchen möglichst klein und leicht waren. Über die Schwemmstoffbewegungsgrenze konnte aus den Veröffentlichungen über den Hwangho +) entnommen werden, daß bei Niedrigwasser fast kein, bei Hochwasser dagegen ein äußerst starker Schwemmstofftransport stattfand (bis zu 10 Gewichtsprozent). Aus zahlreichen Querprofilaufnahmen bei verschiedenen Flußwasserständen war für einen besonders charakteristischen Querschnitt festgestellt, daß bei Hochwasser das Flußbett ausgetieft, bei fallendem Wasser dagegen der Schwemmstoff sowohl im Flußbett als auch auf den Vorländern abgelagert wird.

Die ersten Versuche zur Ermittlung eines diesen Bedingungen entsprechenden Modellschwemmstoffes wurden in einer 30 m langen, 1,4 m breiten und 0,75 m tiefen Holzrinne (Lichtbild Nr. 1) mit deutschem Löß, Feinsand, Isarschlamm und Pechkohlenrohschlamm im Durchflußbetrieb bei Wassertiefen zwischen 40 bis 125 mm und bei Spiegel- bzw. Sohlengefällen zwischen 1 und 2 ‰ angestellt. Sie ergaben, daß die untersuchten deutschen Lößsarten (Probe 4,5 und 6 der Beilage Blatt 14 und Probe 9 der Beilage Blatt 15) wegen ihres verhältnismäßig großen Gehaltes an Feinbestandteilen und des damit verbundenen starken Haftens aneinander schlecht beweglich waren und zudem wegen ihrer Zusammensetzung aus vorwiegend gleich großen Körnern stark zur Riffelbildung neigten, daß der mit Probe 3 in Beilage Blatt 14 bezeichnete Isarschlamm zwar riffelfrei war aber von der Strömung nur bei außergewöhnlich langen Durchflußzeiten und großen Gefällen abgetragen wurde. Der mit Probe 8 in Beilage Blatt Nr. 15 bezeichnete Tertiärsand schied wegen zu starker Riffelbildung und sehr großer Beweglichkeit überhaupt aus; das mit Probe Nr. 7 bezeichnete Isargeschiebe war zwar fast völlig riffelfrei aber zu schwer beweglich. Der mit Probe 2 in Beilage Blatt Nr. 14 bezeichnete Pechkohlenrohschlamm erwies sich als fast völlig riffelfrei, aber infolge seiner Fein-

---

+) siehe
Köhler "Der Hwangho", eine Physiographie. Petermanns Mitteilungen, Ergänzungsheft 203; Gotha.

heit ebenfalls als viel zu wenig beweglich.

Diese zunächst rein orientierenden Versuche wurden nach der Untersuchung der Probe 2 wegen des mit jeder Messung verbundenen starken Materialverlustes- der Rinne war kein Absitzbecken nachgeschaltet- und wegen der Schwierigkeit, den Schwemmstoff am Gerinneanfang in der richtigen Körnung und Menge zuzugeben, abgebrochen. Die weiteren Messungen fanden in einer kleinen Rinne von 12,5 m Länge, 0,25 m Breite und 0,25 m Tiefe, die für einen Schwemmstoffkreislaufbetrieb eingerichtet war, statt. (siehe Lichtbild Nr. 2).

Diese Versuche mit Durchflußbetrieb hatten ergeben, daß die Pechkohle wegen ihres verhältnismäßig geringen spezifischen Gewichtes für weitere Versuche geeignet war. Da die Probe Nr. 2 infolge ihres großen Gehaltes an Feinbestandteilen zu unbeweglich war, wurden dem gleichen Material Körner bis zu 2 mm ϕ zugemischt und dadurch die Probe Nr. 1 (Beilage Blatt Nr. 14) erhalten. Nach nochmaligen kleinen Abänderungen der Kornzusammensetzung erwies sich diese neue Mischung-Probe Nr. 10 in Beilage Blatt Nr. 15-als fast vollständig riffelfrei und als innerhalb der geforderten Grenzen hinreichend beweglich. Bei einem Spiegelgefälle von 1,1 ‰ und einer Wassertiefe von 40 mm betrug der sekundliche Schwemmstoffgehalt 0,1 g/Ltr, bei 110 mm Wassertiefe 3,0 g/Ltr, während von Freeman für den Hwangho eine höchste Schwemmstofführung von 10% angegeben wird.

. Trotz der im Modell ganz wesentlich kleineren Aufladbarkeit des Wassers mit Schwemmstoffen, war es möglich, mit der zuletzt angegebenen Kornzusammensetzung im Modell schon nach wenigen Stunden meßbare Austiefungen und Anlagerungen zu erzeugen, die für die beabsichtigten qualitativen Schlüsse hinreichten.

Für das Zutreffen aus dem Modell abgeleiteter qualitativer Schlüsse dürfte weniger die absolute Größe des Schwemmstoffgehaltes als vielmehr das Verhältnis zwischen Schwemmstofführung bei Niedrigwasser und Hochwasser maßgebend sein. Dieses Verhältnis betrug zum Beispiel bei dem verwendeten Pechkohlenrohgrieß 1:33 und Zwar von ungefähr der gleichen Größenordnung wie beim Hwangho.

Bei allen weiteren Versuchen wurde deshalb dieser zuletzt beschriebene Pechkohlenrohgrieß als Schwemmstoff verwendet. Seine Bewegungseigenschaften sind aus dem beigefügten Diagramm Beilage Blatt Nr. 1 abhängig von der Wassertiefe, dem Gefälle und der Geschwindigkeit ersichtlich. Von der eingehenden Mitteilung der ca. dreimonatigen Versuche, die der Feststellung des endgültigen Schwemmstoffes vorhergingen, wird abgesehen, da diese Ergebnisse für den vorliegenden Bericht unwesentlich sind.

D. DAS MODELL.

SCHEMATISCHE ANORDNUNG.

Als Entwurfsgrundlage für den Aufbau des Modells und die Anordnung der Meßeinrichtungen diente das in Beilage Blatt Nr. 9 dargestellte Betriebsschema, das zunächst besprochen werden soll.

Das zum Betrieb der Anlage erforderliche Frischwasser wird dem Verteilbecken (36) (die beigefügten Zahlen beziehen sich auf die entsprechenden Bezeichnungen der Beilage Blatt Nr. 9) durch eine ca. 110 m lange trapezförmige Frischwasserzuführungsrinne (25) entnommen und dem Pumpensumpf (5) zugeführt. Die zulaufende Wassermenge wird durch zwei am Anfang und des Endes Gerinnes eingebaute Absperrorgane (26 und 28) für Grob- und Feinregulierung der Wassermenge so geregelt, daß der Wasserspiegel im Pumpensumpf während eines Versuches auf einer bestimmten, durch einen Stechpegel (7) beobachteten Höhe gehalten wird. Die den Pumpensumpf (5) gegen das Absitzbecken (10) abschließende Schütze (11) und die oberhalb des Gerinneeinlaufes liegende für Durchflußversuche angeordnete Spannschütze (31) sind während der Dauer der Versuche geschlossen.

Vom Pumpensumpf (5) fördert eine Propellerpumpe (6) das Betriebswasser durch eine mit einem Drosselschieber (9) versehene Druckleitung (8) in den Überlaufbehälter (12), in den ein 45 m langes Übereich (13) eingebaut ist. Dadurch war es möglich trotz Schwankung der Förderleistung der Pumpe eine fast gleichbleibende Lage des Wasserspiegels und damit auch gleichbleibende Ausflußmengen in den Abflußleitungen (16, 17 und 18) zu erhalten. Die laufende Beobachtung der Spiegellage im Überlaufbehälter erfolgt durch den Stechpegel (14). Das Überschußwasser fällt durch ein Ableitungsrohr (15) in den Pumpensumpf (5) zurück.

Aus dem Überlaufbehälter (12) fließt das Wasser durch eine mit einer Grob- und einer Feinspannschütze versehenen Ausflußöffnung (16 bzw. 17) in die mit starkem Gefälle verlegte Rückleitrinne (19). Der Drosselschieber in der Rohrleitung (18) öffnet den Zufluß zum Absitzbecken (10) und ermöglicht die beliebige Verringerung der umlaufenden Wassermenge. Das Absitzbecken (10) vermag das gesamte umlaufende Wasservolumen aufzunehmen. Es besitzt ein Übereich (34) sowie einen Ablaßschieber (11).

Am Ende der Rückleitrinne (19) wird das Wasser zunächst um 90° umgelenkt und durch neun in gleichen Abständen angeordnete Spannschützen (20) auf die Einlaufbreite gleichmäßig über die ganze Modellbreite verteilt und dann durch etwa 100 sowohl im Flußschlauch als auch auf den Vorländern angeordnete Richtbleche (21) möglichst wirbelfrei und achsparallel dem Gerinne zugeführt. Eine darauf folgende verstellbare Deckwand (22) beseitigt etwa vorhandene Oberflächenwellen.

BAULICHE ANORDNUNG.

Die nach diesem Betriebsschema unter Berücksichtigung der örtlichen Verhältnisse erbaute Versuchsanlage ist aus den Zeichnungen Beilage Blatt Nr. 10 und 12 ersichtlich.

Die als Rohrleitungsschieber angegebenen Regulierorgane (16 und 17) wurden tatsächlich als Doppelschütze an der Stirnwand des Überlaufbehälters und Schieber (28) als einfache Schützentafel ausgeführt. Im Betriebsschema sind alle Höhen stark vergrößert. Tatsächlich betrug die größte Höhendifferenz zwischen dem Wasserspiegel im

Pumpensumpf und im Überlaufbehälter nur ca. 1,2 m. Die Leis ung des Pumpenmotors war 5,5 PS.

Um das Absetzen von Schwemmstoff in den Rückleitungen möglichst zu verhindern, wurden alle Leitungsquerschnitte knapp bemessen und Toträume durch günstige Formgebung weitgehend vermieden.

GENAUIGKEIT DER BAUAUSFÜHRUNG.

Die Modellbreiten konnten auf ± 10 mm eingehalten werden. Der Fehler beträgt deshalb für die Breite des Flußschlauches ± 0,5%, für die Vorlandbreite bei enger Deichweite etwa ± 1%, und für jene bei großer Deichwetie ± 0,3%. Die Höhen er Deichkronen und der Böschungen des Flußschlauches wiesen nach genauen Messungen in einzelnen Punkten Abweichungen bis ± 6 mm gegenüber der beabsichtigten Gefällslinie von etwa 1,1 ‰ auf. Wie aus Beilage Blatt Nr. 4 und 5 hervorgeht, gleichen sich die Höhenfehler weitgehend aus, sodaß von späteren Verbesserungen abgesehen werden konnte. Da sowohl die Flußschlauchsohle als auch die Vorlandfläche durch Abstreichen mit Gleitschablonen, die auf den Böschungskronen geführt wurden, hergestellt ist, darf das mittlere Gefälle dieser Flächen als ebenso genau angesehen werden.

EINBRINGEN UND AUFBEREITEN DES MODELLSCHWEMMSTOFFES.

Ebenso wie bei den Vorversuchen zur Ermittlung des endgültigen Modellschwemmstoffes besaß der vom Bergwerk bezogene Pechkohlenrohgrieß nicht die geeignete Kornzusammensetzung. Er enthielt zu viele Feinteile. Nach Einfüllen in den Flußschlauch wurden diese Feinteile mittels Frischwasserdurchfluß unter gleichzeitigem Umschaufeln solange ausgeschlämmt bis die gleiche Kornzusammensetzung wie bei den Vorversuchen im ganzen Gerinne vorhanden war. Die Kontrolle erfolgte durch die Siebanalyse von zahlreichen während des Ausschlämmens laufend entnommenen Proben. Nach jeder abgeschlossenen Hauptversuchsreihe wurde die Beschaffenheit des im Flußschlauch verbliebenen

Schwemmstoffes durch neue Siebanalysen überprüft und die fehlenden Bestandteile durch Zugabe neuen Schwemmstoffes entsprechender Körnung ersetzt. Auf diese Weise konnte man zu Beginn jeder neuen Hauptversuchsreihe von annähernd demselben Materialzustand des Bettes ausgehen ohne vorher das gesamte im Flußschlauch verbliebene Material durch neues ersetzen zu müssen.

VORLAND.

Die Rauhigkeit des Vorlandes wird bei Modellversuchen meist so abgestimmt, daß das Verhältnis der Wassergeschwindigkeit auf dem Vorland und im Flußschlauch angenähert das gleiche wird wie in der Natur. Da derartige Vergleichsunterlagen vom Hwangho für die untersuchten neuen Querschnittsformen nicht vorliegen konnten, wurde der größeren Rauhigkeit des Vorlandes (Bewachsung, Unebenheiten etc.) durch Verwendung eines von 0 bis 5 mm abgestuften Kalksteinsandes Rechnung getragen. Eine Befestigung des im Querschnitt wagrechten Vorlandes, erfolgte nur auf den ersten 5 m der Modellstrecke.

Als besonderer Vorteil des Vorlandmaterials erwies sich seine gegenüber dem schwarzen Pechkohlenrohgrieß fast weiße Farbe, als Nachteil die etwas schwierige Trennung der beiden Materialien nach dem Versuch.

EINEBNEN VON FLUßSCHLAUCH UND VORLAND.

Sowohl der Flußschlauch wie auch die Vorländer wurden mit Hilfe besonderer Abstreichschablonen, die von zwei Arbeitern über die abzugleichenden Flächen gezogen wurden, eingeebnet (Lichtbild Nr. 6). Als Führung für die Gleitschablonen dienten, dabei die wagrechten Kronen der Flußschlauchböschungen bzw. der Außendeiche. Das Einebnen erfolgte nicht wie im Lichtbild Nr. 6 gezeigt im Trockenen, sondern unter Wasser, um Setzungen, wie sie bei nachträglicher Füllung mit Wasser eintreten, zu vermeiden.

E. MEßEINRICHTUNGEN UND MEßVERFAHREN.

Die Wassermengen wurden durch die in Beilage Blatt Nr. 9 mit (16) und (17) bezeichneten Regelorgane geändert. Ihre Eichung erfolgte mit Hilfe des Salzverdünnungsverfahrens +) für fünf verschiedene zwischen 23,7 und 193 Ltr/sek liegende Stellungen. Gesonderte Eichkurven sind nicht beigefügt. Der Zusammenhang zwischen den Schützenöffnungen und den Wassermengen kann jedoch aus den Wassermengenkurven Beilage Blatt Nr. 2 und den zugehörigen Öffnungskurven der Regelorgane Beilage Blatt Nr. 3 abgelesen werden.

Die Wasserspiegellage im Gerinne wurde während eines Versuches laufend an 18 in Abständen von 5 m längs des Gerinnes angeordneten Meßstellen mit Hilfe von Stechpegeln auf ± 1 mm genau abgelesen und in absolute Höhenlagen umgerechnet; die errechneten Spiegelpunkte sind für jedes Modelljahr, abhängig von der Zeit, in ein gemeinsames Diagramm eingetragen (siehe Beilage Blatt Nr. 1) und durch ausgleichende Kurvenzüge zu Wasserstandsganglinien verbunden,

Das Spiegelgefälle kann aus diesen Diagrammen durch Auftragung der einzelnen Wasserspiegelkoten über der Meßlänge (siehe Beilage Blatt Nr. 4 und 5) für jeden beliebigen Zeitpunkt auf ca. ± 1% genau ermittelt werden. Zur Regelung des Spiegelgefälles waren am Ende des Gerinnes sowohl im Flußschlauch als auch auf den Vorländern getrennt zu betätigende, drehbare Stauklappen angeordnet. Die auf den Vorländern angebrachten Stauklappen erwiesen sich im Laufe der Versuche als überflüssig. Ihr Einbau ist deshalb bei der Hauptversuchsreihe 3 unterblieben.

Die Oberflächengeschwindigkeiten im Stromstrich des Flußschlauches, in der Mitte der beiden Vorländer und in der Rückleitrinne wurden durch Messungen der Laufzeit sehr kleiner Oberflächenschwimmer zwischen besonders gekennzeichneten Meßstrecken festgestellt. Diese Messungen fanden laufend in etwa 15 bis 20 Minuten Abstand während aller Versuche statt. Die Ergebnisse für ein Modelljahr sind aus Beilage

+) Kirschmer "Das Salzverdünnnngsverfahren für Wassermessungen," Wasserkraft und Wasserwirtschaft 1931, Heft 18.

Blatt Nr. 1 ersichtlich.

Zur Bestimmung des sekundlichen Schwemmstoffgehaltes wurden der umlaufenden Wassermenge in gleichen Zeitabständen Proben von je 1 Liter entnommen und aus ihrem Gewicht der Gehalt an festen Stoffen ermittelt. Dabei war die Abhängigkeit des spezifischen Gewichtes des Wassers und des Volumens des Glasgefäßes von der Temperatur zu berücksichtigen. Die Entnahme erfolgte aus dem über die Stauklappe am unteren Ende des Flußschlauches überfallenden Wasserstrahl. Das Auffanggefäß wurde während seiner Füllung über die ganze Breite das Überfalls geführt um einen zuverlässigen Mittelwert des Schwemmstoffgehaltes zu bekommen. Schon nach den ersten Erprobungen zeigte sich, daß in den Rückleitungen trotz der an sich günstigen Formgebung an einigen Stellen Ablagerungen von Schwemmstoff eintraten. Es wäre deshalb wünschenswert gewesen zur Kontrolle auch am Einlauf zum Modell Proben des schlammhaltigen Wassers zu entnehmen. Es zeigte sich jedoch, daß die Entnahme im Einlauf zwischen den Leitblechen und an anderen Stellen so viel Zeit beanspruchte, daß zuverlässige Ergebnisse nicht zu erhalten waren.

Die Ablagerungen in den Rückleitungen wurden deshalb nach jedem Versuch gemessen und bei der Schwemmstoffbilanz berücksichtigt. Eine erhebliche Beeinflussung der sekundlich abgeführten Schwemmstoffe durch das zeitweise Absitzen und Abtragen von Material in Totwasserräumen außerhalb des Modells und die davon herrührende wechselnde Zufuhr am Modelleinlauf war aus den an der Stauklappe entnommenen Proben nicht erkennbar.

Nach Abschluß jeder aus 3 Modelljahren bestehenden Hauptversuchsreihe wurde das Gerinne trocken gelegt (durch langsames Ablassen des Wassers in das Absitzbecken) und die Höhenlage der Flußsohle und der Vorländer gemessen.

An allen Wasserspiegelbeobachtungsstellen wurden zunächst mit einem die ganze Gerinnelänge verfahrbaren Profilschreiber Querprofile aufgenommen. Der Profilschreiber zeichnete die Höhen mittels eines von Hand geführten vertikalen Taststabes und einer daran befestigten Schreibfeder in natürlicher Größe auf, während die Horizontalverschiebungen des Taststabes auf das vertikale Zeichenbrett durch eine Übersetzung in zehnfacher Verkleinerung übertragen wurden. Lichtbild Nr. 4 zeigt den Profilschreiber über einer Vorversuchsrinne. Eines der Querprofile ist in Beilage Blatt Nr. 8 wiedergegeben.

Außerdem wurde in der Achse des Gerinnes ein Längenprofil durch Nivellieren in ca. 100 Punkten aufgenommen.

Nachdem die Profilaufnahmen beendet waren, wurden die aus dem Flußbett abgetragenen und im Absitzbecken und auf den Vorländern abgelagerten Schwemmstoffmengen gesammelt und mit Hilfe geeichter Meßgefäße ausgemessen. In gleicher Weise erfolgte auch die Messung der in den Totwasserräumen des Pumpensumpfes und der Rückleitung verbliebenen Ablagerungen. Das Hohlraumvolumen der abgelagerten Schwemmstoffe wurde gesondert bestimmt und bei der Volumenberechnung berücksichtigt.

Die Kornzusammensetzung des Schwemmstoffes wurde vor dem Versuch durch Probenentnahmen aus dem Flußschlauch geprüft. Außerdem wurden nach dem Versuch aus dem Flußschlauch, dem Absitzbecken und aus den Totwasserräumen zum gleichen Zweck Proben entnommen. Mittels genormter Siebsätze erfolgte eine Zerlegung dieser Proben in acht Einzelfraktionen von 0 bis 2,1 mm Korngröße.

Um festzustellen, ob von einem zum nächsten Modelljahr die Zusammensetzung des abgeführten Schwemmstoffes sich änderte, wurden die an der Stauklappe laufend entnommenen Wasserproben gesammelt, der Rückstand getrocknet und durch Siebung zerlegt.

F. VORVERSUCHE AM GROSSMODELL.

Bei den Vorversuchen in der großen und kleinen Holzrinne war die Wassermenge und das Spiegelgefälle während der Dauer eines Versuches konstant gehalten worden. Bei den Versuchen am Großmodell war es indessen nötig, die Wassertiefen bezw. Wassermengen kontinuierlich nach einer den Verhältnissen in der Natur angenäherten, modellähnlich verkleinerten Wasserstandsganglinie zu verändern. Köhler +) und auch Freeman geben für den Hwangho die Zeitdauer typischer Wassermengen an. Daraus konnte ein ungefähres Bild der Wassermengenganglinie gewonnen werden, das mit Hilfe der bereits errechneten Modell-Wasserstände für NW und HW (siehe Seite 6) in eine Wasserstandsganglinie für 3,8 m Deichabstand umgezeichnet wurde. Sie ist in Beilage Blatt Nr. 1 für sämtliche Pegelstellen eingetragen und zeigt in Übereinstimmung mit der bekannt gewordenen Literatur kein ausgeprägtes Mittelwasser. Die für die Einhaltung dieser Ganglinie nötigen Öffnungsweiten der Auslaßschützen aus dem Überlaufbehälter wurden in längeren Vorversuchen festgelegt und abhängig von der Zeit eines Modelljahres aufgetragen (siehe Beilage Blatt Nr. 3). Bei allen Hauptversuchen mit kleiner und großer Deichweite erfolgte die Einstellung der Wassermenge nach den gleichen Öffnungskurven. Gleichzeitig mit diesen Messungen wurden die zur Einhaltung eines bestimmten Gefälles nötigen Stellungen der Stauklappe am Auslauf aus dem Modell festgelegt.

Auch der geeignete Zeitmaßstab für ein Modelljahr konnte nur durch Vorversuche am Großmodell bestimmt werden. Soferne es auf eine genaue Festlegung des Zeitmaßstabes ankommt, wird die zeitliche Änderung charakteristischer Querschnitte bzw. die Wanderungsgeschwindigkeit von Sandbänken in der Natur und im Modell beobachtet und daraus der Zeitmaßstab errechnet. Für den Hwangho lagen geeignete Beobachtungen zur Bestimmung des Zeitmaßstabes nicht vor. Er mußte deshalb willkürlich gewählt werden. Die Dauer eines Modelljahres wurde auf 24 Stunden festgesetzt und mehrere Vorversuche ausgeführt, die ergaben, daß sich nach dieser Zeitdauer die charakteristische Form des Flußbettes ausgeprägt hatte und hinreichend meßbare Materialumlagerungen entstanden waren. Eine genaue Ermittlung des Zeitmaßstabes erschien überdies unwichtig, da die Ergebnisse der beiden Versuchsreihen bei enger und weiter Deichweite nur unter sich und nur qualitativ

+) siehe Fußnote Seite 7!

verglichen werden sollten.

Zur Sicherheit wurden nacheinander drei 24-stündige Modelljahre für jede Versuchsreihe durchgeführt. Sie ergaben, wie Beilage Blatt Nr. 11 zeigt, daß die charakteristische Bettform bereits nach Ablauf des 1. Modelljahres ausgebildet war. Die während der weiteren 2 Modelljahre ausgeführten Messungen ließen eine Annäherung an einen Endzustand im Schwemmstofftransport erkennen, der nach eventuell weiteren Modelljahren erreicht worden wäre.

Es war weiter zu prüfen, ob an allen Stellen und bei allen Wassertiefen im Modell turbulente Strömung herrschte und Oberflächengeschwindigkeiten, die das Auftreten von Oberflächenwellen ermöglichten, vorhanden waren. Färbeversuche mit Fluoreszein zeigten, daß die erste Voraussetzung nur bei Wassertiefen unter 5 mm auf den Vorländern nicht mehr zutraf. Die im Flußschlauch gemessenen Geschwindigkeiten lagen stets oberhalb der Grenzgeschwindigkeit von 23 cm/sek. Auf den Vorländern war es jedoch nur möglich diese für die zweite Forderung nötige Geschwindigkeit bei Wassertiefen über 12 mm zu erreichen. Gegenüber der gesamten Versuchsdauer fällt jedoch die Zeitdauer der Wasserstände, während welcher beide Forderungen nicht erfüllbar waren, kaum ins Gewicht.

Im allgemeinen entsprach die Versuchseinrichtung den an sie gestellten Anforderungen. Mängel zeigten sich nur in der etwas zu geringen Leistung der Pumpe. Bei einer größeren Förderhöhe wären größere Gefälle, größere Geschwindigkeiten und kleinere Durchflußquerschnitte für alle Teile der Rückleitung anwendbar und damit auch geringere Materialablagerungen möglich gewesen. Als weiterer Mängel der Apparatur muß das Fehlen einer geeigneten Entnahmestelle für Proben des schwemmstoffbeladenen Wassers am Modelleinlauf bezeichnet werden. Bei größerer Förderhöhe der Pumpe hätte hier ein Absturz angeordnet werden können, der gleichzeitig auch eine Verbesserung der achsparallelen Zuströmung gestattet hätte. Als nachteilig erwies sich ferner die für die Ermittlung des Schwemmstoffgehaltes der während der

Versuche entnommenen Proben nötige Zeit insofern, als es erst nach 15 Minuten möglich war den Schwemmstoffgehalt derselben anzugeben und eventuell nötige Abänderungen zu treffen. Ein Meßinstrument für eine Augenblicksanzeige des Schwemmstoffgehaltes existierte zur Zeit der Versuchsausführung noch nicht. Das Forschungs-Institut beabsichtigt ein solches zu entwickeln.

G. HAUPTVERSUCHE.

UMFANG.

An die zahlreichen Vorversuche am Großmodell schloß sich eine probeweise Durchführung eines vollständigen Versuches an. Er wurde zwar mit Hauptversuchsreihe 1 bezeichnet, ist aber in diesen Bericht nicht mit aufgenommen, weil sich noch einige zusätzliche Beobachtungen als nötig erwiesen. Entgegen dem ursprünglichen Versuchsplan wurden in Übereinstimmung mit Herrn Geheimen Rat Engels statt der vorgesehenen 3 Deichweiten nur 2 Deichabstände von 3,8 und 8,9 m in zwei mit Hauptversuchsreihe 2 und 3 bezeichnete Versuchsreihen geprüft.

GANG EINES VERSUCHES.

Die Durchführung beider Hauptversuche erfolgte für jedes Modelljahr in gleicher Weise, weshalb dem Bericht nur die Diagramme eines Versuchstages mit sämtlichen Einzelbeobachtungen beigefügt sind. Der Gang eines Versuches soll an Hand der in Beilage Blatt Nr. 1, 2 und 3 wiedergegebenen Diagramme erläutert werden. Nach dem Einfüllen und Einebnen des Schwemmstoffmaterials im Flußschlauch wurden demselben an 6 bis 8 Stellen Schwemmstoffproben entnommen, dann die Abstichstellen für die Wasserpiegelablesung eingebaut und einnivelliert und das Gerinne vorsichtig durch Frischwasserzugabe soweit gefüllt, daß nach dem Anstellen des Wasserumlaufes die Niedrigwassertiefe einreguliert werden konnte. Nun begannen die laufenden Messungen der Wasserspiegellage, der Wassergeschwindigkeit, der Schwemmstofführung, der Wassertemperatur etc., während gleichzeitig die allmählichen Veränderungen der Wassermenge mittels der Auslaufschützen des Überlaufbehälters nach der bei den Vorversuchen festgestellten Regelungskurve erfolgten. Sämtliche Meßwerte einschließlich der Schwemmstoffbestimmungen und der Schützenstellungen bezw. Wassermengen wurden während der Beobachtungen in einem gemeinsamen Diagramm-Blatt abhängig von der Zeit aufgetragen. Während des Ansteigens der Wasserstandsganglinie wurde Frischwasser zugegeben, während ihres Fallens das Überschußwasser in das Absitzbecken abgeleitet.

Nach Ablauf des ersten 21-stündigen Modelljahres wurde die Flußsohle durch Abpumpen des Wassers nach dem Absitzbecken trocken gelegt, fotografiert, der Talweg skizziert, die Ablagerungen im Absitzbecken nach Menge und Hohlraum-Volumen bestimmt und sodann das zweite und anschließend das dritte Modelljahr in gleicher Weise wiederholt. An das Ende des dritten Modelljahres schlossen sich die Profilaufnahmen in der Längsachse des Gerinnes und senkrecht dazu in der Ebene der Wasserspiegelbeobachtungsstellen an. Ferner wurden die aus dem Flußschlauch abgetragenen und teils auf dem Vorland, teils im Absitzbecken und den Totwasserräumen der Rückleitung abgelagerten Schwemmstoffmengen mittels geeichter Gefäße ausgemessen und von zahlreichen Proben dieses Materials sowie des im Flußschlauch verbliebenen Schwemmstoffes die Kornzusammensetzung und das Hohlraumverhältnis festgestellt. Abschließend wurden die während eines Modelljahres dem schwemmstoffhaltigen Wasser in gleichen Abständen entnommenen Proben zusammengeschüttet und die Kornzusammensetzung des darin enthaltenen Schwemmstoffes ermittelt. Damit war die Versuchsreihe abgeschlossen.

Für die nächste Hauptversuchsreihe wurde sämtliche Schwemmstoffablagerungen in den Flußschlauch zurückgebracht und die ursprüngliche Kornzusammensetzung des Materials durch Mischen und Beifügen fehlender Bestandteile hergestellt.

AUSWERTUNG DER VERSUCHE.

Bereits während der Versuche wurden für jedes Modelljahr die erhaltenen Meßwerte in gemeinsamen Diagrammen abhängig von der Zeit zusammengestellt (Beispiele siehe Beilage Blatt Nr. 1, 2 und 3). Ferner wurden für jeden Versuch die zeitlich zusammengehörigen Meßergebnisse über die Gerinnelänge aufgetragen. Als Beispiel hiefür sind dem Bericht die Beilagen Blatt Nr. 4 und 5 angefügt. Sie zeigen den Höhenverlauf der Außendeiche und der befestigten Mittelwasserufern, den Sohlenverlauf vor und nach Versuch, einige typische Wasserspiegel bei Niedrig- und Hochwasser, sowie die Lage der tiefsten Sohlenpunkte eines jeden aufgenommenen Querprofils. Die unterste Kurve gibt an, in welchem Maße sich längs des Gerinnes der ursprünglich vorhandene Mittelwasserquerschnitt durch die Austiefungen verändert hat. Die Veränderung ist durch das Verhältnis der Flächen F_1 und F_2, die mittels des Profilschreibers vor und nach dem Versuch aufgenommen wurden, gekennzeichnet.

Es zeigt sich—wie auch aus den beiden Blättern Beilage Blatt Nr. 4 und 5 ersichtlich ist,— daß der Wasserspiegel gleichmäßig und parallel dem ursprünglichen Sohlengefälle verlief.

Die Lage der Sohlenpunkte nach dem Versuch mit kleiner Deichweite (Hauptversuchsreihe 2) läßte eine gegen das Gerinneende hin zunehmende Wassertiefe und eine verhältnismäßig geringe Austiefung erkennen, während umgekehrt bei großer Deichweite die Wassertiefe abnimmt und die Austiefung im ganzen genommen bedeutend größer ist. Dies kommt auch im Verlauf der Kurven für das Verhältnis $F_1 : F_2$, zum Ausdruck und zwar wegen der genauen Querschnittsaufnahmen mit größerer Genauigkeit als bei der nur in Gerinneachse erfolgten Aufnahme der Sohle. Das Flächenverhältnis zeigt bei der kleinen Deichweite ebenfalls eine starke Austiefung gegen das Gerinneende hin, aber dafür am Gerinneanfang eine leichte Auflandung, die bei einer Versuchswiederholung vielleicht durch eine geringfügige Änderung des Staues hätte vermieden werden können. Bei der großen Deichweite zeigt sich entsprechend der abnehmenden Wassertiefe ein leichter Anstieg der F_1/F_2 Kurve.

Die beschriebene Auswertung und Auftragung der Versuchsergebnisse (Beilage Blatt Nr. 1 mit 5) ist für den Vergleich der beiden Hauptversuchsreihen noch zu unübersichtlich und bedarf deshalb einer weiteren Vereinfachung. Von Belang war es vor allem, die Wirkungen des Hochwassers bei den beiden Hauptversuchsreihen kennen zu lernen und miteinander zu vergleichen, weil während des Hochwassers die hauptsächliche Ausformung des Flußbettes vor sich geht, das Mittel- und Niedrigwasser aber an der Bettbildung nur unwesentlich beteiligt ist. +) Der weitere Vergleich der Ergebnisse erstreckt sich deshalb, soweit Fließzustände in Betracht kommen, nur auf die Dauer des Hochwassers, soweit er Sohlenänderungen, Auflandungen und Abtragungen betrifft aber auf ganze Dauer einer Versuchsreihe.

Sämtliche im folgenden ermittelte Vergleichszahlen sind in der Tabelle 1 der Beilage Blatt Nr. 17 für die beiden Hauptversuchsreihen 2 und 3 mit 3,8 und 8,9 m Deichweite nach Modelljahren getrennt, zusammengestellt.

Die in Zeile 1 bis 4 der Tabelle Beilage Blatt Nr. 17 eingetragenen Mittelwerte für die Oberflächengeschwindigkeiten im Flußschlauch und auf den Vorländern, die sekundliche Schwemmstofführung und das mittlere Spiegelgefälle sind aus der graphischen Auftragung der betreffenden Meßergebnisse durch Planimetrieren der zwischen Beginn und Ende des Hochwassers liegenden Kurvenflächen erhalten.

Schwieriger war es, für die Lage des Hochwasserspiegels brauchbare Vergleichszahlen zu gewinnen. Aus den Wasserstandskurven der 18 Beobachtungsstellen wurde ähnlich wie in Beilage Blatt Nr. 4 und 5 der Verlauf des Wasserspiegels längs der Meßstrecke aufgezeichnet und zwar für je 15 gleichmäßig über die Zeitdauer des Hochwassers verteilte Zeitpunkte. Aus jeder dieser Spiegelauftragungen ist die Höhenlage des in der Mitte der Meßstrecke liegenden Spiegelpunktes

+) Engels: "Großmodell-Versuche über das Verhalten eines geschiebeführenden gewundenen Wasserlaufes unter der Einwirkung wechselnder Wasserstände und verschiedenartiger Eindeichungen", Wasserkraft und Wasserwirtschaft 1932, Heft 3/4.

entnommen und wiederum abhängig von der Zeit aufgetragen worden. Der planimetrierte Mittelwert dieser durch einen Kurvenzug verbundenen Werte ergab die in Tabelle Beilage Blatt Nr. 17, Zeile 5 eingetragenen Zahlen, die als mittlere Wasserspiegelkote bezeichnet sind.

Zeile 6 enthält Angaben über die mittleren Sohlenkoten in Gerinnemitte. Sie wurden durch Planimetrieren des am Ende jeder Hauptversuchsreihe in Gerinneachse aufgenommenen Sohlenprofile (siehe Beilage Blatt Nr. 4 und 5) erhalten.

Die in Zeile 7 angegebene mittlere Sohlenaustiefung im Flußschlauch ist nicht durch direktes Ausmessen der Sohlenabtragungen, sondern durch planimetrische Bestimmung der mittleren Höhe des Flächenverhältnisses F_1/F_2 aus der zugehörigen, über der Gerinnelänge aufgetragenen Kurve (Siehe Beilage Blatt Nr. 4 und 5) errechnet worden.

Die Zahlenwerte der Zeile 8 beziehen sich auf die Gesamtdauer einer Hauptversuchsreihe. Statt der in den Totwasserräumen, auf den Vorländern und im Absitzbecken abgelagerten Schwemmstoff-Voluminas ist angegeben, um welchen Betrag sich die ursprüngliche Sohle des Flußschlauches durch den Entzug dieser Mengen eingetieft hätte.

Für Zeile 9 und 10 wurden die Eintiefungen auf anderem, allerdings weniger genauem Wege errechnet. Sie sind nur deshalb angefügt um prüfen zu können, ob der zwangsläufige Zusammenhang zwischen den verschiedenen Berechnungsmöglichkeiten wenigstens der Größenordnung nach vorhanden ist.

In Zeile 9 ist die Sohlenaustiefung aus dem Längsprofil in Gerinnemitte vor und nach dem Versuch berechnet.

In Zeile 10 ist angegeben, um wieviel Millimeter sich im Mittel die Wasserspiegellage bei 51,5 Ltr/sek Durchflußmenge (etwas weniger als Mittelwasser) vor und nach dem Hochwasser unterschied. Da es während der Versuche nicht möglich war, die ständige Veränderung der Querschnitte durch die wechselnden Wasserstände zu verfolgen, wurde aus dieser Änderung der Spiegellage auf die Eintiefung der Sohle von einem Modelljahr zum nächsten geschlossen.

Die in Zeile 11 eingetragenen Aufhöhungen der Vorländer sind aus den abgelagerten Schwemmstoffmengen unter Annahme einer gleichmäßigen Verteilung ermittelt.

Die abschließenden Auswertungen befaßten sich mit der Kornzusammensetzung der Materialproben, welche aus dem Flußbett, von den Vorländern, aus dem Absitzbecken und aus den Rückständen des untersuchten Schlammwassers entnommen wurden. Nach Trocknung und Siebung wurde für jede Probe eine sogenannte Siebcharakteristik gezeichnet und als Kennzeichen für die Materialzusammensetzung das Verhältnis der Flächenteile des quadratischen Diagramms angegeben.

Die Ergebnisse dieser Auswertungen sind in den Beilagen Blatt Nr. 18, 7 und 6 dargestellt. Sie zeigen als wesentlichstes Resultat, daß die Zusammensetzung des im Flußbett befindlichen Schwemmstoffes vor jeder Versuchsreihe angenähert die gleiche war.

Weiter konnte aus diesen Untersuchungen entnommen werden: die Verfeinerung des Materials auf den Vorländern mit zunehmender Deichweite; die Vergröberung des Sohlenmaterials mit zunehmender Wassertiefe bzw. Verfeinerung mit abnehmender Wassertiefe; die Zunahme gröberer Bestandteile im abfließenden Schlammwasser von einem Modelljahr zum nächsten. Diese Ergebnisse waren zwar zum Teil vorauszusehen, sie bilden aber eine wertvolle Bestätigung der allgemeinen Zusammenhänge, obgleich sie für den eigentlichen Zweck der Untersuchung nur von untergeordneter Bedeutung und deshalb nur kurz erwähnt sind.

Die größere Feinheit des in den entnommenen Wasserproben enthaltenen Schwemmstoffes gegenüber dem Material im Flußschlauch vor und nach dem Versuch ist aus der verhältnismäßig langen Dauer des Niedrigwassers und der in dieser Zeit hauptsächlich beförderten Feinbestandteile zu erklären.

Wesentlich für alle Versuchsergebnisse ist, daß Riffelbildungen nicht in störendem Ausmaße eintraten. In Lichtbild Nr. 12, 20, 21 und 22 sind solche Riffelbildungen aufgenommen. Die Riffel entstanden auf dem

Vorland und im Flußschlauch nur bei Wassertiefen unter etwa 48 mm. Ein leichtes Ansteigen der Wasserstandsganglinie trotz gleichbleibender Wassermenge zeigte ca. $\frac{1}{2}$ Stunde nach Versuchsbeginn das Einsetzen der Riffelbildung und ihr Fortschreiten längs des Gerinnes an. Bei steigendem Wasserstand wurden die Riffel wieder abgewaschen und bildeten sich erst wieder nach Ablauf der Hochwasserwelle bei entsprechenden Wasserständen aufs neue. Das Ende und der Wiederbeginn der Riffelbildung zeigt sich (Beispiel Beilage Blatt Nr. 1) in einer leichten Störung der Wasserstandsganglinie und in starken Veränderungen der Geschwindigkeitskurve (ca. 9 Uhr und 22 Uhr). Die Riffelbildung hatte auf die Versuchsergebnisse keinen Einfluß, da sich der Vergleich der Ergebnisse nur auf die Zeitdauer des Hochwassers, bei welcher keine Riffel vorhanden waren, erstreckt. Außerdem wurde die Sohlenform wie eigens angestellte Sonderversuche bewiesen haben, nur überlagert, nicht aber geändert. Weitere Sonderversuche zeigten, daß bei raschem Abstellen des Wasserdurchflusses kurz vor Erreichung des Niedrigwasserstandes sich keine Riffel bildeten (siehe Lichtbild Nr. 13 und 19).

H. VERSUCHSERGEBNISSE.

ZUSAMMENFASSUNG UND KRITIK.

Bevor die Ergebnisse der beiden Versuchsreihen miteinander verglichen werden, ist es nötig festzustellen, inwiefern die mit einem Schwemmstoffkreislauf durchgeführten Versuche dem tatsächlichen Verhalten eines schlammführenden Flußlaufes entsprechen und welche Abweichungen gegenüber der Natur bei der Versuchsdurchführung entstanden. Das Modell stellt einen kurzen Ausschnitt aus einer längeren geraden Flußstrecke dar. Bei gleichbleibender Wassermenge wird dieser Ausschnitt der Flußstrecke ständig von Wasser durchflossen, das in den oben liegenden Strecken bereits Gelegenheit hatte, sich soweit mit Schwemmstoffen aufzuladen wie das seinem Gefälle und seiner Wassertiefe entspricht. Beim Modellversuch mit Kreislaufbetrieb wird derselbe Zustand durch Rückpumpen des Wassers erreicht. Ein Unterschied ist aber insofern vorhanden, als der Schwemmstoff von der Sohle des Modelles aufgenommen wird. Bei steigenden Wasserständen kommt das Wasser in der Natur mit einer bereits entsprechend höheren Schwemmstoffbeladung in die angenommene Versuchsstrecke. Im Modell wird der höhere Wasserstand durch Frischwasserzufuhr und die höhere Schwemmstoffbeladung wieder durch weitere Abtragung von Sohlenmaterial erzielt. Bei fallendem Wasser ergeben sich im Modell keine Veränderungen gegenüber dem Vorgang in der Natur. Das gesamte umlaufende Wasservolumen wird zum Teil schon während des fallenden Hochwassers, zum Teil nach Ablauf eines Modelljahres in das Absitzbecken geleitet, das somit den Hauptteil der Schwemmstoffe enthält, die zu seiner Aufladung von der Sohle abgetragen wurden. Der restliche Teil der Abtragungen findet sich als Rückstand in den Totwasserräumen der Rückleitungen. Beide Mengen zusammen müssen deshalb von den Gesamtaustiefungen des Flußschlauches in Abzug gebracht werden, da sie durch den Kreislaufbetrieb bedingt sind.

Weiter ist besonders hervorzuheben, daß alle Versuchsergebnisse nur für einen geradlinig geführten und mit befestigten Mittelwasserufern versehenen Flußlauf bei fixierter Spiegellage am Gerinneende gelten.

Im folgenden werden die Ergebnisse der beiden Hauptversuche an Hand der Tabelle 1 Beilage Nr. 17 miteinander verglichen und zwar dienen als Bezugsmaße die für die große Deichweite, Hauptversuchsreihe 3 ermittelten Zahlenwerte.

1) Die Oberflächengeschwindigkeiten bei Hochwasser verhalten sich im Flußschlauch wie 1:1,12
   auf den Vorländern wie 1:1,5
2) Die sekundliche Schwemmstofführung während des Hochwassers nimmt bei beiden Versuchsreihen von einem Modelljahr zum nächsten ab, weil die Austiefung sich allmählich einem Endzustand nähert, der allerdings innerhalb der 3 Modelljahre noch nicht erreicht wurde. Die Mittelwerte der sekundlichen Schwemmstofführungen für alle 3 Modelljahre verhalten sich wie

1:1,8. Die Verengung der Deichweite führt somif tast zu einer Verdoppelung des Schwemmstoffgehaltes bzw. der ins Meer abgeführten Schlamm-Massen. Die Ablagerungen im Schlammabsitzbecken bildeten ebenfalls ein relatives Maß für die ins Meer abgeführten Schlamm-Mengen, das allerdings wegen der in den Rückleitungen abgelagerten Mengen weniger zutreffend sein dürfte. Diese abgelagerten Schwemmstoff-Voluminas verhalten sich wie 1:1,9, ergeben also fast die gleiche Zunahme der Schwemmstofführung wie die direkt gemessenen Werte.

3) Das Spiegelgefälle konnte bei beiden Versuchsreihen fast vollständig gleichgehalten werden. Es betrug im Mittel 1,163 bzw. 1,174 ‰ Die größte Abweichung war etwa ± 4% des Mittelwertes.

4) Die Wasserspiegellage bei Hochwasser blieb während der 3 Modelljahre trotz der fortschreitenden Eintiefung nahezu konstant. Vermutlich rührt dies von der unveränderten Lage der Stauklappe bei beiden Versuchsreihen her. Eine andere, allerdings nicht näher untersuchte Erklärungsmöglichkeit besteht darin, daß der Einfluß der vermehrten Flußschlauchaustiefung gerade durch die Aufhöhung der Vorländer ausgeglichen wird. Durch die Einengung der Deichweite wurde der Hochwasserspiegel im Mittel um 14,1 mm gehoben.

Bereits weiter oben wurde darauf hingewiesen, daß die Eintiefung des Flußschlauches um einen Betrag zu groß ist, der sich aus den im Absitzbecken und in den Totwasserräumen abgelagerten Schwemmstoffmengen errechnen läßt. Es wäre jedoch verfehlt diesen Betrag für eine Korrektur des Hochwasserspiegels zu benützen, weil aus den Wasserspiegelkoten der einzelnen Modelljahre (Zeile 5 der Tabelle) ein Einfluß der Eintiefung auf die Lage des Hochwasser nicht erkennbar ist.

5) Die Sohlenaustiefungen sind auf vier verschiedene Weisen errechnet. Während die Zahlen für die große Deichweite sehr gut übereinstimmen (22,8 bis 23,8 mm), weichen die errechneten Austiefungen für die kleine Deichweite (4,8 bis 7,2 mm) erheblich voneinander ab. Den größten Wert von 7,2 mm liefert die Ausmessung der in den Totwasserräumen, auf den Vorländern und im Schlammabsitzbecken abgelagerten Schwemmstoffmengen. Die Ausmessung der an sich kleinen und zum Teil in sehr dünner Schicht weit verstreuten Mengen war mit verhältnismäßig großen Verlusten verbunden, weshalb dieser Bestimmung der Austiefung eine geringere Genauigkeit zukommt. Die größte Zuverlässigkeit weist der, durch Querschnittsaufnahmen ermittelte Wert von 4,8 mm auf.

Von diesen gemssenen Austiefungen von 23,8 bzw. 4,8 mm sind noch die Beträge in Abzug zu bringen, die durch die Ablagerungen in den Totwasserräumen und im Absitzbecken entstanden. Sie ergeben sich aus einer verhältnisgleichen Umrechnung der in Zeile 8 angegebenen Einzelposten zu 5,5 bzw. 3,7 mm. Die korrigierte Austiefung beträgt für die große Deichweite 23,8 -5,5=18,3 mm, für die kleine Deichweite 4,8 -3,7=1,1 mm. Die Austiefungen verhalten sich also wie 1;16,6.

6) Die bewirkte Aufhöhung der Vorländer beträgt unter der Annahme einer gleichmäßigen Verteilung der Auflandungsmengen 4,3 bzw. 1,5 mm, verhält sich also für die große und kleine Deichweite wie 1:0,35. Tatsächlich wurde das Material auf dem Vorland nicht gleichmäßig abgelagert, sondern im allgemeinen in Flächenstreifen, deren Windungen dem Krümmungscharakter des Talweges im Flußschlauch entsprachen und deren Schichtstärke sowohl vom Gerinneanfang nach dem Gerine-ende zu wie auch vom Flußschlauch gegen die Außendeiche hin abnahm. Die Aufhöhung der Vorländer kann als ein in

Strömungsrichtung vor sich gehender Quertransport bezeichnet werden.

Zusammenfassend kann gesagt werden, daß das enge hydraulisch günstigere Profil der Hauptversuchsreihe 2 für die Schwemmstoffabfuhr bezw. den Schwemmstofflängstransport wesentlich besser geeignet ist als das weite Profil der Hauptversuchsreihe 3. Die Abführung der Schwemmstoffe in das Absitzbecken erfolgt daher bei der Hauptversuchsreihe 2 in einem weitaus größeren Umfang als bei der Hauptversuchsreihe 3.

Kennzeichnend für die große Deichweite ist dagegen der erhebliche Materialquertransport bei geringerer Schwemmstofführung, der eine beträchtliche Aufhöhung der Vorländer bewirkt.

Das Ergebnis der Versuche ist insofern von besonderer Bedeutung als es zeigt, daß das weite Hochwasserprofil für eine rasche Eintiefung des Flusses günstiger ist als das enge Profil, da das Schwemmstoffmaterial auf verhältnismäßig kurzem Wege vom Flußbett auf das Vorland gebracht wird. Eintiefung und Aufhöhung wirken gemeinsam an der Schaffung eines geschlossenen Bettes, sofern die Befestigung der Mittelwasserufer dauernd weiter geführt und eine neuerliche Abtragung des Vorlandes verhindert wird. Im Laufe der Jahre wird das Bett sich so weit eingetieft haben, daß eine wesentliche Beschränkung der Vorländer durch verhältnismäßig niedrige Deichbauten erfolgen kann.

Es ergeben sich also nach den Versuchsergebnissen für die Regulierung des Flußlaufes zwei mögliche Wege:

1) Befestigung des Mittelwasserufers und Sicherung der Vorländer gegen Abspülung; mit fortschreitender Eintiefung der Bettsohle und Aufhöhung der Vorländer; Weiterführung der Uferbefestigung; nach genügender Eintiefung Einengung des Vorlandes durch verhältnismäßig niedrige Deichbauten.

2) Sofortige Einengung des Überschwemmungsgebietes durch verhältnismäßig hohe Deichbauten ohne Sicherung der Mittelwasserufer.--Diese Maßnahmen dürften zu einer etwas langsameren

Eintiefung führen, besonders deshalb weil eine dauernde Verlegung des Talweges innerhalb des verbleibenden Raumes zwischen den Deichen und eine ständige Um- und Neubildung der Flußsohle ermöglicht ist. Durch diese Bettverlegungen können Angriffe auf die Hochwasserdeiche erfolgen, sodaß deren Sicherung nötig wird.

Welche Ausführungsart den Vorzug verdient, ist eine Frage der örtlichen Verhältnisse, der Sicherheit sowie wirtschaftlicher Überlegungen.

ÜBERTRAGBARKEIT DER ERGEBNISSE AUF DIE NATUR.

Bei den vorstehend beschriebenen Versuchen handelt es sich um rein systematische Messungen an einem idealisierten Modell bei denen mangels geeigneter Unterlagen das Schwemmstoffmaterial nicht der Natur entsprechend abgestimmt werden konnte. Die erhaltenen Versuchszahlen wurden nur zur Begründung qualitativer Schlußfolgerungen benützt; ihre quantitavive Übertragungist unzuverlässig.Eine genauere Übereinstimmung mit der Natur kann nur durch die Ausführung maßstabsgetreuer Modellversuche erzielt werden, wenn ausreichendes Beobachtungsmaterial vom Flusse selbst zur Verfügung steht

I. BEILAGEN

Zeichnungen, Diagramme und Tabelle	18 Stück
Lichtbilder	24 Stück.

München, den 10. Juli 1933.
Forschungsinstitut
für Wasserbau und Wasserkraft

Der Sachbearbeiter:
gez. Wäcken

Der Instituts-Vorstand:
gez. Esterer

Gelesen und einverstanden
gez. Engels, Dresden, den 17. Juli 1933.

I. BEILAGEN.

Blatt 1: Hauptversuchsreihe 2, Modelljahr 1
Diagramm der während der Versuche beobachteten Meßwerte (Wasserstandganglinien, Oberflächengeschwindigkeiten im Flußschlauch und auf den Vorländern, mittlere Schwemmstoffführung.)

Blatt 2: Hauptversuchsreihe 2, Modelljahr 1
Diagramm der während der Versuche beobachteten Meßwerte (Wasserspiegelgefälle, Pegelstand im Pumpensumpf, Luft- und Wassertemperaturen, Wassermengen.)

Blatt 3: Hauptversuchsreihe 2, Modelljahr 1
Diagramm der während der Versuche beobachteten Meßwerte (Stand der Stauklappen, Stand der Schützen im Überlaufbehälter, Pegelstand im Überlaufbehälter, Stand des Drosselschiebers in der Pumpendruckleitung)

Blatt 4: Hauptversuchsreihe 2, Modelljahr 1
Längenschnitt in Gerinneachse (eingetragen sind mittlere Höhenlage der Außendeiche und der Flußschlauchböschungen, Wasserspiegellage bei HW und NW, Höhenlage der Sohle vor Versuch und nach Versuch, Lage der tiefsten Sohlenpunkte im Querschnitt, Verhältnis der Querschnittsflächen vor und nach Versuch.

Blatt 5: Hauptversuchsreihe 3, Modelljahr 1
Werte wie in Blatt 4.

Blatt 6: Kornzusammensetzung der während der Versuche entnommenen Sink- und Schwebestoffproben (Hauptversuchsreihe 2 und 3).

Blatt 7: Hauptversuchsreihe 3.
Kornzusammensetzung des Bettmaterials vor und nach dem Versuch.

Blatt 8: Hauptversuchsreihe 2.
Querprofil (mit fahrbarem Profilschreiber aufgenommen.)

Blatt 9: Schematische Darstellung der Versuchsanordnung.

Blatt 10: Querschnittsabmessungen des Modells.

Blatt 11: Hauptversuchsreihe 3
Lage der Bänke und Verlauf des Talweges im Flußschlauch bei Niedrigwasser.

Blatt 12: Versuchsanordnung, Draufsicht und Querschnitt

Blatt 13: Abmessungen des Modells nach dem Versuchsvorschlag von Herrn Geheimen Rat Engels vom 14.12.1931.

Blatt 14: Kornzusammensetzung der bei den Vorversuchen geprüften Bodensorten.

Blatt 15: Kornzusammensetzung der bei den Vorversuchen geprüften Bodensarten.

Blatt 16: Lageplan der Versuchsanlagen des Forschungsinstituts für Wasserbau und Wasserkraft.

Blatt 17: Tabelle 1
Zusammenstellung der Versuchsergebnisse

Blatt 18: Kornzusammensetzung des Bettmaterials vor und nach Durchführung der Hauptversuchsreihe 2.

Lichtbild Nr. 1: Gerinne für Schwemmstoffdurchflußversuche, Länge 30 m, Breite 1,4 m, Tiefe 0,75 m.

Lichtbild Nr. 2: Gerinne für Schwemmstoffkreislaufversuche, Länge 12,5 m, Breite 0,25 m, Tiefe 0,25 m.

Lichtbild Nr. 3: Aufnahme der Gerinnesohle nach einem Vorversuch. Sohlenmaterial: Pechkohlenrohgrieß von 0÷2,1 mm Korndurchmesser, Wassertiefe 150 mm, Gefälle 1,5 %₀₀, leichte Riffelbildung.

Lichtbild Nr. 4: Fahrbarer Profilschreiber zur Aufnahme von Gerinnequerschnitten im verzerrten Maßstab.

Lichtbild Nr. 5: Probe des Modell- und des Naturschwemmstoffes.

Lichtbild Nr. 6: Einebnen des rechten Vorlandes bei Hauptversuchsreihe 3.

Lichtbild Nr. 7: Die Anordnung der Stauklappen am Gerinne-Ende bei

Hauptversuchsreihe 2.

Lichtbild Nr. 8: Das untere Ende des Modellgerinnes (Hauptversuchsreihe 3

Lichtbild Nr. 9: Pumpensumpf mit Pumpe, Beruhigungsbehälter und Nebeneinrichtungen; im Hintergrund der Versuchsstand.

Lichtbild Nr. 10: Hauptversuchsreihe 2, Modelljanr 1, HNW.

Lichtbild Nr. 11: Hauptversuchsreihe 2, Modelliahr 1, HHW.

Lichtbild Nr. 12: Hauptversuchsreihe 2, Flußbett nach Ablauf des 3. Modelljahres.

Lichtbild Nr. 13: Hauptversuchsreihe 2, Flußbett nach Ablauf des 3. Modelljahres (Riffel durch rasches Abstellen des Wasserdurchflusses nicht ausgebildet).

Lichtbild Nr. 14: Hauptversuchsreihe 3, Modellgerinne vor Beginn der Versuche.

Lichtbild Nr 15: Hauptversuchsreihe 3 Modelljahr 1, MW.

Lichtbild Nr. 16: Hauptversuchsreihe 3, Modelljahr 2, HNW ÷ MW.

Lichtbild Nr. 17: Hauptversuchsreihe 3, Modelljahr 2, HHW.

Lichtbild Nr. 18: Hauptversuchsreihe 3, Modelljahr 2 HW ÷ MW.

Lichtbild Nr. 19: Hauptversuchsreihe 3, Flußbett nach Ablauf des 3. Modelljahres. (Riffel durch rasches Abstellen des Wasserdurchflusses nicht ausgebildet.)

Lichtbild Nr. 20: Hauptversuchsreihe 3, Flußbett nach Ablauf des 1. Modelljahres.

Lichtbild Nr. 21: Hauptversuchsreihe 3, Flußbett nach Ablauf des 2. Modelljahres.

Lichtbild Nr. 22: Hauptversuchsreihe 3, Flußbett nach Ablauf des 3. Modelljahres.

Lichtbold Nr. 23: Hauptversuchsreihe 3, rechtes Vorland nach Ablauf des 2. Modelljahres.

Lichtbild Nr. 24: Hauptversuchsreihe 3, rechtes Vorland nach Ablauf des 3 Modelljahres.

民國二十三年治導黃河試驗簡要報告

一九三二年十一月廿四日鄙人嘗致書李協先生,又於一九三四年三月二日函秦秘書長汾,對於黃河試驗事有所商榷,旋承全國經濟委員會以此事委託鄙人主持,遂於一九三四年六月十五日開始大模型試驗,同年十一月八日始告完畢,試驗時所採用之河槽爲「之」字形,水中挾砂甚多,試驗之目的,乃在各種不同水位之下,研究河槽因各式隄防所起之影響,此項試驗,純係繼續一九三二年之直綫河槽試驗,共分四組如下,(第一圖)

(一)大隄成直綫形,內有固定之「之」字形中水河槽。

(二)大隄(仍爲直綫)內加築導水隄或翼隄。

(三)大隄成曲綫形,與河岸不並行。

(四)大隄成曲綫形,但與河岸並行。

余在一九三一年,曾作一試驗,(參看拙作 Hubert Engels: Grossmodell-Versuche über das Verhalten eines geschiebeführenden Wasserlaufes unter der Einwirkung wechselnder Wasserstände und verschiedenartiger Eindeichungen).雖當時所用之水,並不挾砂,但與此次試驗,仍不無相當關係,蓋此次所採用之河槽彎度,即與是年相同,惟河槽之長,則較當時增出約二十公尺耳,模型平面比例尺仍與一九三二年相同,假定爲 1;165, 黃河之平均水深亦與一九三二年所假定者相同,仍爲下列各數:

低水時　三丶一三公尺,(低水時實際之水深或較此略小,亦未可知,)

中水時　五丶五公尺

洪水時　(在河槽中　九丶○公尺,

模型河槽深度（第二圖）之比例尺爲1:110爲平面之一倍半,在一九三二年則爲平面之二倍,

灘地之比降爲0.0012（後模型河槽之比降,因有多數河灣,故較上數略小,）在此種比降之下,河床中之砂質,在低水時猶能推動,上數即由此求得,由此更求得下列各種流量數:

低水時　每秒鐘一一、八二公升

中水時　每秒鐘三五、〇公升,

洪水時　每秒鐘一五一、七公升（試驗時所用抽水機,其最大能率,適足以應付以上所需之洪水量,）

模型河床內所用之砂質,仍爲瀝青炭屑,其性質與一九三二年試驗時所用者完全相同。

試驗時所用之河水,仍採用環流制,其設備大致與一九三二年者相同,（第三圖）所不同者,當流量增加時,清水中陸續攙入炭屑,務使流量與含砂量保持相當之比例。

關於試驗設備之詳細情形,及試驗之經過,容俟在正式報告中再行詳敍,此項正式報告約於二月初可以寄奉。

惟有一端,目前卽有述及之必要,即根據我人在一九三二年試驗時所得之經驗,將每模型年之時間,由二十四小時減少爲六小時半。（參看第四圖之流量綫,）因此之故,四組試驗之中,每組均由三個模型年增加至五個模型年,在每一模型年之後,所有河槽中之刷深及兩旁灘地之漲高,均經詳加測量,由是刷深及漲高之程度與模型年多寡之關係,亦可測定。

本屆試驗結果扼要言之,完全證實一九三二年試驗結果之無誤,茲將各種較爲重要之數字列表於后,其來源另詳正式報告。

附　註　本報告第一圖卽次篇第四圖
第二圖卽次篇第一圖
第三圖卽次篇第五圖
第四圖卽次篇第二圖

黃河試驗	第1組	第2組	第3組	第4組	附註
在59.25公尺站之洪水位（以標準零點爲根據）	公尺 +821.982	公尺 +821.989	公尺 +821.992	公尺 +822.006	左列各數均以第五模型年之最後情形爲準
洪水時水面比降之平均數（以直堤之長爲標準）	0.0012	0.0011	0.0012	0.0010	×）模型槽尾端 Stau-klappe 之位置在試驗時並無變更
在59.25公尺站灘地上當洪水時之水深	(mm) 公厘 33	公厘 41	公厘 43	公厘 57	
洪水時之平均含砂量（以每一公升水爲標準）	格蘭姆 2.93	格蘭姆 2.04	格蘭姆 2.82	格蘭姆 4.00	
河底之刷深換言之亦卽灘地漲高之原因	(mm) 公厘 6.1	公厘 12.5	公厘 0.8	公厘 1.3	

鄙人對於治理黃河之主張,請參看一九三四年七月二十三日余寄李協先生之信,及同年八月二十五日致沈怡君之信,以上二信,諒貴會必可見到,此外更有最近余與譚葆泰君往來信件,一併附陳,藉備參考。

更有言者,本屆試驗之結果,祗可適用於中水河槽業經固定之河流,至於兩岸尙未施以護岸工程,或試驗時臨時加築以覘其究竟,類此之試驗,在奧貝那赫當然亦可舉行,惟根據此次之經驗,余深覺大模型試驗之場所,亦有加蓋屋頂以蔽風雨之必要,因本屆試驗受雨雪之影響,致進行上爲之延遲不少也。

（一九三四年十二月三日）

民國二十三年治導黄河試驗報告

一九三五年二月九日

目　次

假　定

黄河大模型河身彎曲

中水河床及灘地皆已固定

水中含有多量浮蕩砂土

一　試驗之目的

導治黄河第二次試驗,係應中國經濟委員會之委託,在德國明星水工研究所所屬之奥貝那赫瓦痕湖試驗場舉行,乃用以補充一九三二年模型試驗之不及,且更作進一步之研究也。一九三二年模型試驗,乃係應中國救濟水災委員會之委託而作,其目的在探究河堤距離對於洪水水面高度,洪水流量之冲刷力,及河底與灘地變動之影響。一九三二年採用之中水位河槽爲直線形,此次,(一九三四年)則改用彎曲形。關於束狹洪水堤距是否可以刷深河槽及降低洪水面一問題,已由一九三二年之模型試驗予以解答。本屆試驗,乃在闡明各種堤防在彎曲河道中,對河槽刷深暨洪水位高度之關係及影響。

本屆試驗,學理方面,由恩格思教授主持;實施方面,由水工研究所工程師魏克任之,全國經濟委員會並派沈怡博士參加焉

二　模型之設施

此次試驗,爲繼續一九三二年之試驗而舉行,故自一九三二年試驗中所得之經驗,可供此次良好之參考。本屆模型平面比例率,仍如一九三二年爲1:165(第一圖。)模型河床,所用砂礫,亦仍以瀝青炭屑充之。(每立方公寸重1.33公斤炭粒之直徑爲0至2.1公厘,第七圖示此項瀝青炭屑之顆粒分析。)全部模型陂度爲1.2‰,河槽陂度因彎曲之故較小,平均爲1.16‰,與一九三五年之直線河槽比降適相同也。模型深度比例率:一九三二年爲1:82.5,今次則爲1:100。模型長度及深度之變形比例率:一九三二年爲2.0,今次則改爲1.50,時間比例率;一九三二年爲每一模型年等於二十四小時,今次則減爲八小時,蓋由預備試驗中得知,模型經八小時流水後,河床之變動已可測繪。又據實際試驗時觀察,八小時模型年可減爲七小時,蓋其間一小時之低水位,對河床變動無甚影響也。黃河流量變化情形,缺乏實際紀錄,故今假擬一與事實最相近之流量曲線爲根據,(附圖二及三。)模型中低水位時,河槽內之流量爲每秒11.8公升。此項流量,逐漸增大,于一百分鐘中內,由低水位而中水位,(中水位流量35.0公升/秒,)以達於151.7公升/秒之洪水流量。洪水流量,流行時間爲五十分鐘,(然顧及洪水初起及初退所需之時間,計算洪水影響時只取四十分鐘)。五十分鐘後,流量復

由洪水位降至低水位。(11.8公升/秒),歷時一三〇分鐘。試驗時用以調節水量之制水閥,(第五圖中之29),藉溶鹽法(Salzverdünnungsverfahren)於預備試驗中檢定之,庶使模型槽中之流量,無庸再事量衡,卽能與假擬之流量曲綫符合此次試驗,仍採如一九三二年試驗之挾砂循環流動法,(Schwemmstoff Kreislaufbetrieb)此項設備,已於一九三二年之試驗報告書中詳述之。惟今次較前更進步者。卽導入清水時添加炭屑粒,俾使產生洪水時所導入之清水,具有同樣之含砂量,一如已環流之水然。模型之長度爲120.25公尺,寬爲8.9公尺,其前另接長27.0公尺之喇叭形入口,藉防急流之影響。彎曲形之河槽軸乃由弧形曲線組成。各弧形曲線之直徑皆爲22.31公尺,弦長21.092公尺。固定河槽之橫切面爲梯形,淨寬1.97公尺,岸坡爲1:1.9(第一圖)。直綫式之主堤及翼埝爲洋灰混凝土所製,彎曲形堤則用磚塊砌成,而以洋灰漿泥其縫。灘地表層爲厚5公分之混凝土,與一九三二年試驗灘地上所舖0—5公厘大小之石灰石砂相異。粉平灘地所用之混凝土中爲小于5公厘之砂礫,其粗糙率較一九三二年者爲小,蓋如是始能與此次較小之深度比例率相適應故也。

總計此次試驗,共有四種堤形,試驗亦依堤形分爲四組;

試驗第一組　彎曲之河槽,平行而直之洪水堤,堤距爲8.9公尺。

試驗第二組　彎曲之河槽,平行而直之洪水堤,堤距爲8.9公尺。於河灣處築有與河槽約略平行之翼埝,翼埝高度自主堤處起,逐漸降低,至與灘地相平。於較高之水位時,翼埝間爲水淹沒,以是翼埝可作灘地以上之護岸工程觀。

試驗第三組　彎曲之河槽,彎曲而不與河槽平行之洪水堤。在河槽彎曲處,槽外岸與堤之距離爲0.75公尺,槽內岸與堤之距離爲3.0公尺,其比例爲1:4,堤距爲5.72公尺。

試驗第四組　彎曲之河槽,與河槽平行之彎曲洪水堤,堤距爲3.47公尺。

模型製造時,其長度及寬度在四公尺以下者,精確程度爲±5公厘,四公尺以上者爲±10公厘;模型高度之精確程度爲±5公厘。灘地於完工後,經測量得縱坡度之平均數爲1.2‰橫坡度平均數爲零。爲便利觀察及攝影故,于模型槽首末兩端,建有觀察台試驗場内設備有5000 Watt強度之燈光,以便試驗於夜間繼續進行

水位高度,於沿河槽十二站測之,第三圖即測得之水位曲綫之一。由此圖可尋以後所述各項之值,及有關於試驗結論之材料根據第三圖可繪製各處同時之水位曲綫,更進求某時之水面比降水面比降,可藉水槽末端之二塞水堰更動之。試驗時,河槽及灘地上之水面流速,用浮標測量並于水量混合均匀處,每隔相當時間,由環流之水量中採取水樣,以確定其挾沙量之多寡,(第五圖中之26即放水樣之放水閥。)並以色素Floureszein明辨水流爲直流式(Laminar)抑爲混流式(Turbulent)。河槽及灘地上砂礫移動量,藉測量求得之。至於停留于沈澱地入口處,及横水槽之砂質,則於每模型年終了時,用測量杯量之。清水輸入時,於入口處用人工添加砂質,其添加量按照第三圖中之砂質增加累積線行之

每一組試驗完成之後,測量其谿線(河槽深過彎接所成之線)及其高度,並描繪灘地上砂堆之形狀。此外更將全河床變動形態拍照,(照片第一至第四乃四種堤防樣式下,河槽刷深及灘地淤積之形狀。)並於各淤積處採取砂樣,藉篩濾法審定砂粒之組成。試驗時空氣及水之温度,由事前設置之温度表量之。

三　試驗之進行

河槽中舖砂及將上層平整後,于沿槽各處,採取砂樣,用篩濾法以確定河槽各處砂粒之組成相同,再舖平之。並測量全槽砂面水平。於是開清水管(15)之活閥(16),使水由水槽末端灌入槽中,依預備試驗結果,至低水位環流時必需之水量達到後而止。(由吸水管中之浮水則

(27)觀察得之)。開動吸水機(7)並將制水閥(29)逐漸開放,以至第三圖中制水閥位曲線所示之低水時之位置;而同時其開放程度,應使蓄水櫃(9)中之水面,與滚水堰頂線相平。横水槽(4)之水面,因吸水機抽水之故而降低,其水面低于水槽末端壅水堰之頂,以是河槽末端水量得暢流無阻。水流行時,即開始測量水位高度,含砂量,水槽及灘他水面流速,與乎空氣及水之温度。

低水位流行約四十分鐘後,即按照流量曲線,由清水管(15)經漏斗(13)導入清水,同時將活閥(29)依預備試驗中所定之曲線開啓。當增加流量時,並於水槽入口處,放入炭屑粒,使新添之清水,具有環流水量同樣之挾砂量。灘地一爲水淹沒,即開始測量該處水面流速。

模型達洪水量後,即停止清水之輸入,暨水質之添加。洪水量流行五十分鐘後,將制水閥(29)按照預定之曲線,逐漸關閉,使水流降至低水位流量。其多餘之水,則導入沉澱池(14)中。當多餘水量放去時,應注意横水槽中之水面,不得高出壅水堰之頂線。低水量流行約一小時左右,即將制水閥(29)完全關閉。停留于模型槽中之水,用吸水機緩抽入沉澱池中;停留于吸水管及蓄水櫃(9)中之水,則由栓(28)放出。

翌日測量灘地及水槽之横剖面,將灘地淤積之形態繪出並攝影。(第十三圖及照片5至8)。停淤于入口處,沉澱池,及横水槽中之砂,用量沙杯量其容積。此外並于淤積之砂中,採取砂樣,藉篩濾法以定其砂粒之組成。此乃每試驗組第一模型年之情形也。繼後之四模型年,其進行程序,與之相同。各組試驗中,每模型年終結時水槽之形態,即於之作下一次模型年開始之根據。每一試驗組五模型年完全結束後,始再將河床舖平,灘地淤積除去,並將最低水位時清晰可見之谿線描繪及攝影。(照片第12至第14。)淤積灘地之砂,聚而量之。並採取砂樣。(參考照片第12及第13。)然後將該組試驗時所冲去之砂質,仍還諸槽內,與槽內之砂善爲攪和,如是每一試驗組之砂粒組織皆同。

四　試驗之結果

河槽之冲深,及灘地之淤高與變動,最受洪試之影響、故試驗結果之計算,皆取洪水期内之記錄爲根據。試驗結果計算,共列如下各項:

1. 洪水時之水流挾砂量
2. 洪水時河槽及灘地上水面流速
3. 洪水時之水位高度（同時可知灘地上之水深度）
4. 洪水時之水面比降
5. 灘地之淤高
6. 河槽因洪水而生之變動（河槽之刷深及谿線之組成）

當未叙述上列各項値之前,應先解明各名辭之意義。洪水時期之平均挾砂量,及水面流速,皆用圖解法求得之。今將圖中洪水始末時之兩縱坐標,曲線,及横坐標間之面積,用量積儀量出之,除以所屬横坐標之長度,即得其平均値。（同時須顧及製圖時所用之比例尺。）第六圖例示由此所求得之平均挾砂量,其値爲$S=\frac{F}{t}$

用同樣方法,可求得沿槽各測站之洪水位平均高度。今按其値于圖中各測站縱坐標線上作一點,然後依據各點,繪一差誤最少之直線該直線與測站59.25公尺（河槽全長之一半處）縱坐標相交之點即以之爲洪水時平均水位高度。該線之陂度,即以之爲洪水時之平均水面比降。

模型砂礫,因水流而遷移,其値于每模型年終了時量出之。第五模型年結束後,將淤積砂質總量,用量砂杯直接量得。表中所列灘地淤高及河槽刷深之値,皆爲每試驗組五模型年後所產生之砂質遷移量也

灘地淤積之大小,由測繪之横斷面求得之。（每隔一至二公尺測横斷面一次,測横斷面時每十公分求一點,見第七圖。）若是可得每横斷面處淤積之面積,按其値於圖中該横斷面所在之河槽位置上作一點,將各點連接,再用量積儀依沙堆長度計其面積,即可求得淤砂之容

積。灘地之平均淤積高度,係假設灘地淤積總量,平均分佈于灘面而得。水槽之平均刷深量,係假設灘地淤積總量,平均分配於水槽面積而得。試驗前河床平均高度,亦根據測量,用圖解法求得之。試驗後河床平均高度(于59.25公尺處,)由試驗前河床高度減去水槽之平均刷深量而得。

(a)上述六項在五模型年中變動情形。

(一)洪水每秒挾砂量以第四試驗組爲最大(第八圖):於第一模型年約爲3.7蘭格姆/公升,次年增至4.9格蘭姆/公升,自第二模型年後復逐漸緩慢減小,至第五模型年猶在4.0格蘭姆/公升左右。第二試驗組第三模型年以後,其洪水挾沙量爲最小,其第五模型年之值僅達2.0格蘭姆/公升。第一第三兩試驗組中各模型年之挾砂量頗稱均匀。四試驗組中,每組每模型年之洪水砂挾,均形逐年減小。

(二)水面流速,如吾人所預料者,以第四試驗組(堤距最小)爲最大,其值平均爲每秒0.67公尺/秒。水面流速之最小者爲第一試驗組(堤距最大),其值平均爲0.49公尺/秒。第三試驗組中其平均值爲0.54公尺/秒。第二試驗組爲0.53公尺/秒。自第三模型年後,各組試驗河槽內之水面流速,無多大變動。

(三)洪水面高度,以第四試驗組爲最大(第九圖),其水面高出灘地平均爲5.6公分。因河槽刷深之故,水面高度逐年降低,然爲值甚微。第四試驗組中第一模型年水面高出灘地爲5.8公分,第五模型年爲5.6公分。水面高出灘地以第一試驗組爲最低,平均值約爲3.3公分。因水槽刷深之故,水面亦稍降低。該組第一模型年水面高出灘地3.4公分,第五模型年高出3.3公分。第三試驗組中平均數爲4.3公分,第二試驗組爲4.1公分。末述之二試驗組中之水面高度,因河槽刷深之故而降低之數極微,不可測量。

(四)洪水時之水面比降,以第一試驗組爲最大,其值于五模型年中無甚變動,平均數爲1.2‰(第十圖)。第三試驗組每模型年之比降亦不變,其値爲1.16‰。第二試驗組則異是:第一模型年水面比降爲1.2‰,于第五模型年則降至1.15‰,平均數爲1.16‰。而以第四試驗組中者爲最小,該組水面比降之降低無固定律。第一模型年爲1.07‰,第三模型年降至1.02‰,五模型年之平均數爲1.02‰。四試驗組中,水槽末端之壅水堰位置皆相同,以是可將四組中水面比降互相比較。同時每組之流量及加沙量等均相同,而第四試驗組之水面比降較小者,皆因其堤防式樣不同故也。

（五）第一第二兩試驗組五模型年中灘地淤積量逐年增加甚大（第十一圖）。例如第二組第一模型年淤積量爲2700公升,第五模型年終了時則已增至3300公升。又如第一試驗組第一模型年之淤積量爲1100公升,第五模型年終爲1800公升。假令將第一二兩組試驗延長,則第五模型年以後,兩岸灘地,必將繼續淤積無疑。第三第四兩試驗組灘地淤積量,于五模型年中無甚增加,以是假令將第三四兩組試驗延長,五模型年以後,灘地上淤積量將不至再有若何之增加,可斷言也。估計第三試驗組灘地總淤積量約爲190公升,第四試驗組約爲290公升。

（六）河槽之平均刷深量,(由灘地淤積總量計算之),于第三第四兩試驗組之五模型中逐年增加,然其値甚微,幾至不可測出（第九圖）。第三試驗組河槽59.25公尺處之平均刷深量約爲0.9公厘。于第四試驗組約爲1.3公厘。與之相反者爲第一第二兩試驗組,其値均逐年增加。第一組第一模型年河槽59.25公尺處之刷深量約爲4.8公厘,經五模型年後增至約爲8公厘。第二組第一模型年河槽59.25公尺處之刷深量約爲12.0公厘,經五模型年後增至約爲15.0公厘。

（b）前述六項在不同之堤防式樣下之變動。

（一）第四試驗組洪水每秒挾沙量（堤距最狹,與河槽平行彎曲之堤防),任何一模型年中,其値較諸其餘三試驗組爲大（第八圖）。第二試驗組（堤距甚大,堤身直伸且具內翼堤之堤防),其平均値爲最小。第一,第三兩試驗組之平均值相差無幾(參考後附之表)。

(二)河槽水面流速,以第四試驗組中者爲最大,第一試驗組爲最小(第八圖),第二第三兩試驗組之平均數約相等。(參考後附之表)

(三)洪水位高度及灘地上之水深,以第四試驗組中者爲最大,以第一試驗組爲最小,第三第二兩試驗組中之平均數約略相等。(參考第九圖及後附之表)

(四)水面比降以第一試驗組中者爲最大,第四組中者爲最小,第三第二兩組居于二者之間。(第十圖及後附之表)(各組水量及槽末端壅水堰位置相同)

(五)灘地平均淤積高度,係假設灘地淤積總量平均分佈于灘地而得。其值以第二試驗組爲最大,第三試驗組爲最小。第二試驗組之值十倍於第三試驗組者(第十一圖及後附之表)。第一第四兩組之平均值約居第二第三兩組之中數。第一第四兩組灘地形態及大小雖全不相同,但兩者之平均淤積高度相差無幾。第一試驗組灘地面積爲824.4平方公尺,第四試驗組只爲182.1平方公尺。

(六)河槽之平均刷深量,乃假設灘地淤積砂質總量平均分配于河槽面積而得。(參考第四節及第九圖與後附之表)。其值以第二試驗組爲最大,第三試驗組爲最小,兩者相較約爲17:1。第一試驗組之值爲第二組之半。第四試驗組(堤距狹小,堤身彎曲,且與河槽平行)之值僅爲第二試驗組十分之一。第三第四兩試驗組與第二組之河槽刷深量相差若是之巨者,蓋吾人用灘地淤積量平均分配于河槽面積之計算法故也。第二試驗組(具有翼堤),由灘地淤積總量所計算得之河槽平均沖深值與第四試驗組之比,約爲11:1,第四組之灘地面積與第二組之比爲1:4.5,兩組灘地五模型年後總淤積量之比爲1:11。以是第二試驗組之堤形下,每單位灘地面積上之淤積量,爲第四試驗組之二倍半,(此值可由後附之表中第五行尋得之)然若以淤積總量爲根據而計算河槽之刷深,則兩者之比爲1:11,(可視後附表中第六行)

是乃適異於淤積高度比例也。用上項計算法,以是不能說明天然界河槽刷深,與灘地淤積之關係。

如今將第二第四兩試驗組試驗前河槽底高度及五模型年後河槽實際底高度之差兩相比較,則所得者與天然形態相符合。由第十二圖可得各四試驗組五模型年後全段河底變遷之情形。水初流入槽中時,冲刷河槽首段甚力,河槽刷深量倍形巨大,俟其挾砂量與水之深度流量,刷床粗糙率,及砂粒之大小各關係相稱,始恢復平衡狀態。槽末一段,水面壅高,砂質淤積較尋常爲多,此二者應顧慮及之。以是得認爲與天然情形符合者,當除去河槽首末兩段,而只能取其中段而已,至爲明顯。故將河槽中段四十公尺,（河槽長度正中上下各二十公尺,）作爲研究之根據。更顧及模型沙礫堆積狀,可得知在第四試驗組之堤防式樣下,河槽之刷深量爲十公厘;在第二試驗組之堤防式樣下爲二十二公厘,是即于第二試驗組（具有翼埝）所產生之河槽刷深量,爲第四組（堤距甚小,堤身彎曲而與河槽並行）之2.2倍。至于計算灘地淤積量時,則不能以上述河槽中段爲根據,蓋兩試驗組灘地之大小及形態,與砂質淤積之地位,判然不同也,（第十三圖及第十第十二兩照片）。因模型河槽首段之刷深量,與槽末壅水段之淤積量約略相抵,以是吾人可將灘地每單位面積之淤積量,及前述之中段河槽刷深量,兩相比較也。

前節中曾述及第二試驗組之堤防下,灘地淤積高度,爲第四試驗組之2.5倍;吾人視爲準繩之中段河槽刷深量,第二試驗組爲第四試驗組之2.2倍。以是如計及測量時不能避免之不精確處,及第四組試驗時于入口處,橫水槽,及沉澱池中淤積較多之砂質等情形,則第二第四兩試驗組灘地淤積高度（2.5倍）,與河槽刷深量2.2倍,堪稱符合。如是可以闡明河槽刷深及灘地淤積間之情形,且與自然界符合也。

（七）河槽谿線（接連河槽深渦之線）,受堤防式樣影響甚巨（第十二及十四兩照片）。低水位沙檻上水深,以第二試驗組之堤防式樣（具有翼埝）爲最大（第十三圖）。該組低水位時,沙檻上最低之水深爲28公厘,其餘之三組,則僅22至23公厘而已。于航務言之,除沙檻上水深外,由沙檻至深渦一段之形態及大小,關係亦甚重大,該段愈長者愈利于航務。四試驗組中,以第二第四兩試驗組者爲較優（第十三,十四兩圖）。

五　本屆試驗與初次試驗結果之比較

初次試驗,係於一九三一至一九三二年,在明星水工研究所所屬之奥貝那赫瓦痕湖試驗場舉行

（a）一九三一年於恩格思教授指導下,水工研究所曾作鉅型河道試驗,其目的乃在闡明彎曲而挾砂石甚夥之河道,在各種不同之水位及各式堤防下所受之影響。彼時模型中流水雖未添加浮砂;然由其結果所得之概念,可以之與本屆試驗相比較。

（一）修築與河槽平行之堤防,束挾洪水河床,如一九三一年第三試驗,及一九三四年第四試驗組,雖可使河槽刷深（一九三一年第三試驗組）但同時非僅不能使洪水位降低,而反促使上升。

（二）一九三一年模型試驗第三組,及一九三四年第四組（狹堤）,河槽之刷深,于第一模型年最爲顯著,繼之之數模型年中,河槽之繼續刷深,不可測見。

（三）一九三一年模型試驗第二組,及一九三四年第二組（具有翼堤,）河槽之谿線甚相類似。此類堤防下低水位時,沙檻上之水最深,沙檻至深渦一段最長。換言之,最適宜于航務。

一九三一年試驗（彎曲河道河水挾沙）,及一九三四年試驗（彎曲河道含浮沙）,所得之結果,特徵方面,完全符合。

（b）一九三二年受中國救濟水災委員會之委託,曾作鉅型河道試驗,于奥貝那赫瓦痕湖水工試驗場,其目的爲研究含浮砂之直線形河槽,在各種不同之水位及堤距下,所受之影響。一九三二年試驗之結

果,可與一九三四年比較者,惟狹堤距（一九三二年第二試驗組堤距3.8公尺,一九三四年第四組堤距3.47公尺),及寬堤距（一九三二年第三組堤距8.9公尺,一九三四年第一組堤距8.9公尺）各組而已。

（一）一九三二年第二試驗組,及一九三四年第四試驗組（狹堤距),流水每秒挾沙量,約爲一九三二年第三組,一九三四年第一組（闊堤距）之1.8倍暨1.5倍。

（二）同樣因堤距束狹之故,水面流速增至1.1倍（一九三二）暨1.3倍（一九三四)。

（三）因束狹堤距之故,水位增高至1.5倍（一九三二）暨1.7倍（一九三四)。

（四）每單位灘地之淤積量,因堤距束狹而減小,一九三二年第三組（寬堤）約爲第二組（狹堤）之三倍。河槽刷深量,亦因堤距束狹而減小,一九三二年第三組寬堤約爲第二組狹堤之三倍（此乃實際計算河槽之冲深與灘地之淤高而得)。一九三四年每單位灘地淤積量,寬堤爲狹堤之2.5倍,刷深量寬堤爲狹堤之2.2倍。由是吾人可以明辨狹堤距及寬堤距之特徵矣。

六　結　論

模型試驗中之中水位河床暨兩岸灘地,均爲固定者;故今欲將模型試驗之結果,應用於黃河之導治,則黃河必須有已固定之中水位河床及灘地,爲最先決之條件。兹將兩種不同之治河方法,于同樣之洪水量下所產生之結果,列下以爲對照。

第一種治河方法:束狹堤距（灘地寬度因之減小)。

束狹堤距產生下列之結果:

（a）洪水面增高　欲求河槽之繼續刷深,使洪水面下降,在試驗中不能測得。第一試驗組（堤距8.9公尺),與第四試驗組（堤距3.47

公尺),洪水位高度之比爲1:1.69。

(b)每秒挾砂量增加　第一試驗組與第四試驗組挾砂量之比爲1:1.50。

(c)灘地淤積量減小　第一組與第四組灘地淤積高度之比爲1:0.76。

(d)河槽刷深量減小　第一組與第四組河槽刷深量之比爲1:0.74。

第二種治河方法:關堤距仍舊保存,于河槽彎曲處築與河槽約略並行之翼堤。翼堤一端與關堤連接,洪水時翼堤近河槽一部分爲水淹沒。

因翼堤之建築,產生下列之結果:

(a)洪水面增高　然增高之程度極微;因河槽刷深與年俱進之故,最低限度,可使洪水面回復至舊日水位,甚且可望于長時期後,較前更爲低落此次試驗,第一組與第二組五模型年後洪水位高度之比爲1:1.23。

(b)挾砂量減小　第一組與第二組挾砂量之比爲1:0.76。

(c)灘地因砂質淤積顯著增高　灘地增高程度,第一組與第二組之比爲1:1.90。

(d)河槽刷深程度甚爲顯著　河槽刷深量,第一試驗組與第二組之比爲1:1.62。

此外猶應注意者,在第二試驗組之堤防式樣下,灘地之淤高與河槽之刷深,至第五模型年終了時猶未中止,故于以後模型年中,尚可望其繼續淤高與刷深也。

謹將導黄意見書於後:

黄河河底高出堤外平原者,屢見不鮮;以是灘地之增高,實有必要。同時應藉適當之治河工程實施,刷深河槽,庶使水面逐漸降落。第二試驗組之堤防設備,(保留原來堤距,增築翼堤,)即可滿足以上二者,茲將認爲必要之工程建議列下：

（一）將舊堤增高，以防非常洪水。

（二）糴適當工程（堵塞支流等，）以創造中水位河槽，並施各種護岸工程，使中水位河槽固定不變。

（三）按照河槽形勢，增築翼堤。

（四）糴適當工程，保護灘地，以防水流之冲刷。

以上各項建議，以目下之經濟狀況，及施工所需材料言之，可謂最適宜也。

一九三四年黃河試驗結果一覽表

名稱	一九三二年黃河模型試驗（河槽爲直線式）		一九三四年黃河模型試驗（河槽爲彎曲式）			
	試驗第三組	試驗第二組	試驗第一組	試驗第二組	試驗第三組	試驗第四組
	直伸之主堤堤距8.9公尺	直伸之主堤堤距8.9公尺	直伸之主堤堤距8.9公尺	直伸之主堤且具有翼堤堤距8.9公尺	彎曲形堤堤距5.72公尺	與河槽並行之彎曲形堤堤距3.47公尺
（1）洪水時每秒平均挾砂量（格蘭姆/公升）	1.61	2.93	2.67	2.04	2.85	4.0
（2）河槽內平均洪水面流速（公尺/秒）	0.70	0.78	0.49	0.53	0.54	0.65
（3）第五模型年中洪水時灘地上平均水深度（公厘）	30.0	44.2	33.1	40.8	42.9	55.8
（4）洪水時平均水面比降（‰）	1.16	1.17	1.20	1.16	1.16	1.02
（5）灘地上平均淤積高度（公厘）	4.3	1.5	2.1	4.0	0.4	1.6
（6）河槽刷深量（因灘地淤積總量而得之值）（公厘）	18.3	1.1	8.0	15.0	0.9	1.3
（7）河槽38.5公尺至80.0公尺一段之實際刷深量（公厘）	23.7	7.2	13.6	22.0	5.3	10.0

數目下有橫線者代表一九三四年試驗四組中各項最高與最低之值

照片索引

照片一　第一試驗組第五模型年後模型河槽之形

照片二　第二試驗組第五模型年後模型河槽之形

照片三　第三試驗組第五模型年後模型河槽之形

照片四　第四試驗組第五模型年後模型河槽之形

照片五　模型渠 61.5 公尺處河槽及灘地于第一試驗組第五模型年後之形

照片六　模型渠 93.5 公尺處河槽及灘地于第二試驗組第四模型年後之形

照片七　模型渠 61.5 公尺處河槽及灘地于第三試驗組第五模型年後之形

照片八　模型渠 35.0 公尺處河槽及灘地于第四試驗組第五模型年後之形

照片九　第一試驗組第五模型年內中水位時模型河槽之形

照片十　第二試驗組第二模型年內中水位時模型河槽之形

照片十一　第三試驗組第五模型年內中水位時模型河槽之形

照片十二　第一試驗組第五模型年後于最低水位時攝得之河槽谿線形狀（灘地淤積砂質聚于數處以便量其容積）

照片十三　第二試驗組第五模型年後于最低水位時攝得之河槽谿線形狀（灘地淤積砂質聚于數處以便量其容積）

照片十四　第四試驗組第五模型年後于最低水位時攝得之河槽谿線形狀

附圖索引

Lichtbild 1

Versuchsreihe 1, Versuchsgerinne nach Ablauf des 5. Modelljahres, stromauf gesehen.

第一試驗組第五模型年後模型河槽之情形

Lichtbild 2

Versuchsreihe 2, Versuchsgerinne nach Ablauf des 5. Modelljahres, stromauf gesehen.

第二試驗組第五模型年後模型河槽之情形

Lichtbild 3

Versuchsreihe 3, Versuchsgerinne nach Ablauf des 5. Modelljahres, stromauf gesehen.

第三試驗組第五模型年後模型河槽之情形

Lichtbild 4

Versuchsreihe 4, Versuchsgerinne nach Ablauf des 5. Modelljahres, stromauf gesehen.

第四試驗組第五模型年後模型河槽之情形

Lichtbild 5

Versuchsreihe 1, Flussschlauch und Vorland bei Kanalmeter 61,5 nach Ablauf des 5. Modelljahres, stromauf gesehen.

模型渠之61.5公尺處河槽及灘地于第一試驗組第五模型年後之情形

Lichtbild 6

Versuchsreihe 2, Flussschlauch und Vorland bei Kanalmeter 93,5 nach Ablauf des 4. Modelljahres, stromauf gesehen.

模型渠93.5公尺處河槽及灘地于第二試驗組第四模型年後之情形

Lichtbild 7

Versuchsreihe 3, Flussschlauch und Vorland bei Kanalmeter 61,5 nach Ablauf des 5. Modelljahres, stromauf gesehen.

模型渠61.5公尺處河槽及灘地于第三試驗組第五模型年後之情形

Lichtbild 8

Versuchsreihe 4, Flussschlauch und Vorland bei Kanalmeter 35 nach Ablauf des 5. Modelljahres, stromauf gesehen.

模型渠35公尺處河槽及灘地于第四試驗組第五模型年後之情形

Lichtbild 9

Versuchsreihe 1,Modelljahr 5, MW. Versuchsgerinne stromauf gesehen.

第一試驗組第五模型年內中水位時模型河槽之情形

Lichtbild 10

Versuchsreihe 2,Modelljahr 2, MW. Versuchsgerinne stromauf gesehen.

第二試驗組第二模型年內中水位時模型河槽之情形

Lichtbild 11

Versuchsreihe 3, Modelljahr 5, MW, Versuchsgerinne stromauf gesehen.

第三試驗組第五模型年內中水位時模型河槽之情形

Lichtbild 12

Versuchsreihe 1, Talweg bei NNW, nach Ablauf des 5. Modelljahres, stromauf gesehen. Vorlandmaterial zum Ausmesson fertig zusammengekehrt.

第一試驗第五模型年後于最低水位時攝得之河槽谿綫形狀（灘地淤積砂質聚于數處以便量其容積）

Lichtbild 13
Versuchsreihe 2, Talweg bei NNW, nach Ablauf des 5. Modelljahres, stromauf gesehen. Vorlandmaterial zum Ausmessen fertig zusammengekehrt.

第二試驗組第五模型年後于最低水位時攝得之河槽谿線形狀（灘地淤積砂質聚于數處以便量其容積）

Lichtbild 14
Versuchsreihe 4, Talweg bei NNW, nach Ablauf des 5. Modelljahres, stromauf gesehen.

第四試驗組第五模型年後于最低水位時攝得之河槽谿線形狀

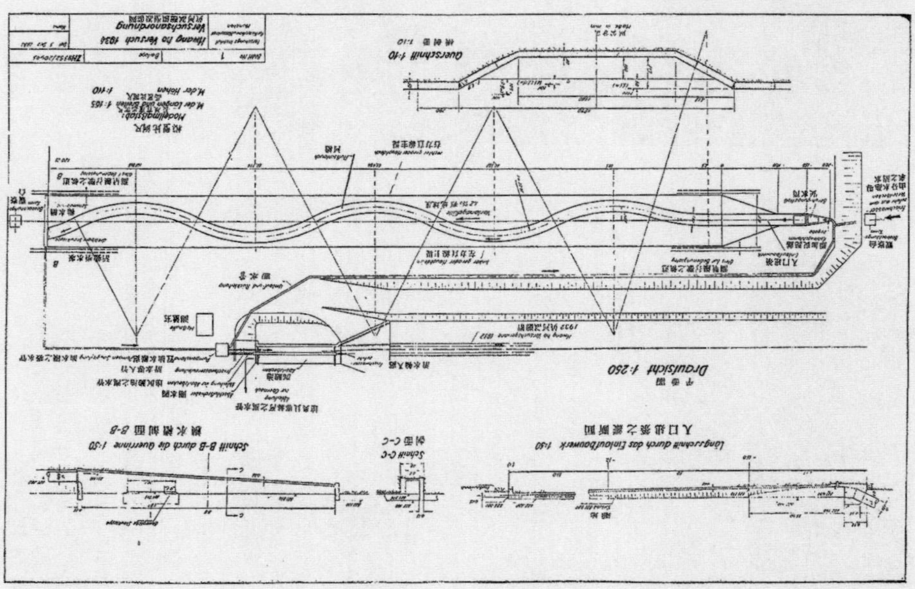

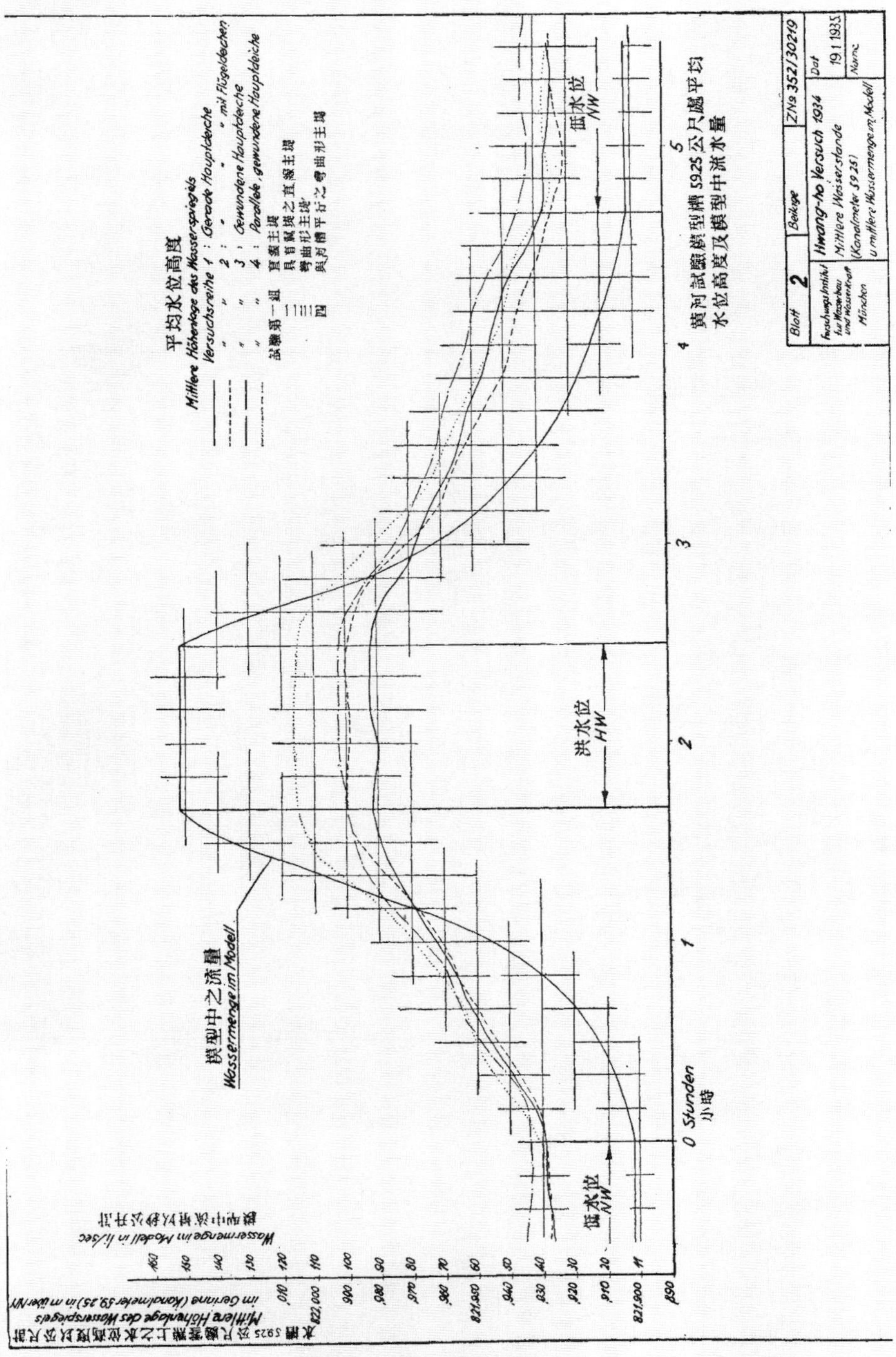
平均水位高度
Mittlere Höhenlage des Wasserspiegels
Versuchsreihe 1 : Gerade Hauptdeiche
2 : " mit Flügeldeichen
3 : Gewundene Hauptdeiche
4 : Parallele, gewundene Hauptdeiche
試驗第一組 直線主堤
二 具有翼堤之直線主堤
三 彎曲形主堤
四 與河槽平行之彎曲形主堤
模型中之流量
Wassermenge im Modell
洪水位
HW
低水位
NW
0 Stunden
小時
黃河試驗模型槽 5925 公尺處平均水位高度及模型中流水量
Blatt 2
Hwang-ho Versuch 1934
Mittlere Wasserstände (Kanalmeter 59.25) u. mittlere Wassermenge im Modell
Forschungsinstitut für Wasserbau und Wasserkraft München
Z.№ 352/30219
19.1.1935
Wassermenge im Modell in lt./sec
模型中流量以每秒公升計
Mittlere Höhenlage des Wasserspiegels im Gerinne (Kanalmeter 59.25) in m über NN
在模型槽 5925 公尺處平均水位高度以公尺計

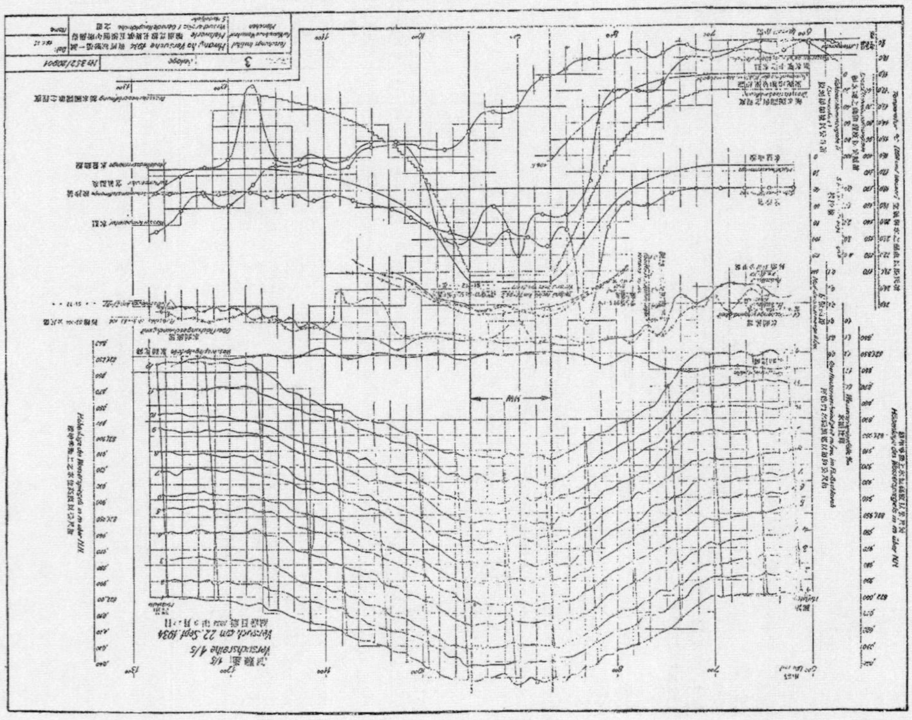

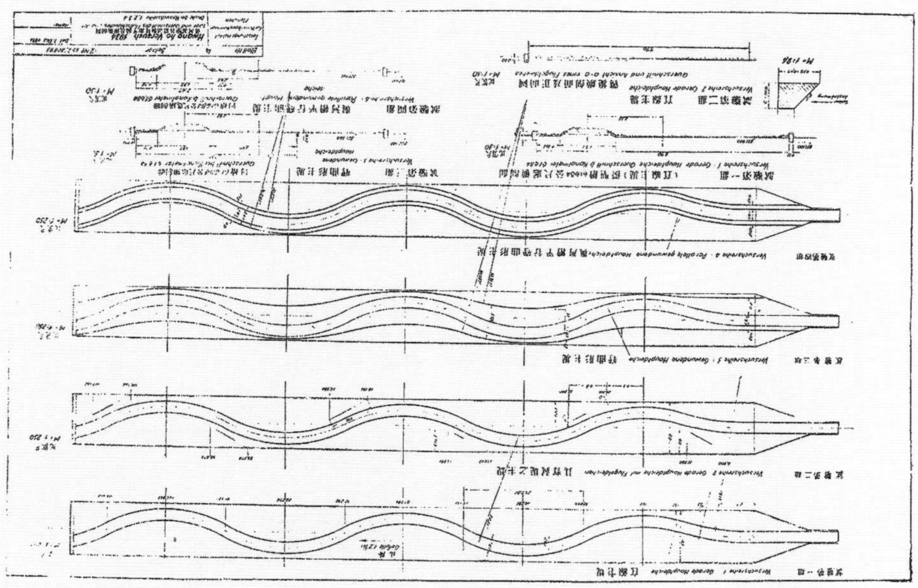

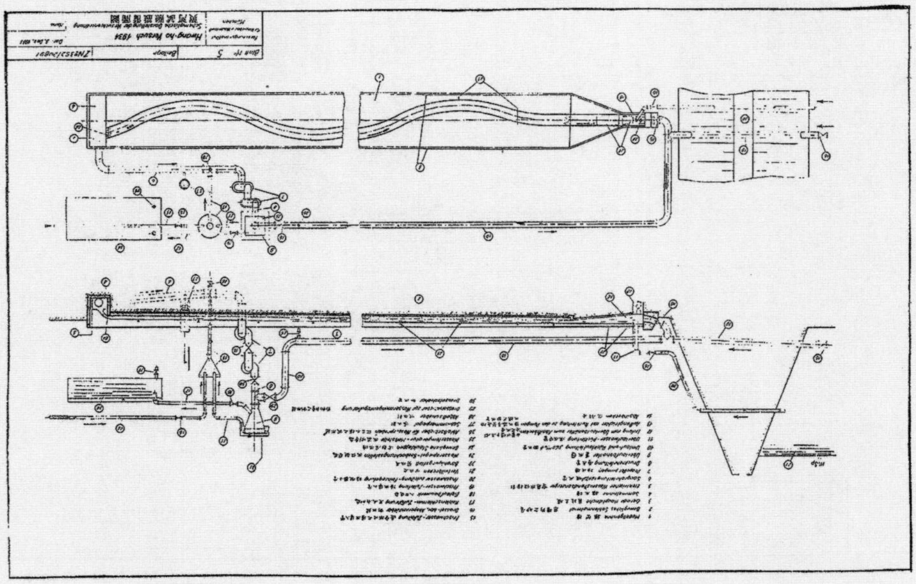

Forschungsinstitut für Wasserbau und Wasserkraft, München.	Hwangho Versuche 1934 Systemskizze für die Berechnung der Mittelwerte	№ 352/40249 Datum 5.2.1935 Name

黃河試驗計算平均數圖例

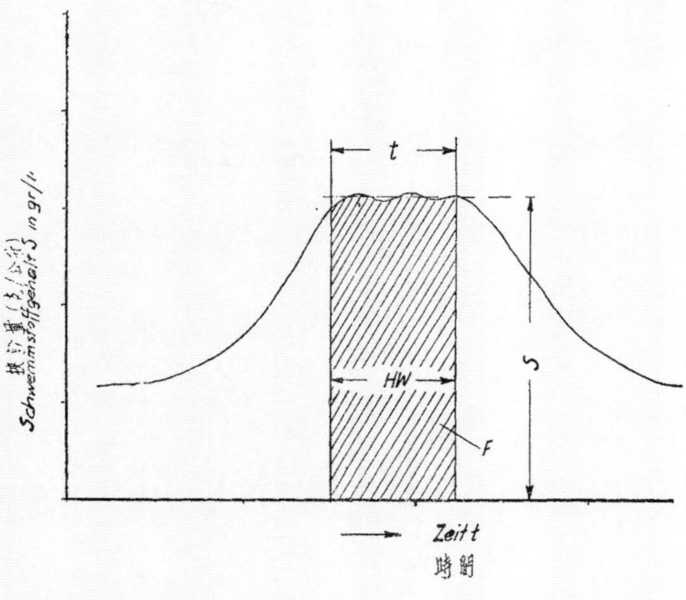

$$S = \frac{F}{t}$$

Blatt Nr. 6

№ 352/40249

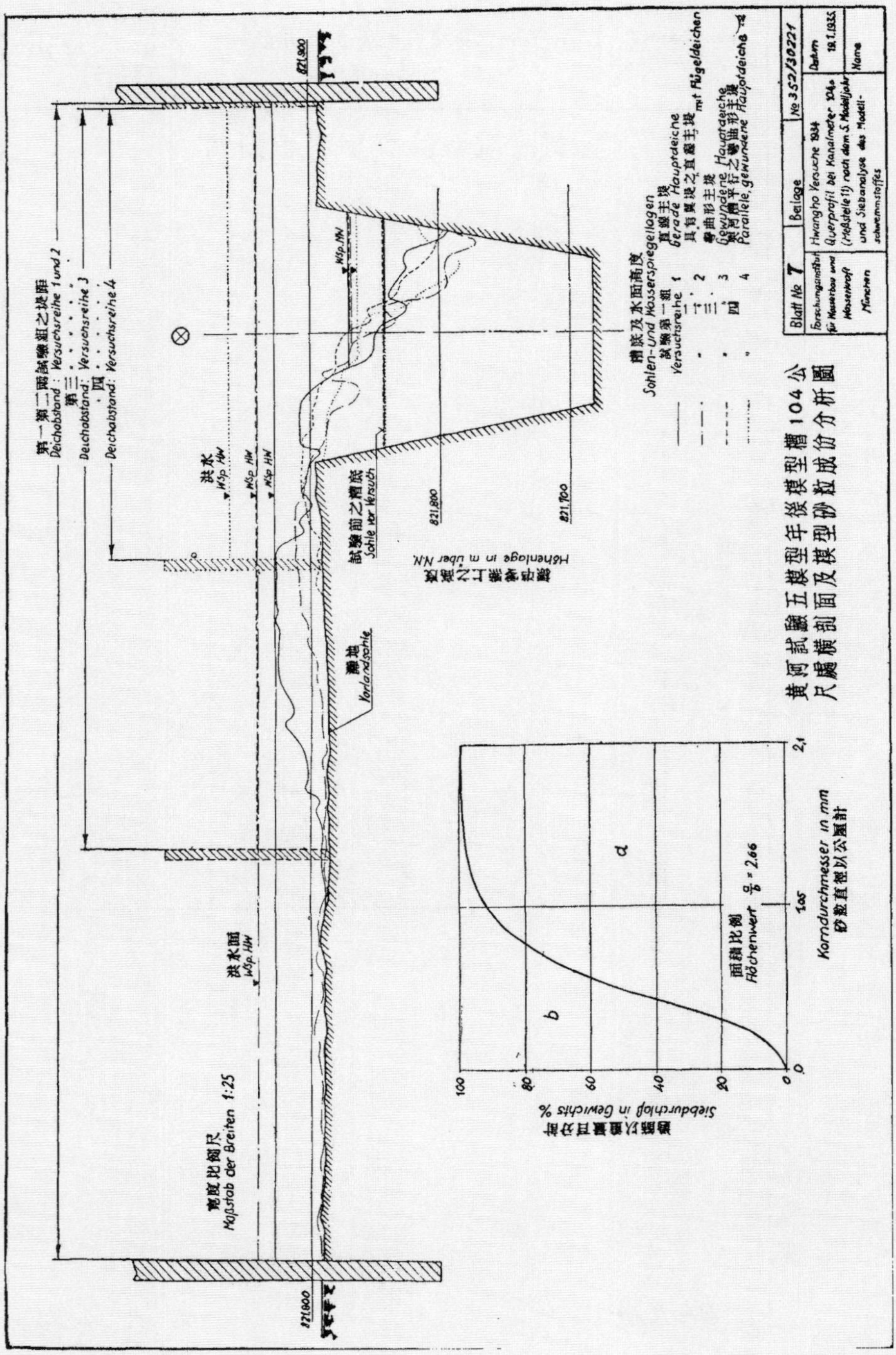

黄河試驗五模型年後模型槽104公尺處橫剖面及模型砂粒成份分析圖

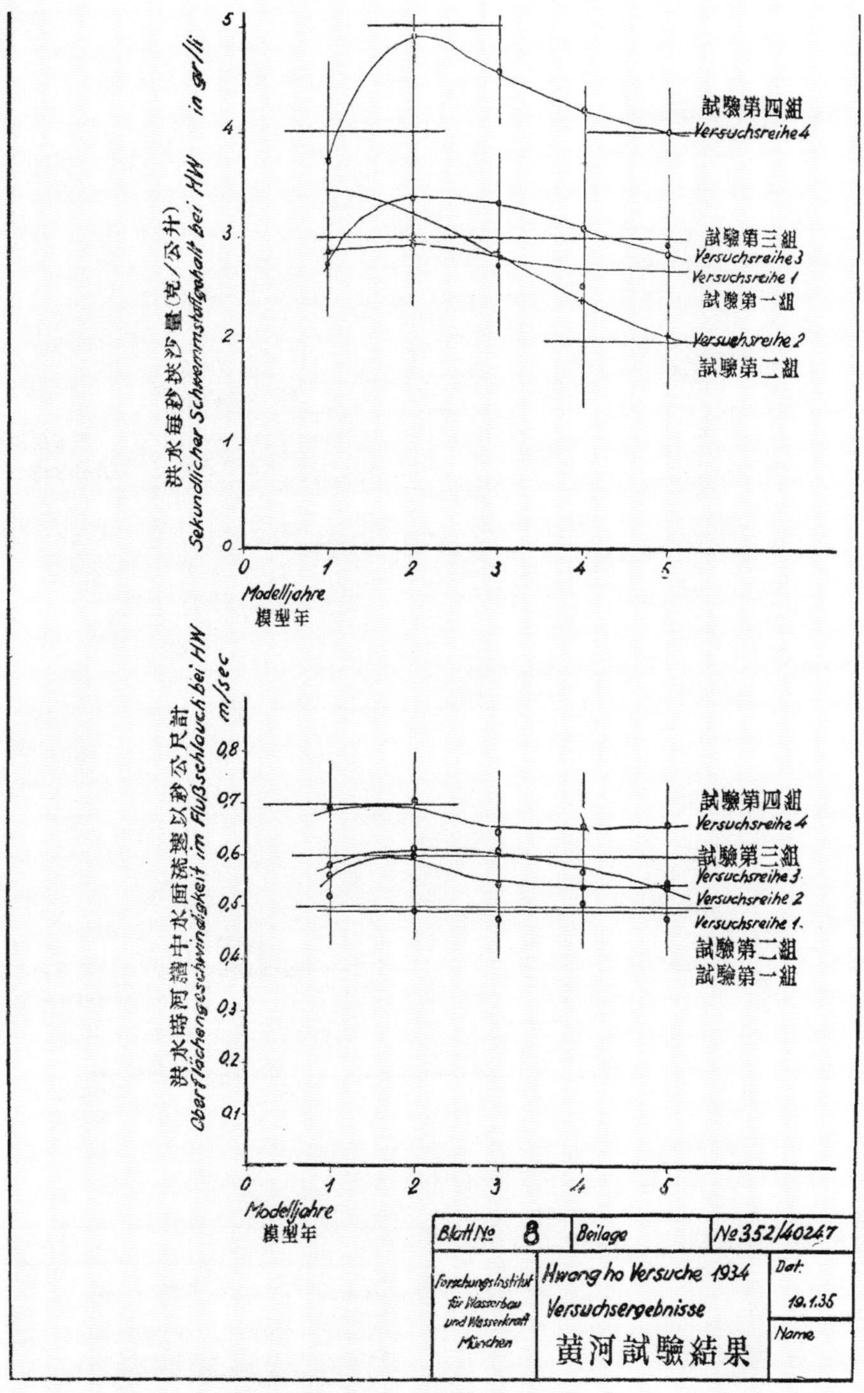
洪水每秒挾沙量(克/公升)
Sekundlicher Schwemmstoffgehalt bei HW in gr/li
試驗第四組
Versuchsreihe 4
試驗第三組
Versuchsreihe 3
Versuchsreihe 1
試驗第一組
Versuchsreihe 2
試驗第二組
Modelljahre
模型年
洪水時河牀中水面流速以秒公尺計
Oberflächengeschwindigkeit im Flußschlauch bei HW m/sec
試驗第四組
Versuchsreihe 4
試驗第三組
Versuchsreihe 3
Versuchsreihe 2
Versuchsreihe 1
試驗第二組
試驗第一組
Modelljahre
模型年
Blatt № 8
Beilage
№ 352/40247
Forschungsinstitut für Wasserbau und Wasserkraft München
Hwang ho Versuche 1934
Versuchsergebnisse
黃河試驗結果
Dat. 19.1.35
Name

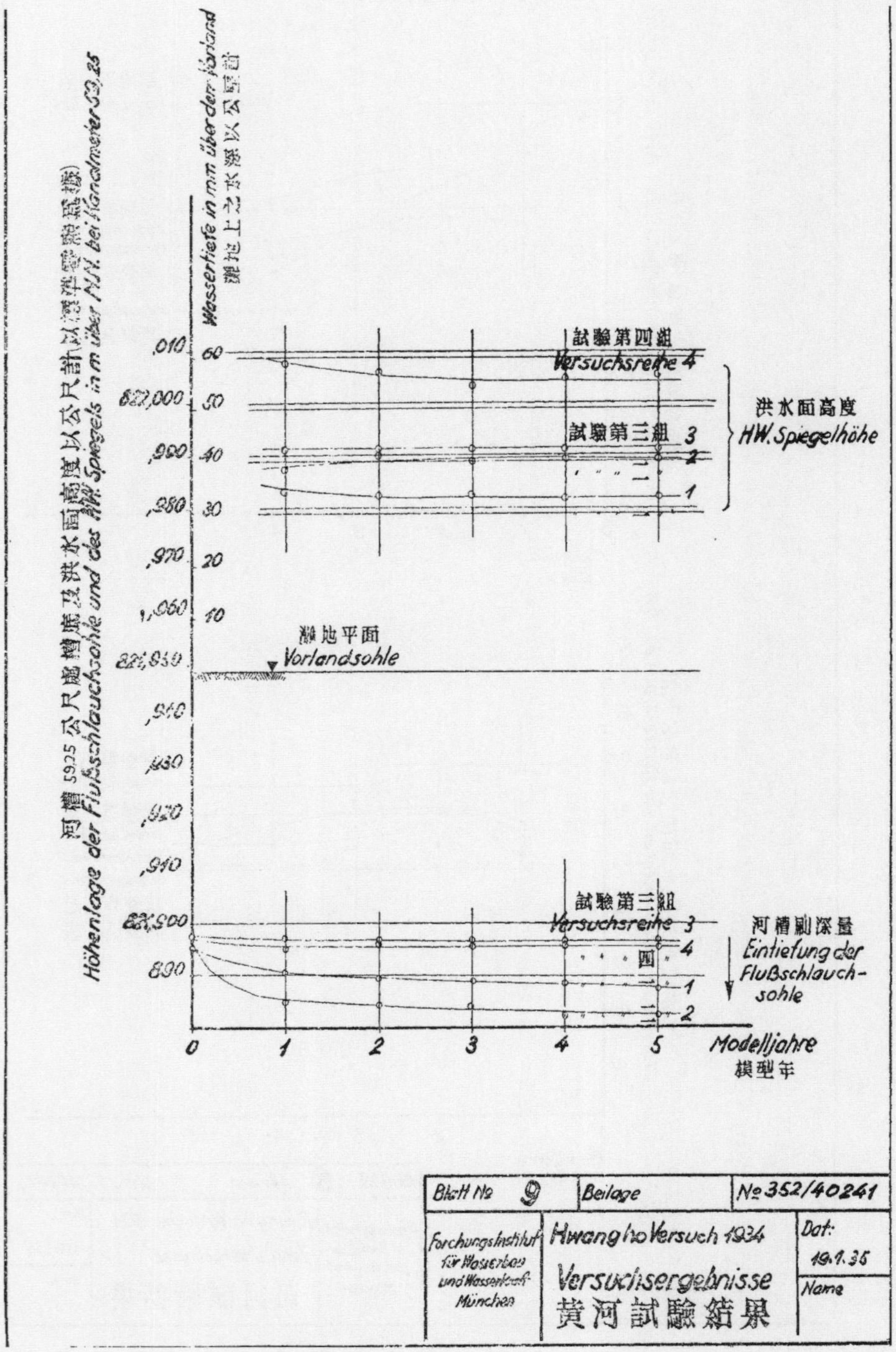
河槽 5925 公尺處槽底及洪水面高度以公尺計以標準零點起算
Höhenlage der Flußschlauchsohle und des HW. Spiegels in m über N.N. bei Kanalmeter 59,25
Wassertiefe in mm über dem Vorland
灘地上之水深以公厘計
試驗第四組
Versuchsreihe 4
洪水面高度
HW. Spiegelhöhe
試驗第三組
灘地平面
Vorlandsohle
試驗第三組
Versuchsreihe 3
河槽刷深量
Eintiefung der Flußschlauchsohle
Modelljahre
模型年
Blatt No 9
Beilage
No 352/40241
Forchungsinstitut für Wasserbau und Wasserkraft München
Hwangho Versuch 1934
Versuchsergebnisse
黃河試驗結果
Dat: 19.1.35
Name

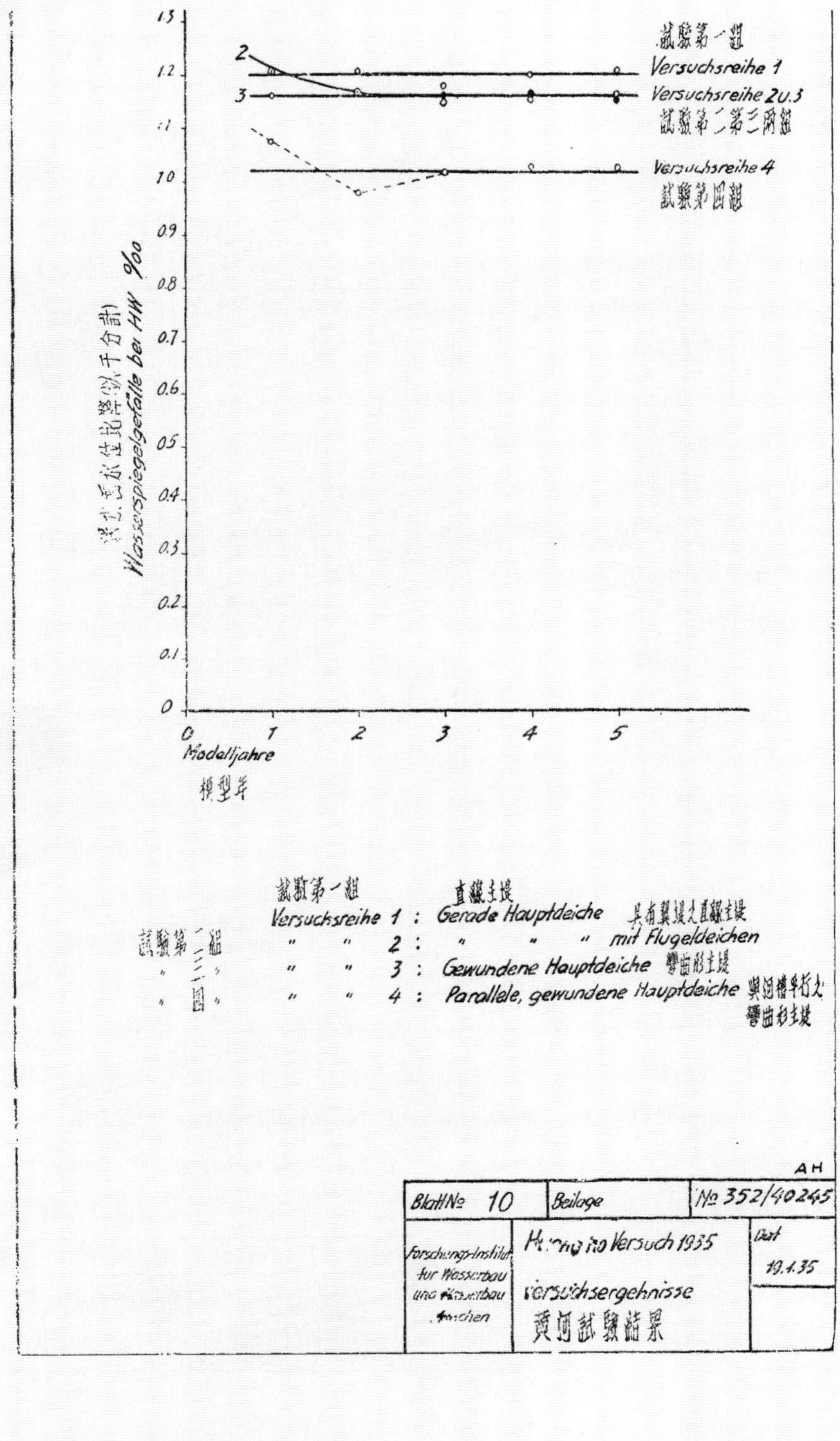
試驗第一組
Versuchsreihe 1
Versuchsreihe 2u.3
試驗第二第三兩組
Versuchsreihe 4
試驗第四組
Wasserspiegelgefälle bei HW ‰
Modelljahre
模型年
試驗第一組
直線主堤
Versucksreihe 1 : Gerade Hauptdeiche
" " 2 : " " " mit Flugeldeichen
" " 3 : Gewundene Hauptdeiche 彎曲形主堤
" " 4 : Parallele, gewundene Hauptdeiche
彎曲形主堤
AH
Beilage
№ 352/40245
Versuch 1935
19.1.35
versuchsergehnisse
黃河試驗結果

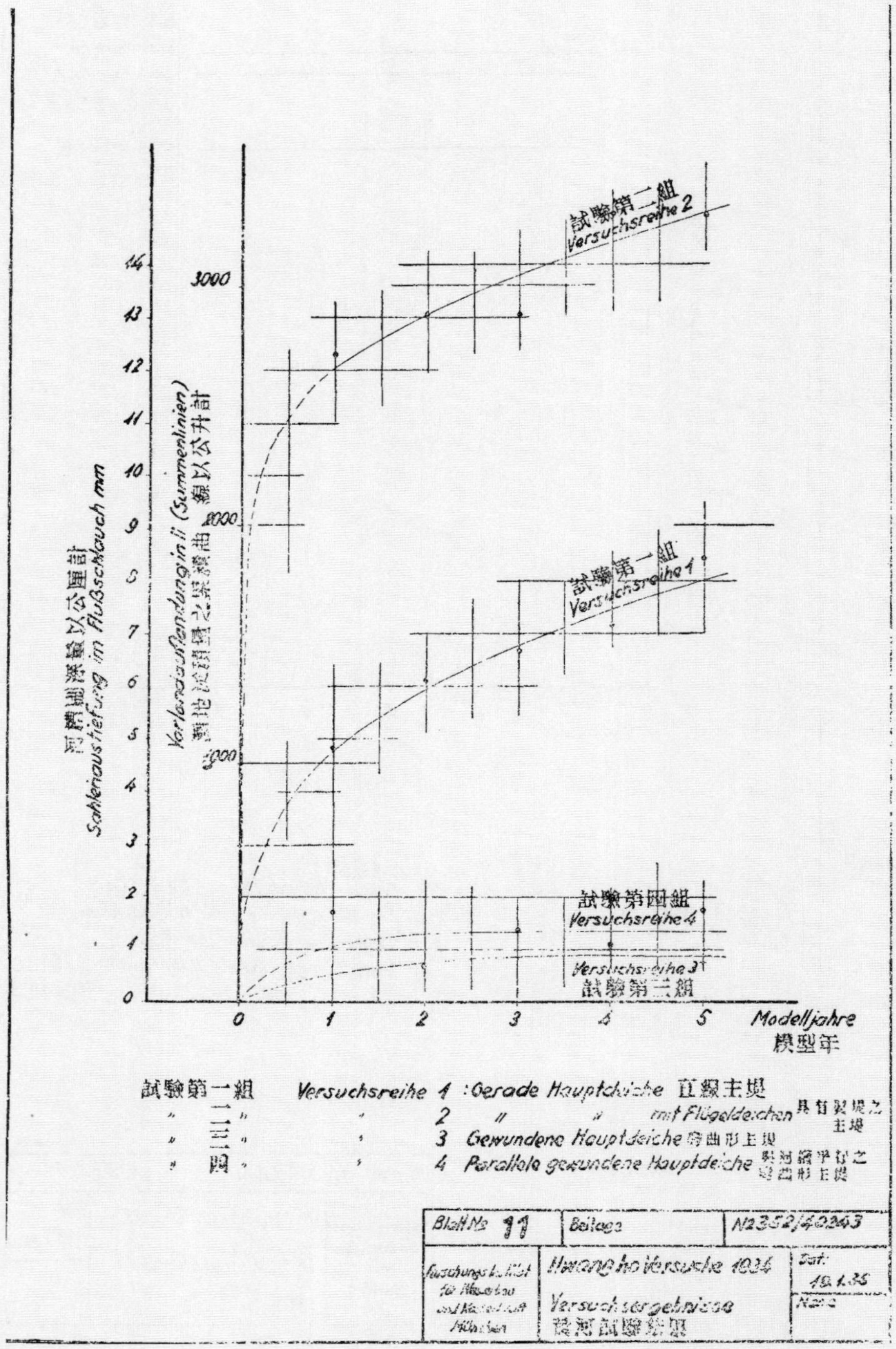
試驗第二組
Versuchsreihe 2
試驗第一組
Versuchsreihe 1
試驗第四組
Versuchsreihe 4
Versuchsreihe 3
試驗第三組
河槽刷深量以公厘計
Sohlenaustiefung im Flußschlauch mm
Verlandung in l (Summenlinien)
灘地淤積之累積曲線以公升計
3000
2000
1000
Modelljahre
模型年
試驗第一組 Versuchsreihe 1 : Gerade Hauptdeiche 直線主堤
" 二 " " 2 " " mit Flügeldeichen 具有翼堤之主堤
" 三 " " 3 Gewundene Hauptdeiche 彎曲形主堤
" 四 " " 4 Parallele gewundene Hauptdeiche 與河槽平行之彎曲形主堤
Blatt Nr. 11
Beilage
Nr. 2352/40363
Forschungsinstitut für Wasserbau und Wasserkraft München
Hwangho Versuche 1934
Versuchsergebnisse
黄河試驗結果
Dat. 19.1.35

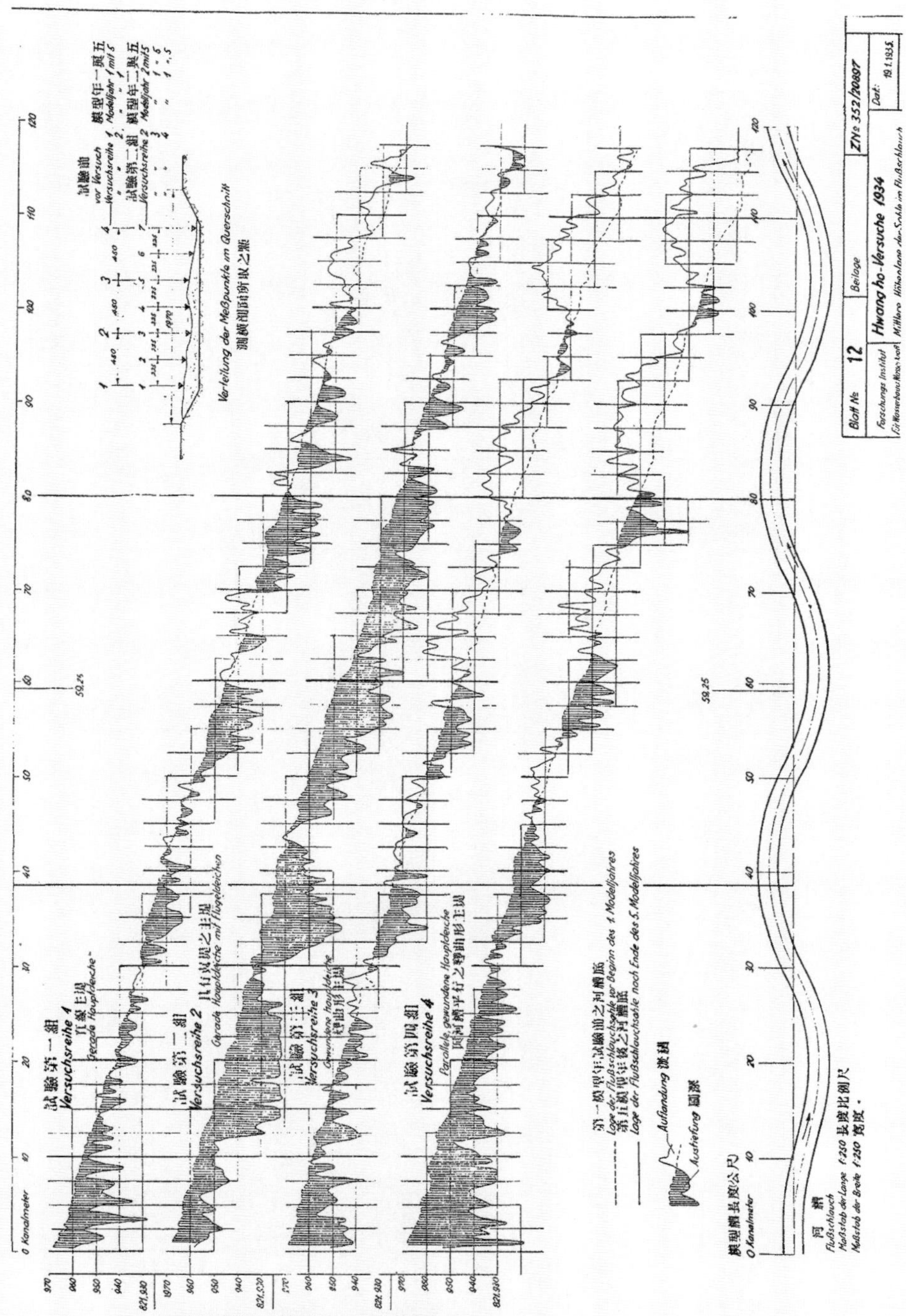
Blatt Nr 12
Hwang-ho-Versuche 1934
ZNr 352/20807
試驗第一組 Versuchsreihe 1
試驗第二組 Versuchsreihe 2
試驗第三組 Versuchsreihe 3
試驗第四組 Versuchsreihe 4
Verteilung der Meßpunkte im Querschnitt
測横剖面試驗點之點
59.25

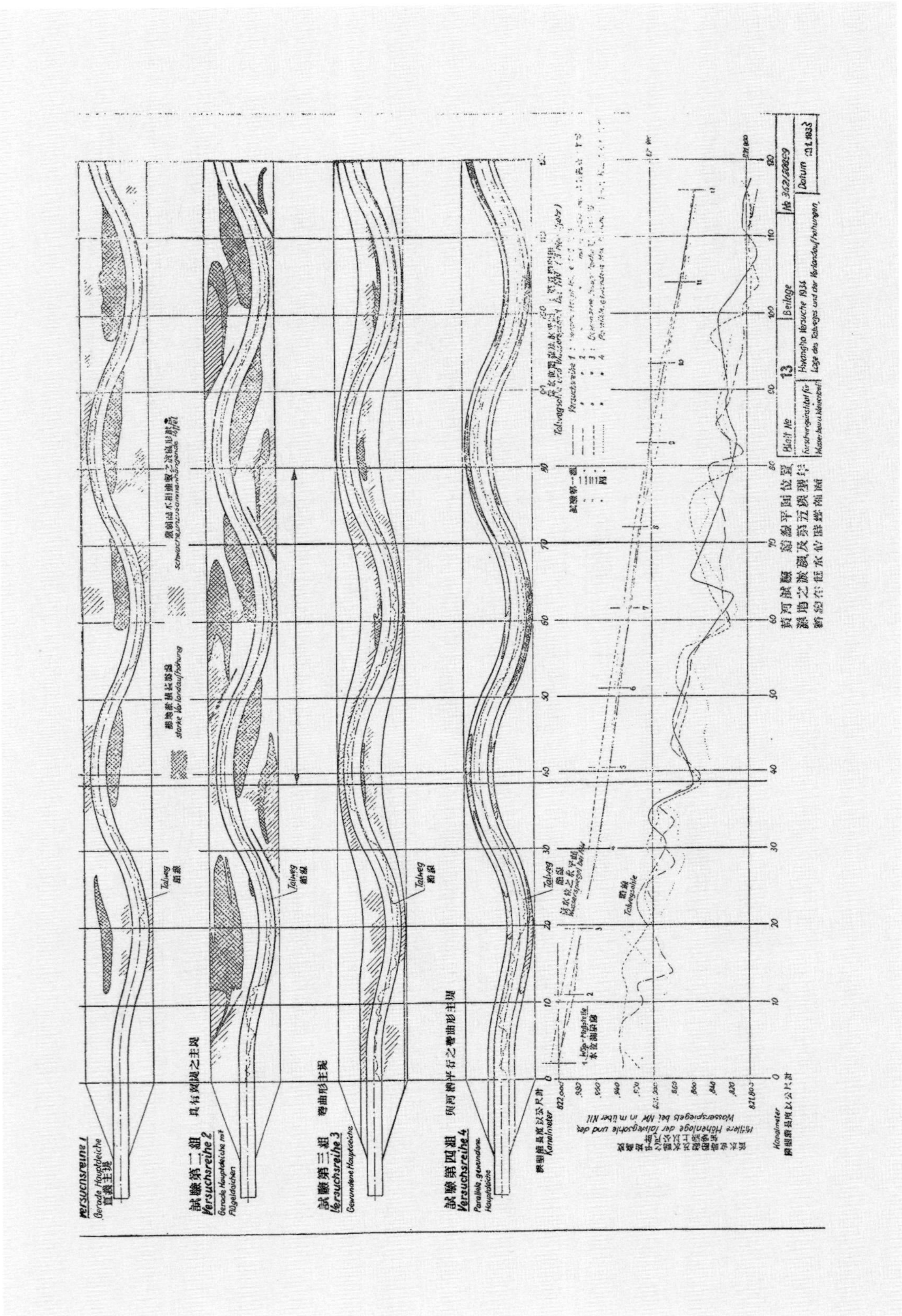

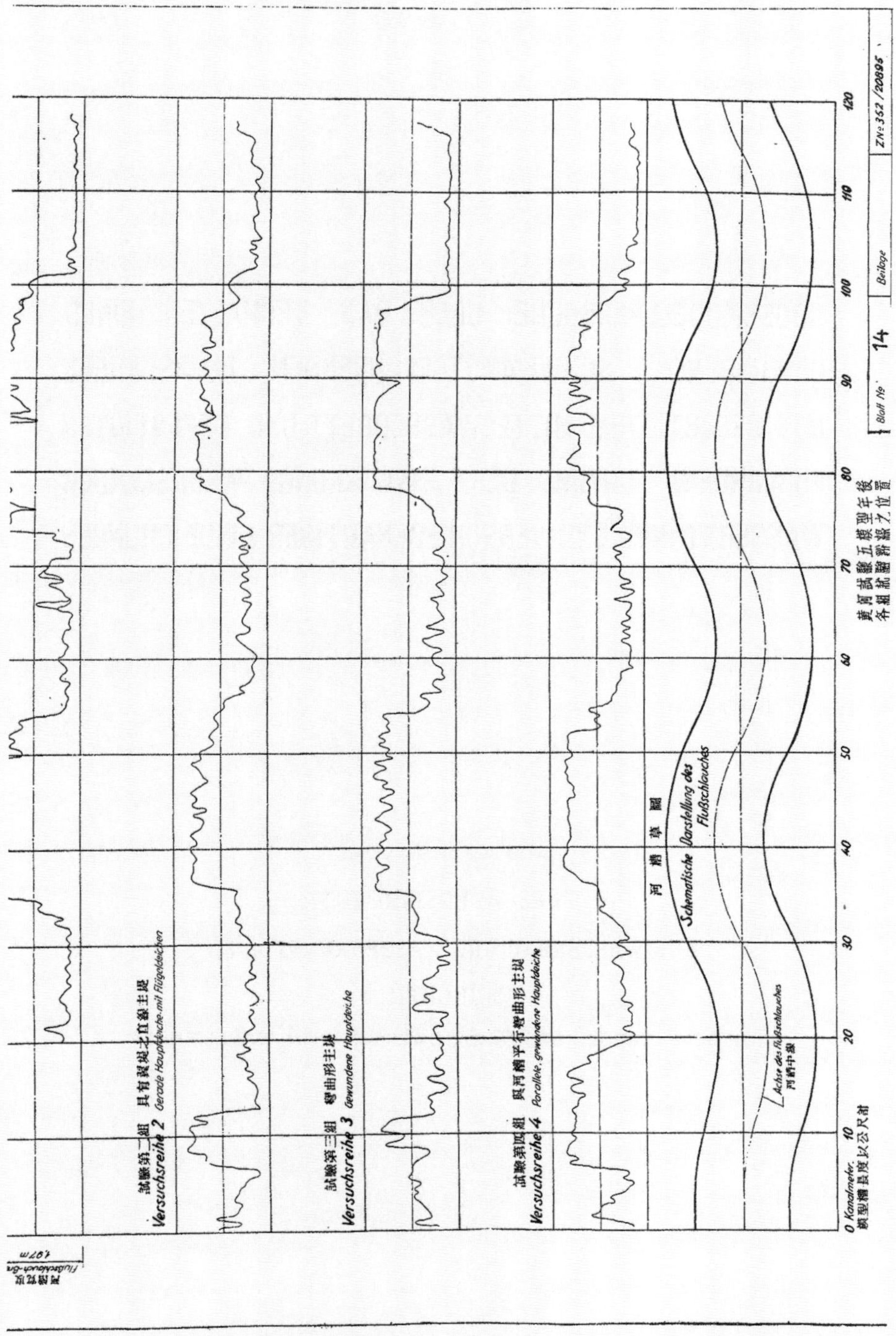
試驗第二組 具有翼堤之直線主堤
Versuchsreihe 2 Gerade Hauptdeiche mit Flügeldeichen
試驗第三組 彎曲形主堤
Versuchsreihe 3 Gewundene Hauptdeiche
試驗第四組 與河槽平行彎曲形主堤
Versuchsreihe 4 Parallele, gewundene Hauptdeiche
河槽草圖
Schematische Darstellung des Flußschlauches
Achse des Flußschlauches
河槽中線
0 Kanalmeter 10 20 30 40 50 60 70 80 90 100 110 120
黃河試驗五模型年後
Blatt No 14
Beilage
ZN: 352 / 20896

GROSSMODELLVERSUCHE ÜBER DAS VERHALTEN EINES GEWUNDENEN, SCHWEMMSTOFFFÜHRENDEN FLUSSLAUFES MIT BEFESTIGTEM MITTELWASSERBETT UND BEFESTIGTEN VORLÄNDERN UNTER DER EINWIRKUNG WECHSELNDER WASSERSTÄNDE UND VERSCHIEDENARTIGER EINDEICHUNGEN

AUSGEFÜHRT VOM:
FORSCHUNGSINSTITUT
FÜR WASSERBAU UND WASSERKRAFT e.V.
MÜNCHEN
AUF DEM VERSUCHSGELÄNDE OBERNACH AM WALCHENSEE

INHALTSVERZEICHNIS

I. ZWECK DER VERSUCHE

Im Auftrage des National Economic Council of China wurden auf dem Versuchsgelände Obernach-Walchensee des Forschungsinstituts für Wasserbau und Wasserkraft e.V., München, die im Folgenden mitgeteilten Grossmodellversuche durchgeführt. Sie bilden eine Ergänzung und Erweiterung der im Jahre 1932 ebenfalls vom Forschungsinstitut für Wasserbau und Wasserkraft für die Flood Relief Commission ausgeführten Grossmodellversuche[1] über den Einfluss des Deichabstandes auf die Lage des Hochwasserspiegels, die Räumungskraft der bei Hochwasser durchfliessenden Wassermasse (Eintiefung des Flußschlauches) und die Ausbildung der Flußsohle und der Vorländer. Während im Jahre 1932 die Versuche an einem Modell mit geradlinigem befestigtem Mittelwasserbett ausgeführt wurden, wurden sie 1934 an einem Modell mit gewundenem Mittelwasserbett vorgenommen. Die Problemstellung der Versuche 1932 war die Klärung der Frage, ob durch die Verkleinerung der Hochwasserdeichabstände eine Eintiefung des Flußschlauches und ein Absenken des Hochwasserspiegels erreicht werden könnte. Nachdem diese Fragen eindeutig geklärt wurden, sollten die Versuche des Jahres 1934 das Verhalten verschiedenartiger Deichführung auf die Eintiefung des Flußschlauches und auf die Hochwasserspiegellage in einem gewundenen Flusslauf klären.

Die wissenschaftliche Leitung hatte Herr Geheimer Rat Prof. Dr. Dr. e.h. H. Engels, Dresden, inne, während die technische Ausführung Herrn Ingenieur Wäcken vom Forschungsinstitut für Wasserbau und Wasserkraft e.V. oblag. Den Versuchen wohnte zeitweise von Seiten des Auftraggebers Herr Dr. Shenyi, Schanghai, bei.

II. VERSUCHSGRUNDLAGEN

Da sich die Versuche des Jahres 1924 eng an diejenigen des Jahres 1932

---

1) Grossmodellversuche über das Verhalten eines stark schwemmstofführenden, mit geradlinigen befestigen Mittelwasserufern versehenen Flusslaufes bei verschiedenen Breiten des Hochwasserbettes. Bericht an die Flood Relief Commission.

anschlossen, konnten die Erfahrungen über Messeinrichtungen usw. weitgehendst verwendet werden. Als Grundrissmaßstab des Modells wurde wie im Jahre 1932 der Maßstab 1:165 gewählt (Blatt 1). Als Modellschwemmstoff wurde wiederum der sich im Jahre 1932 bestens bewährende Pechkohlenrohgries ($\gamma=1,33$ kg/dm³, von 0 bis 2,1 mm Körnung) gewählt. Blatt 7 zeigt die Siebanalyse des verwendeten Schwemmstoffes. Die gesamte Modellanlage hatte ein Gefälle von 1,2‰; das Gefälle des Flußschlauches war entsprechend den Windungen kleiner, nämlich im Mittel 1,16‰. Das gleiche Gefälle hatte der gerade Flußschlauch im Jahre 1932. Der Tiefenmaßstab wurde von 1:82,5 des Jahres 1932 auf 1:110 verkleinert; die Verzerrung verminderte sich demnach von 1:2 des Jahres 1932 auf 1:1,5. Für ein Modelljahr (Wasserdurchfluss von Niedrigwasser über Hochwasser nach Niedrigwasser) wurde bei den Versuchen im Jahre 1932 als Zeitmaßstab 24 Stunden festgesetzt. Im Jahre 1934 wurde dieser Zeitmaßstab auf 8 Stunden verringert. Durch Vorversuche konnte festgestellt werden, dass 8 Stunden genügten, um gut messbare Veränderungen des gesamten Flussbettes zu erzielen. Während der Versuche ergab sich noch eine Verkürzung dieser 8 Versuchsstunden. 1 Stunde Niedrigwasserdurchfluss konnte in Wegfall kommen, da innerhalb dieser Wasserdurchflusszeit keine messbaren Veränderungen im gesamten Flussbett mehr beobachtet werden konnten. Da Beobachtungen über den tatsächlichen Verlauf der auftretenden Abflussmengen im Hwangho nicht vorlagen, musste eine Wassermengenlinie angenommen werden, die dem wahrscheinlichen Verlauf am nächsten kam (Blatt 2 s.a. Blatt 3). Bei Niedrigwasser floss durch den Flußschlauch im Modell eine Wassermenge von 11,8 li/s. Diese Wassermenge vergrösserte sich von Niedrigwasser innerhalb von 100 Minuten über Mittelwasser (Mittelwassermenge: 35,0 li/s) auf die Hochwassermenge von 151,7 li/s. Der Hochwasserdurchfluss dauerte insgesamt 50 Minuten; die Auswertung erstreckt sich aber nur auf 40 Minuten, um die Anlauf-und Ablaufzeit des Hochwassers zu berücksichtigen. Innerhalb von 130 Minuten verminderte sich die Hochwassermenge wiederum auf die von Niedrigwasser (11,8 li/s). Der für die Einstellung der Wassermenge benötigte Drosselschieber (Blatt 5,

Schieber 29) wurde durch Vorversuche mittels des Salzverdünnungsverfahrens[2] geeicht. (Blatt 3). Diese Eichung ermöglichte die Abgabe der der angenommenen Wassermengenlinie entsprechenden Wassermenge in das Flussmodell ohne nochmalige Messung. Wie bei den Versuchen des Jahres 1932 wurde auch bei diesen Modellversuchen der Schwemmstoffkreislaufbetrieb verwendet. Diese Einrichtung wurde bereits im ersten Bericht eingehend geschildert. Diese Versuchsanordnung wurde im Jahre 1934 dadurch erweitert, dass man stets dem zugeleiteten Frischwasser Schwemmstoff beigab. Dadurch besass das für die Erzeugung des Hochwassers benötigte Frischwasser den gleichen sekundlichen Schwemmstoffgehalt wie die bereits umlaufende Wassermasse. Die Modellanlage hatte eine Länge von 120,25 m und eine Breite von 8,9 m. Dem eigentlichen Versuchsgerinne wurde ein 27 m langer düsenförmiger Einlauf vorgeschaltet, um Einlaufstörungen und ähnliche die Versuchsergebnisse beeinflussende Strömungserscheinungen zu verhindern. Die s-förmig gewundene Gerinneachse bestand aus sich aneinanderreihenden Kreisbogenabschnitten mit je 22,31 m Durchmesser und 21,092 m Sehnenlänge. Der befestigte Flußschlauch wurde trapezförmig ausgebildet, die lichte Weite war 1,97 m und die Seitenflächen waren unter 1:1,9 geböscht (Blatt 1). Die parallelen Hauptdeiche und die Flügeldeiche wurden aus Beton, die gewundenen Deiche aus Ziegelsteinen, deren Fugen mit Zementmörtel vergossen wurden, hergestellt. Die Vorlandoberfläche wurde mit einer 5 cm starken Betonschicht befestigt, während dieselbe im Jahre 1932 nur mit einer Sandschicht, die aus Kalksteinsand von 0 bis 5 mm Körnung bestand, überdeckt war. Dem Betonglattstrich waren Sandkörner bis 5 mm Grösse beigegeben; die Rauhigkeit des Vorlandes war gegenüber derjenigen des Jahres 1932 entsprechend dem kleineren Tiefenmaßstab geringer.

Insgesamt wurden 4 verschiedene Eindeichungsarten untersucht, die sich in 4 Versuchsreihen gliedern (Blatt 4):

Versuchsreihe 1: gewundener Flußschlauch, gerade parallele Hochwasserdeiche, Deichabstand 8,9 m.

2) Kirschmer "Das Salzverdünnungsverfahren für Wassermessungen" Wasserkraft und Wasserwirtschaft 1931, Heft 18, Seite 213,

Versuchsreihe 2: gewundener Flußschlauch, gerade parallele Hochwasserdeiche im Abstand von 8,9 m, von denen in den Krümmungen Flügeldeiche (Leitdeiche) abzweigen, die ungefähr parallel zum Flußschlauch verlaufen und deren Höhe sich allmählich bis auf die Vorlandshöhe vermindert; sie sind bei höheren Wasserständen teilweise überflutet. Diese Flügeldeiche sind demnach bis zum Vorland hinaufreichende Uferbefestigungen.

Versuchsreihe 3: gewundener Flußschlauch, gewundene Hochwasserdeiche, die nicht parallel des Flußschlauches verlaufen und eine schlankere Linienführung als der Flußschlauch besitzen. In den Krümmungen: Deichabstand vom ausbuchtenden Ufer des Flußschlauches 0,75 m, vom einbuchtenden Ufer 3,0 m; Verhältnis 1:4; Deichabstand 5,72 m.

Versuchsreihe 4: gewundener Flußschlauch, gewundene Hochwasserdeiche, die parallel zum Flußschlauch verlaufen, Deichabstand 3,47 m.

Alle Modell-Längen und -Breiten unter 4 m konnten auf ± 5 mm, über 4 m auf ± 10 mm genau hergestellt werden. Die Ausführung der Modell-Höhen war auf ± 5 mm Genauigkeit möglich. Die Vorlandsfläche wies beim Einmessen nach der Fertigstellung ein mittleres Längsgefälle von 1,2‰ und ein mittleres Quergefälle von 1: ∞ auf. Zur Aufnahme von Lichtbildern und zur Vornahme von Beobachtungen wurde am Anfang und am Ende des Gerinnes ein Beobachtungsturm errichtet. Eine Scheinwerferanlage von insgesamt 5000 Watt Stärke ermöglichte die Fortführung der Versuche bei Nacht.

Die Wasserspiegelhöhe (Pegelhöhe) im Gerinne wurde während der Versuche durch Abstechen mit Millimetermaßstäben von eingemessenen Absticheisen aus an 12 Stellen des Gerinnes ermittelt. Aus Blatt 3 können für ein Versuchsbeispiel sämtliche Zahlenwerte der im Folgenden aufgeführten und für die Auswertung der Versuchsergebnisse ausschlaggebenden Faktoren entnommen werden. Aus diesen Ablesungen konnten Wasserstandsganglinien aufgezeichnet werden. Aus dieser Auftragung liess sich wiederum das Spiegelgefälle in einem bestimmten Zeitpunkt ermitteln. Das Spiegelgefälle selbst konnte durch zwei am Rinnenende befindliche Stauklappen verändert werden. Die Oberflächengeschwindigkeit im Flußschlauch und auf den Vorländern wurde mittels Schwimmermessung Abstoppen der Laufzeit von kleinen Oberflächenschwimmern) bestimmt. Der sekundliche Schwemmstoffgehalt wurde dadurch ermittelt, dass der umlaufenden Wassermasse an einer Stelle, an der mit einer sicheren Durchmischung des Wassers gerechnet werden konnte, in kurzen Zeitabständen Proben entnommen wurden, deren Schwemmstoffgehalt man ermittelte (s. Blatt 5, Ablaßschieber für Wasserproben, 26). Die laminare oder turbulente Strömungsart wurde durch Färbeversuche mit Fluoreszein festgestellt. Die Grösse der Materialumlagerungen im Flußschlauch und auf den Vorländern wurde durch Einmessen erhalten; die im Absitzbecken, im Einlauf und in der Querrinne nach jedem Modelljahr liegen gebliebene Schwemmstoffmenge wurde mit Hilfe geeichter Messgefässe bestimmt Die Schwemmstoffzugabe beim Einführen von Frischwasser erfolgte im Einlauf von Hand. Die Grösse dieser Zugabe bei einem abgebildeten Versuchsbeispiel geht aus der Summenlinie des Blattes 3 hervor.

Nach jeder Versuchsreihe wurde der Verlauf des Talweges (Verbindung der Kolke im Flußschlauch) aufgenommen und seine Höhenlage eingemessen; die Bänke auf den Vorländern wurden skizziert und die Veränderung des gesamten Flussbettes im Lichtbild festgehalten. Die Lichtbilder 1 mit 4 zeigen die Veränderungen der Eintiefungen und der Ablagerungen bei den 4 verschiedenen Eindeichungsarten. Aus allen Ablagerungen wurden jeweils Proben entnommen, deren Zusammensetzung man von Hand mittels genormter Siebsätze bestimmte. Die Luft und Wassertemperaturen während der Versuche wurden an fest eingebauten Thermometern abgelesen.

III. VERSUCHSAUSFÜHRUNG

Sobald der Schwemmstoff im Flußschlauch oberflächlich eingeebnet war, wurden ihm zum Zwecke der Siebanalyse an mehreren Stellen längs des Gerinnes Proben entnommen (Blatt 7) um eine gleiche Schwemmstoffzusammensetzung an allen Stellen des Gerinnes zu wahren; dann die Sohle sauber eingeebnet und gemeinsam mit den früher eingebauten Abstichstellen eingemessen. Darauf wurde das Gerinne durch Öffnen des Frischwasserschiebers (16) in der Rohrleitung (15) vom unteren Gerinneende her vorsichtig soweit angefüllt, bis die für den Niedrigwasserumlauf, durch einen Vorversuch ermittelte, nötige Wassermasse in der Modellanlage vorhanden war, die durch den in der Saugrohrleitung eingebauten Schwimmerpegel (27) angezeigt wurde (Blatt 5). Die Frischwasserzufuhr wurde daraufhin eingestellt und die Pumpe (7) in Betrieb genommen. Der Drosselschieber (29) wurde langsam soweit geöffnet, als es der Niedrigwasserumlauf vorsah (Blatt 3). Der Drosselschieber (30) war während der Dauer des Versuches stets so weit geöffnet, dass der Überlauf im Überlaufbehälter (9) in Tätigkeit war. Dadurch fiel der Wasserspiegel in der Quersammelrinne (4) soweit, dass er tiefer lag als die Oberkante der Stauklappe am Gerinneende, dass also ein freier Ablauf im Gerinneende eintrat. Hieran schlossen sich die eigentlichen Beobachtungen im Gerinne an: Bestimmung der Wasserspiegelhöhe (Pegelhöhe), des Schwemmstoffgehaltes, der Oberflächengeschwindigkeit im Flußschlauch und auf dem Vorlande, der Luft-und Wassertemperaturen.

Nach einem etwa 40 Minuten lang dauernden Niedrigwasserdurchfluss wurde mit der allmählichen Vergrösserung des Wasserumlaufes von Niedrigwasser auf Hochwasser dadurch begonnen, dass man dem umlaufenden Niedrigwasser durch den Auffangtrichter (13) aus der Rohrleitung (15) soviel Frischwasser beigab, als der Wassermengenlinie entsprach. Gleichzeitig wurde der Drosselschieber (29) ebenfalls gemäss einer im Vorversuch ermittelten Eichkurve geöffnet. Am Gerinneeinlauf wurde, wie bereits im II. Teil bemerkt, während der Vergrösserung der Umlaufwassermenge in kurzen Abständen soviel Kohlenrohgries von Hand zugegeben als zur Aufladung des Frischwassers auf den Schwemmstoffgehalt der umlaufenden Wassermasse nötig war.

Sobald die Überflutung des Vorlandes eintrat, wurde mit der Messung der Oberflächengeschwindigkeit dort begonnen.

Nach dem Erreichen des Hochwasserzustandes wurde der Frischwasserzufluss eingestellt und dem Wasser kein Schwemmstoff mehr zugeführt. Nach einem 50 Minuten lang dauernden Hochwasserdurchfluss wurde durch Schliessen des Drosselschiebers (29) gemäss der früher erwähnten Eichkurve mit der Verkleinerung der Hochwassermenge auf die Niedrigwassermenge durch Ablassen des überschüssigen Wassers in das Absitzbecken (14) begonnen. Es wurde bei dem Ablassen der überschüssigen Wassermenge darauf Bedacht genommen, dass der Wasserspiegel in der Quersammelrinne stets unter der Stauklappenoberkante lag. Nach etwa einstündigem Niedrigwasserumlauf wurden die Beobachtungen und Messungen im Modell eingestellt (der Niedrigwasserumlauf wurde, wie bereits bemerkt, verkürzt), der Drosselschieber (29) geschlossen und das ganze noch im Gerinne befindliche Wasser langsam in das Absitzbecken gepumpt. Das noch in der Saugrohrleitung und dem Überlaufbehälter (9) zurückgebliebene Wasser wurde durch den Hahn (28) abgelassen.

Am nächsten Tage wurde die Aufnahme der Querprofile der Vorländer und des Flußschlauches durchgeführt. Die Lage und die Form der Vorlandablagerungen wurden aufgezeichnet und im Lichtbild festgehalten (Blatt 13 und Lichtbild 5 mit 8). Die Grösse der Ablagerungen im Einlauf, im Absitzbecken und in der Querrinne wurden mittels Kübeln ausgemessen. Ausserdem wurden wiederum Proben davon zum Zweck der Siebanalyse entnommen, um die Kornzusammensetzung der Ablagerungen zu ermitteln. Mit Beendigung dieser Arbeiten waren die Untersuchungen im ersten Modelljahr einer Versuchsreihe abgeschlossen. Die Untersuchungen der nächsten 4 Modelljahre wurden in der gleichen Weise durchgeführt. In ein und derselben Versuchsreihe lag stets den dem ersten Modelljahr folgenden vier Modelljahren der Endzustand (in Bezug auf die Flußschlauchaustiefung und die Vorlandaufhöhung) des vorhergehenden Jahres zu Grunde. Ein Einebnen des Flussbettes und eine Säuberung der Vorländer erfolgte jeweils nach Abschluss einer Versuchsreihe. Nach dem Abschluss des 5. Modelljahres wurde ausser den vorher beschriebenen Flußschlauch-und Vorlandaufnahmen auch noch die Lage des Talweges skizziert. Der Talweg, der bei einem NNW-Wasserstand deutlich sichtbar wird, wurde im Lichtbild festgehalten. (Lichtbild 12 mit 14.) Das auf den Vorländern abgelagerte Material wurde zusammengekehrt, mittels Kübeln ausgemessen und Proben daraus entnommen. (s. Lichtbild 12 und 13) Nach jeder abgeschlossenen Versuchsreihe wurde das in der vorhergehenden Versuchsreihe aus der Rinne fortbewegte Material in den Flußschlauch zurückgebracht und mit dem darin befindlichen Material gut durchmischt. Dadurch war die gleiche Materialzusammensetzung bei allen Versuchsreihen gewahrt.

IV. DIE VERSUCHSERGEBNISSE UND DEREN AUSWERTUNG

Da die Austiefung im Flußschlauch und die Auflandung bzw. Abtragung der Vorländer im weitaus grössten Maße vom Hochwasser hervorgerufen wird, sind alle weiteren Auswertungen nur für die Zeitdauer des Hochwassers durchgeführt. Die Auswertung erfolgte nach folgenden Gesichtspunkten:

1) Die Grösse der sekundlichen Schwemmstofführung der durchströmenden Wassermasse bei Hochwasser.
2) Die Grösse der Oberflächengeschwindigkeit im Flußschlauch und auf den Vorländern bei Hochwasser.
3) Die Grösse der Wasserspiegelhöhe bei Hochwasser (Pegelhöhe), gleichbedeutend mit der Wassertiefe über den befestigten Vorländern.
4) Die Grösse des Wasserspiegelgefälles bei Hochwasser.
5) Die Grösse der Aufhöhung der Vorländer, gleichbedeutend mit den Ablagerungen auf den Vorländern.
6) Die Grösse der Veränderungen des Flußschlauches (Austiefung, Ausbildung des Talweges) durch das Hochwasser.

Ehe die Ergebnisse der Auswertungen mitgeteilt werden können, ist die Begriffsbestimmung verschiedener dieser Grössen erforderlich. Die Werte: mittlerer Schwemmstoffgehalt bei Hochwasser und mittlere Oberflächengeschwindigkeit bei Hochwasser wurden dadurch zeichnerisch gewonnen, dass die zwischen der betreffenden Kurve, der Null-Linie und den beiden Hochwasser-zeitordinaten gelegene Fläche planimetriert und unter Berücksichtigung des Zeichenmaßstabes durch die Abszissenlänge dividiert wurde. Die Systemskizze (Blatt 6) zeigt als Beispiel diesen rechnerischen Vorgang für den mittleren Schwemmstoffgehalt, es ist dann der mittlere Wert $S = \frac{E}{t}$.

In der gleichen Weise wurde die mittlere Wasserspiegelhöhe (Pegelhöhe) an den einzelnen Meßstellen gewonnen. Die so gewonnenen Werte wurden dann über die ganze Gerinnelänge aufgetragen. Die Ausgleichsgerade durch diese mittleren Wasserspiegelhöhen schneidet die Ordinate bei Kanalmeter 59,25 m (Mitte der Modellstrecke); diessr Wert wird im Folgenden als mittlere Wasserspiegelhöhe bei Hochwasser bezeichnet. Die Neigung dieser Geraden wird dann als mittleres Spiegelgefälle bei Hochwasser bezeichnet.

Alle durch den Wasserdurchfluss während eines Modelljahres verursachten Materialum und Ablagerungen wurdem am Ende jedes Modelljahres durch Einmessen bestimmt. Am Ende des 5. Modelljahres wurde die Grösse der gesamten Materialablagerung durch direktes Ausmessen mit geeichten Gefässen festgestellt. Die Angabe: Vorlandaufhöhung und Flußschlauchaustiefung in der Zahlentafel bezieht sich auf die während einer vollen Versuchsreihe, d.h. auf die während 5 Modelljahren verursachte Materialbewegung.

Die Grösse der auf dem Vorland abgelagerten Bänke wurde durch Querprofilsaufnahmen ermittelt (Profilabstand 1 bis 2 m, Profilpunktsabstand 10 cm) (Blatt 7), Die Querprofile wurden als Trapeze gerechnet, die erhaltenen Flächenwerte über der Banklänge aufgetragen, die Grösse der so erhaltenen Fläche durch Planimetrieren bestimmt und daraus rechnerisch der Rauminhalt der betreffenden Bank ermittelt. Die mittlere Vorlandaufhöhung bestimmte man aus der Grösse der gesamten Vorlandablagerungen bezogen auf die Grösse der Vorlandfläche und die mittlere Austiefung im Flußschlauch aus der Grösse der gesamten Vorlandablagerungen bezogen auf die Flußschlauchfläche. Die mittlere Sohlenlage vor dem Versuch wurde ebenfalls zeichnerisch ermittelt. Die mittlere Sohlenlage nach dem Versuch bei Kanalmeter 59,25 ergibt sich dann durch Verminderung der vorher genannten Grösse um die mittlere Flußschlauchaustiefung.

a Die Veränderung der oben angeführten Grössen 1 bis 6 im Verlaufe von 5 Modelljahren.

1) Der sekundliche schwemmstoffgehalt bei Hochwasser ist in der Versuchsreihe 4 am grössten (Blatt 8). Er hat im ersten Jahr die Grösse von rd. 3,7 gr/li und nimmt im zweiten Jahr auf rd.4,9 gr/li zu. Vom zweiten Modelljahr an nimmt er langsam ab um im 5. Modelljahr noch die Grösse von rd.4,0 gr/li zu besitzen. Der kleinste Schwemmstoffgehalt wurde bei Versuchsreihe 2 vom 3. Modelljahr ab beobachtet. Im 5. Modelljahr führt die bei Hochwasser durchfliessende Wassermasse nur mehr rd. 2,0 gr/li mit sich. Versuchsreihe 1 und 3 zeigen einen mehr oder minder gleichmässigen Schwemmstoffgehalt während der 5 Modelljahre. Bei allen Versuchsreihe konnte eine mehr oder minder starke Abnahme des sekundlichen Schwemmstoffgehaltes im Verlaufe der Modelljahre beobachtet werden.

2) Die Oberflächengeschwindigkeit im Flußschlauch ist im Verlaufe der Modelljahre bei Versuchsreihe 4 (kleinster Deichabstand) wie vorauszusehen am grössten, nämlich rd.0,67 m/s im Mittel, und bei Versuchsreihe 1 (grösster Deichabstand) am kleinsten, nämlich rd.0,49 m/s im Mittel (Blatt 8). Für Versuchsreihe 3 kann als mittlerer Wert 0,54 m/s und für Versuchsreihe 2 0,53 m/s angenommen werden. Eine starke Veränderung der Grösse der Oberflächengeschwindigkeit im Flußschlauch konnte im allgemeinen nach Ablauf des 3. Modelljahres nicht mehr beobachtet werden.

3) Die Wasserspiegelhöhe bei Hochwasser (Pegelhöhe) ist bei der Versuchsreihe 4 am grössten (Blatt 9). Die Wassertiefe über dem Vorland war bei dieser Versuchsreihe im Mittel rd.5,6 cm. Eine Verkleinerung der Wasserspiegelhöhe im Verlaufe der 5 Modelljahre infolge der Austiefung des Flußschlauches konnte nur in ganz geringem Maße festgestellt werden: Wasserspiegelhöhe im 1. Modelljahr rd.5,8 cm und im 5. Modelljahr rd.5,6 cm. Die kleinste Wasserspiegelhöhe über den Vorländern, rd. 3,3 cm als Mittelwert wurde bei Versuchsreihe 1 gemessen. Infolge der Eintiefung des Flußschlauches konnte bei dieser Versuchsreihe nur eine sehr geringe Senkung des Wasserspiegels beobachtet werden: Von rd.3,4 cm des 1. Jahres senkte er sich auf rd.3,3

cm des 5. Jahres ab. Für die Versuchsreihe 3 ergab sich ein Mittelwert von rd. 4,3 cm und für Versuchsreihe 2 von rd. 4,1 cm. Eine Verkleinerung der Wasserspiegelhöhe bei diesen beiden Versuchsreihen infolge der Austiefung konnte nicht festgestellt werden.

4) Das Wasserspiegelgefälle ist bei der Versuchsreihe 1 am grössten und bleibt im Verlaufe der 5 Modelljahre in seiner Grösse angenähert unveränderlich (Mittelwert 1,2‰) (Blatt 10) Ebenso zeigt Versuchsreihe 3 im Verlaufe der 5 Modelljahre eine konstante Grösse, nämlich 1,16‰. Bei Versuchsreihe 2 ist das Spiegelgefälle im 1. Modelljahr 1,2‰; bis zum 5. Modelljahr ist eine Abnahme dieser Grösse auf 1,15‰ zu beobachten, als Mittelwert kann 1,16‰ angenommen werden. Das kleinste Wasserspiegelgefälle wurde bei Versuchsreihe 4 gemessen. Bei dieser Versuchsreihe kann ebenfalls eine, wenn auch unregelmässige Abnahme des Spiegelgefälles von 1,07‰ auf 1,02‰ bis zum 3. Modelljahr festgestellt werden. Als Mittelwert für sämtliche 5 Modelljahre kann bei dieser Versuchsreihe 1,02‰ angenommen werden. Ein Vergleich der Wasserspiegelgefälle bei den 4 verschiedenen Versuchsreihen ist deshalb zulässig, da die Stauklappe am Gerinneende bei sämtlichen Versuchsreihen die gleiche Stellung innehatte. Da sämtlichen Versuchsreihen die gleiche Wassermenge, die gleiche Schwemmstoffzuführung usw. zu Grunde lag, wird dieser verhältnismässig kleine Wert des Wasserspiegelgefälles bei Versuchsreihe 4 durch die Art der Eindeichung bedingt.

5) Die auf den Vorländern abgelagerte gesamte Schwemmstoffmasse nimmt bei den Versuchsreihen 1 und 2 im Laufe der 5 Modelljahre stark zu (Blatt 11). So wurde bei der Versuchsreihe 2 nach dem 1. Modelljahr eine Ablagerung von rd. 2700 li und nach Ablauf des 5. Modelljahres bereits eine Ablagerung von rd. 8300 li auf den Vorländern gemessen. Die entsprechenden Auflandungen umfassten bei der 1. Versuchsreihe rd. 1100 li bzw. rd. 1800 li. Bei den Versuchsreihen 1 und 2 dürften weitere Ablagerungen auf den Vorländern in den dem 5. Modelljahr folgenden Jahren sicher zu erwarten sein. Bei den Versuchsreihen 3 und 4 nimmt die Masse der Auflandung auf den Vorländern im Verlaufe

der 5 Modelljahre kaum merklich zu, so dass die Annahme berechtigt ist, dass bei diesen beiden Versuchsreihen eine weitere Auflandung der Vorländer im Verlaufe noch folgender Modelljahre nicht zu erwarten ist. Als Endwert für die Vorlandauflandung kann bei Versuchsreihe 4 rd.296 li und bei Versuchsreihe 3 rd. 190 li angenommen werden.

6) Die mittlere Flußschlauchaustiefung, errechnet aus der Grösse der Vorlandsablagerung, nimmt bei den Versuchsreihen 3 und 4 im Verlaufe der 5 Modelljahre in einem kaum messbaren Maße zu. (Blatt 9). Die mittlere Eintiefung beträgt in Kanalmeter 59,25 bei der Versuchsreihe 3 rd.0,9 mm und bei der Versuchsreihe 4 rd.1,3 mm Die Flußschlauchaustiefung nimmt dagegen bei den Versuchsreihen 1 und 2 im Verlaufe der 5 Modelljahre stetig zu. Bei der Versuchsreihe 1 konnte im 1 Modelljahr eine Austiefung bei Kanalmeter 59,25 von rd. 4,8 mm und nach dem 5.Modelljahr eine solche von rd.8,0 mm ermittelt werden. Im gleichen Kanalmeter errechnete sich bei der Versuchsreihe 2 nach dem 1.Modelljahr eine mittlere Austiefung von rd. 12,0 mm und nach Ablauf des 5.Jahres eine solche von rd.15,0 mm.

b) Die Veränderung der Grössen 1 bis 6 bei verschiedenartiger Eindeichung.

1) Der sekundliche Schwemmstoffgehalt bei Hochwasser ist bei der 4. Versuchsreihe (gewundene Deiche in sehr kleinem Abstand) am Ende jedes einzelnen Modelljahres bedeutend grösser als der der übrigen Versuchsreihen (Blatt 8). In Versuchsreihe 2 (gerade Deiche in grossem Abstand mit abzweigenden Flügeldeichen) wurde im Mittelwert der kleinste Schwemmstoffgehalt festgestellt, während die Mittelwerte der Versuchsreihen 1 und 3 in ihrer Grösse nicht viel voneinander verschieden sind. (s.Zahlentafel).

2) Die Oberflächengeschwindigkeit im Flußschlauch ist bei Versuchsreihe 4 stets am grössten, bei der Versuchsreihe 1 am kleinsten (Blatt 8). Die Versuchsreihen 2 und 3 besitzen angenähert den gleichen Mittelwert (s.Zahlentafel).

3) Die Wasserspiegelhöhe bei Hochwasser (Pegelhöhe), Wassertiefe über den Vorländern ist bei der Versuchsreihe 4 am grössten und bei Ver-

suchsreihe 1 durchwegs am kleinsten, während man für die Versuchsreihen 2 und 3 wiederum Mittelwerte erhält, deren Grössen nicht viel voneinander verschieden sind. (Blatt 9, s Zahlentafel).

4) Das Wasserspiegelgefälle ist bei Versuchsreihe 1 am grössten und bei Versuchsreihe 4 unter den gleichen Voraussetzungen, (gleiche Wassermenge, gleiche Stauklappenhöhe am Gerinneende) am kleinsten. Die Versuchsreihen 2 und 3 besitzen wiederum den kleinsten Mittelwert (Blatt 10, s. Zahlentafel).

5) Die mittlere Vorlandsaufhöhung errechnet sich, wie bereits im III. Abschnitt bemerkt, aus der Grösse der gesamten Vorlandablagerungen bezogen auf die Grösse der Vorlandfläche. Die Vorlandaufhöhung ist bei Versuchsreihe 2 weitaus am grössten und umfasst rd. den 10fachen Betrag der kleinsten mittleren Vorlandaufhöhung bei Versuchsreihe 3 (Blatt 11, s. Zahlentafel). Die Mittelwerte der Vorlandsaufhöhung bei den Versuchreihen 1 und 4 liegen ungefähr in der Mitte der beiden Grenzwerte. Die Abweichung der beiden Werte voneinander ist nicht bedeutend, obwohl diese beiden Versuchsreihen Vorländer besitzen, die sowohl in ihrer Grösse als auch in ihrer Gestalt wesentlich voneinander verschieden sind. So weist die Versuchsreihe 1 eine Vorlandsfläche von der Grösse 824,4 m² und die Versuchsreihe 4 eine solche von nur rd. 182,1 m² auf.

6) Die mittlere Austiefung des Flußschlauches wurde aus der Grösse der gesamten Vorlandsablagerungen bezogen auf die Flußschlauchfläche ermittelt (s. IV, Abschnitt, Blatt 9, Zahlentafel). Sie ist weitaus am grössten bei der Deichanordnung der Versuchsreihe 2 und besitzt den kleinsten Wert bei der Eindeichungsart der Versuchsreihe 3. Der Kleinstwert (Versuchsreihe 3) ist ungefähr der 17te Teil des Grösstwertes (Versuchsreihe 2). Die Deichanordnung der Versuchsreihe 1 hat Austiefungen zur Folge, die nur ungefähr halb so gross sind, wie die der Deichanordnung 2 (Grösstwert). Die Deichführung der Versuchsreihe 4 (gewundene parallele Deiche in kleinem Abstand) ruft Austiefungen hervor, die nur ungefähr der 11te Teil des Grösstwertes (Versuchs-

reihe 2) sind. Diese auffallend kleinen Bruchteile der Austiefung bei Versuchsreihe 3 und 4 gegenüber der der 2. Versuchsreihe ergeben sich durch die Art der Berechnung aus der gesamten Vorlandsablagerung. Die Austiefung, errechnet aus der Grösse der gesamten Vorlandsablagerung bei der Deichanordnung der Versuchsreihe 2 (Flügeldeiche) verhält sich zu der der Versuchsreihe 4 (parallele Deiche in kleinem Abstand) wie rd. 11 zu 1. Die Grössen der Vorländer verhalten sich bei beiden Eindeichungsarten: die Vorlandsgrösse der Versuchsreihe 4 verhält sich zu der der Versuchsreihe 2 wie 1:4,5. Die auf den Vorländern der beiden Versuchsreihen im Laufe von 5 Modelljahren abgelagerten Schwemmstoffmassen verhalten sich aber: Versuchsreihe 4 zu Versuchsreihe 2 wie 1:11; d.h. bei der Deichführung der Versuchsreihe 2 wurde die rd. 2,5 fache Schwemmstoffmasse pro Vorlandflächeneinheit gegenüber der Deichführung der Versuchsreihe 4 abgelagert Dieser Wert kann auch aus der Zahlentafel, Reihe 5, entnommen werden. Rechnet man sich aus dieser Vorlandsaufhöhung die Austiefung im Flußschlauch aus, dann ergibt sich aber ein wesentlich anderes Verhältnis für die beiden Versuchsreihen aus der 6. Reihe der Zahlentafel (11fach). Diese Auswertungsart zeigt demnach nicht das Wechselspiel in der Natur zwischen Austiefung im Flußschlauch und Auflandung der Vorländer.

Der dem Naturvorgang tatsächlich entsprechende Vergleich zwischen den Austiefungen der Versuchsreihe 2 mit denen der Versuchsreihe 4 liefert die Berechnung der tatsächlich auftretenden mittleren Eintiefungen aus dem Unterschied der mittleren Höhenlage der Flußschlauchsohle vor dem Versuche und nach Ablauf der 5 Modelljahre. Aus Blatt 12 kann die Veränderung der Flußschlauchsohle nach Ablauf der 5 Modelljahre für die 4 Versuchsreihen über der ganzen Versuchsstrecke entnommen werden. Berücksichtigt man, dass die das Gerinne durch strömende Wassermasse eine gewisse "Anlaufstrecke" benötigt um sich durch unverhältnismässig grosse Eintiefungen des Flußschlauches mit dem Schwemmstoffgehalt zu sättigen, der der Wassertiefe, der Wassermenge, der Bettrauhigkeit und der Zusammensetzung des Schwemmstoffes entspricht, und dass am Ende des Gerinnes eine "Staustrecke" entsteht, in der unverhältnismässig viel Schwemmstoffmaterial abgelagert wird, dann kommt man zu dem Schluss, dass nur eine bestimmte Strecke, die zwischen der "Anlaufstrecke" und der "Staustrecke" liegt, die tatsächlichen Naturverhältnisse richtig wiedergibt. Aus diesem Grunde wurde aus der gesamten Modelllänge eine Strecke von rd. 40 m (20 m stromauf und 20m stromab von der Kanalmitte) herausgegriffen und der folgenden Auswertung zu Grunde gelegt (Blatt 12). Vergleicht man nun wiederum die Einwirkung der Eindeichungsart bei Versuchsreihe 2 mit der der Versuchsreihe 4 auf die Austiefung der Flußschlauchsohle, so erhält man bei Versuchsreihe 4 eine mittlere Austiefung von rd. 10 mm und bei Versuchsreihe 2 eine solche von rd. 22 mm, wenn man die Auflockerung des Materials berücksichtigt; d.h. die Deichanordnung in Versuchsreihe 2 (Flügeldeiche) ruft eine rd. 2,2fache Austiefung der Flußschlauchsohle gegenüber der Deichanordnung in Versuchsreihe 4 (parallele gewundene Deiche in kleinem Abstand) hervor. Die Ermittlung der Grösse der Vorlandablagerungen in dem für diese Auswertung herausgegriffenen Modellabschnitt ist technisch nicht möglich, da durch die Form des Vorlandes die Grösse und Art der Ablagerungen (Bänke) bei beiden Versuchsreihen wesentlich voneinander verschieden war (Blatt 13, Lichtbild 10 und 14). Da sich die Austiefungen in der "Anlaufstrecke" und die Ablagerungen in der "Staustrecke" am Gerinneende angenähert ausgleichen, ist ein Vergleich der gesamten Vorlandsablagerung bezogen auf die Vorlandsflächeneinheit mit der Grösse der Austiefung der 40 m langen Modellmittelstrecke möglich.

Im vorigen Abschnitt wurde dargelegt, dass die Deichanordnung in der Versuchsreihe 2 (Flügeldeiche) eine 2,5fache Auflandung der Vorländer gegenüber der Deichanordnung der Versuchsreihe 4 (parallele gewundene Deiche in kleinem Abstand) verursacht. In diesem für die Untersuchung herausgegriffenen Modellabschnitt ruft die Deichanordnung der Versuchsreihe 2 eine rd. 2,2fache Austiefung der Flußschlauchsohle gegenüber der Deichanordnung in Versuchsreihe 4 hervor. Dei Grösse der Aufhöhung (2,5fach) entspricht demnach der der Flußschlauchaustiefung (2,2fach), wenn man die unvermeidlichen Messungenauigkeiten und die grösseren Ablagerungen des Schwemmstoffes im Einlauf, in der Querrinne und im Absitzbecken bei der Deichführung der Versuchsreihe 4 berücksichtigt. Die Wechselwirkung zwischen Flußschlaucheintiefung und Vorlandsaufhöhung ist demnach gewahrt und entspricht den tatsächlichen Naturvorgängen.

7) Die Talwegausbildung im Flußschlauch (Verbindung der Kolke im Flußschlauch) wird durch die Art der Eindeichung stark beeinflusst (Lichtbild 12 mit 14). Die grösste Wassertiefe über den Bänken bei Niedrigwasser bildet sich bei der Deichführung der Versuchsreihe 2 (Flügeldeiche) aus (Blatt 13). Als kleinste Niedrigwassertiefe wurde bei dieser Deichführung über den Bänken 28 mm gemessen, während bei der Deichführung der übrigen 3 Versuchsreihen nur 22 bis 23 mm ermittelt wurden. Bei der Beurteilung des Fahrwassers ist ausserdem noch die Form und die Grösse der Übergänge von Bank zu Kolk wesentlich. Am längsten und damit am günstigsten sind diese Übergänge bei der Deichführung der Versuchsreihen 2 und 4 (Blatt 13 und 14 .

V. VERGLEICH MIT DEN ERGEBNISSEN VON GROSSMODELLVERSUCHEN, DIE IM JAHRE 1931 UND 1932 AUF DEM VERSUCHSGELÄNDE OBERNACH-WALCHENSEE DES FORSCHUNGSINSTITUTS FÜR WASSERBAU UND WASSERKRAFT e.V., MÜNCHEN, AUSGEFÜHRT WURDEN.

a) Im Jahre 1931 wurden vom Forschungsinstitut für Wasserbau und Wasserkraft e.V. unter Leitung von Herrn Geheimen Rat Prof. Dr. Dr. e.h. H. Engels, Dresden, Grossmodellversuche ausgeführt, die das Verhalten eines geschiebeführenden, gewundenen Flusslaufes unter der Einwirkung wechselnder Wasserstände und verschiedenartiger Eindeichungen klären sollten [3]. Die seinerzeit gewonnenen Ergebnisse könne, obwohl der Modell-

3) H. Engels: "Grossmodellversuche über das Verhalten eines geschiebeführenden gewundenen Wasserlaufes unter der Einwirkung wechselnder Wasserstände und verschiedenartiger Eindeichungen", Wasserkraft und Wasserwirtschaft 1932, S.25-40.

wassermenge seinerzeit keinerlei Schwemmstoff beigegeben wurde, in ihren grundlegenden Erkenntnissen mit den Ergebnissen der vorliegenden Versuche verglichen werden.

1) Die erhebliche Einengung des Hochwasserbettes durch eine dem Flußschlauch parallele Deichführung in Versuchsreihe 3/1931 und Versuchsreihe 4/1934 hat anstatt eine Senkung des Hochwasserspiegels herbeizuführen den Hochwasserspiegel gehoben, obwohl im Verlauf der Modelljahre eine erhebliche Eintiefung der Flußschlauchsohle erfolgte. (Versuchsreihe 3/1931).

2) Die Eintiefungen der Flußschlauchsohle wurden bei der engen Deichführung der Versuchsreihe 3/1931 und der Versuchsreihe 4/1934 bereits im ersten Modelljahr hervorgerufen. Eine weitere Eintiefung der Flußschlauchsohle konnte im allgemeinen im Verlauf der folgenden Modelljahre nicht mehr festgestellt werden.

3) Die gleichen Ergebnisse in Bezug auf die Ausbildung des Talweges zeigten sich bei der Eindeichungsart mit Flügeldeichen: Versuchsreihe 2/1931 und Versuchsreihe 2/1934. Die Niedrigwassertiefen über den Bänken waren bei dieser Eindeichungsart in beiden Fällen am grössten und die Übergänge am gestrecktesten, d.h. also am günstigsten.

Die Versuchsergebnisse an gewundenen Flussläufen mit Geschiebeführung und mit Schwemmstofführung weisen in ihren charakteristischen Merkmalen volle Übereinstimmung auf.

b) im Auftrage der Flood Relief Commission wurden auf dem Institutsversuchsgelände Obernach-Walchensee Grossmodellversuche über das Verhalten eines schwemmstofführenden geradlinigen Flusslaufes unter der Einwirkung wechselnder Wasserstände und verschiedener Eindeichungen vorgenommen [1]. Ein Vergleich ist bei den Untersuchungen 1932 und 1934 nur zwischen den Versuchsreihen mit enger Deichführung (Versuchsreihe 2/1932 mit 3,8 m Deichabstand und Versuchsreihe 4/1934 mit 3,47 m Deichabstand) und weiter Deichführung (Versuchsreihe 3/1932 mit 8,9 m Deichabstand und Versuchsreihe 1/1934 mit 8,9 m Deichabstand) möglich.

1) Der sekundliche Schwemmstoffgehalt ist bei kleinem De[illegible]bstand bei

beiden Untersuchungen, Versuchsreihe 2/1932 und Versuchsreihe 1/1934, um rd.1,8 (1932) bzw.rd.1,5 (1934) mal so gross als bei weitem Deichabstand, Versuchsreihe 3/1932 und Versuchsreihe 1/1934.

2) Ebenso erhöht sich die Oberflächengeschwindigkeit durch die Verkleinerung des Deichabstandes bei beiden Untersuchungen um das rd 1,1 (1932) bzw. rd.1,3 (1934) fache.

3) Die Wasserspiegelhöhe (Pegelhöhe) vergrössert sich durch die Verringerung des Deichabstandes um das 1,5 (1932) bzw. 1,7 (1934) fache.

4) Die Grösse der Schwemmstoffablagerungen auf den Vorländern vermindert sich bei kleinem Deichabstand, Versuchsreihe 2/1932 gegenüber der bei weitem Deichabstand bei Versuchsreihe 3/1932 um das rd. 3 fache pro Vorlandflächeneinheit. Ebenso nimmt die Eintiefung nach der Auswertung gemäss der Wechselwirkung zwischen der tatsächlichen Austiefung und der Vorlandablagerung bei kleinem Deichabstand, Versuchsreihe 2/1932 gegenüber der bei weitem Deichabstand, Versuchsreihe 3/1932 um das rd.3 fache ab. Die entsprechenden Werte der Versuche 1934 sind das 2,5fache für die Auflandung und das 2,2 fache für die Eintiefung.

Die Versuchsergebnisse beider Versuchsjahre zeigen deutlich das Charakteristikum der engen und weiten Deichabstände.

VI. SCHLUSSFOLGERUNGEN

Für die Qualitative Übertragung der vorliegenden Versuchsergebniss über die verschiedenen Eindeichungsarten auf die Regulierungsarbeiten am Hwangho ist das Vorhandensein eines befestigten Mittelwasserbettes (Flußschlauch) und die Befestigung der Vorländer durch geeignete wasserbaulcihe Maßnahmen Voraussetzung. Die Wirkungsweise zweier verschiedener Regulierungsmaßnahmen bei gleichen Hochwassermengen zeigen die beiden folgenden Gegenüberstellungen.

1 Regulierungsmaßnahme:

Verminderung der Deichweite und damit verbunden Verkleinerung der Vorlandbreite.

Durch Verkleinerung des Deichabstandes (näheres Heranziehen der Deiche an den Flußschlauch) tritt folgendes ein:

a Eine Hebung des Hochwasserspiegels. Eine Eintiefung der Flußschlauchsohle, die diese Hebung im Laufe der Zeit ausgleichen würde, konnte nicht beobachtet werden. Es verhält sich Versuchsreihe 1 (Deichabstand 8,9 m) zu Versuchsreihe 4 (Deichabstand 3,47 m) wie 1:1,69.

b) Eine Vergrösserung der sekundlichen Schwemmstofführung; es verhält sich Versuchsreihe 1 zu Versuchsreihe 4 wie 1:1,50.

c) Eine Verminderung der Vorlandablagerung; es verhält sich Versuchsreihe 1 zu Versuchsreihe 4 wie 1:0,76.

d) Eine Verminderung der Austiefung; es verhält sich Versuchsreihe 1 zu Versuchsreihe 4 wie 1:0,74.

2. Regulierungsmaßnahme:

Der weite Deichabstand wird beibehalten. Von diesen Hauptdeichen werden Flügeldeiche abgezweigt, die ungefähr parallel zum Flußschlauch in den Krümmungen verlaufen und bei Hochwasser teilweise überflutet sind (s. Definition der Flügeldeiche im II. Abschnitt S.5).

Die Wirkung dieser Flügeldeiche geht aus folgender Zusammenstellung hervor. Durch den Einbau von Flügeldeichen tritt folgendes ein:

a) Eine Hebung des Hochwasserspiegels, die aber verhältnismässig klein ist und die durch die im Laufe der Jahre zunehmende Austiefung des Flußschlauches mindestens wieder ausgeglichen wird, es dürfte nach einem längeren Zeitabschnitt eine Absenkung des Hochwasserspiegels zu erwarten sein. Nach Beendigung des 5. Modelljahres verhalten sich die Hochwasserspiegelhöhen bei Versuchsreihe 1 zu denen bei Versuchsreihe 2 wie 1:1,23.

b) Eine Verminderung des sekundlichen Schwemmstoffgehaltes bei Hochwasser. Die Schwemmstofführung verhält sich bei Versuchsreihe 1 zu Versuchsreihe 2 wie 1:0,76.

c Eine wesentliche Vergrösserung der Vorlandaufhöhung durch die Schwemmstoffablagerung. Die Vorlandsaufhöhung verhält sich bei Versuchsreihe 1 zu Versuchsreihe 2 wie 1:1,90 (Vergrösserung 90%).

d) Eine wesentliche Vergrösserung der Austiefung im Flußschlauch. Die Austiefung verhält sich bei Versuchsreihe 1 zu Versuchsreihe 2 wie 1:1,62 (Vergrösserung 62%).

Bei der Deichanordnung in Versuchsreihe 2 (Flügeldeiche) ist aber ausserdem noch zu berücksichtigen, dass nach Ablauf des 5. Modelljahres noch kein Beharrunszustand in der Grösse der Aufhöhung und der Eintiefung beobachtet werden konnte. Es kann mit dem Fortschreiten sowohl der Aufhöhung als auch der Eintiefung im Verlaufe folgender Jahre gerechnet werden.

Für die Regulierungsarbeiten am Hwangho können folgende Vorschläge gemacht werden:

Da an den meisten Stellen des Hwangho die Flußsohle höher als das anschliessende Gelände liegt, ist die Aufhöhung des Vorlandes erforderlich. Mit dieser Aufhöhung des Vorlandes muss eine Eintiefung des Flußschlauches durch geeignete wasserbauliche Maßnahmen Hand in Hand gehen, um eine allmähliche Senkung des Hochwasserspiegels zu bewirken. Die Deichanordnung der Versuchsreihe 2: Belassen der grossen Deichweite und Abzweigen von Flügeldeichen erfüllt beide Forderungen.

Als notwendige Bauma nahmen werden vorgeschlagen:

1) Die Erhöhung der bestehenden Deiche um Katastrophenhochwasser zu verhindern,
2) die Schaffung eines Mittelwasserbettes (Flußschlauch) durch geeignete Baumaßnahmen (Verbauung der Arme) und Befestigung dieses so geschaffenen Mittelwasserbettes.
3) der Bau von Flügeldeichen gemäss der Linienführung des Flußschlauches.
4) die Sicherung der Vorlandablagerungen durch geeignete Baumaßnahmen gegen Abspülen und Auskolken.

Diese Deichanordnung dürfte nach den hier vorliegenden Kenntnissen über die wirtschaftlichen Verhältnisse und über das Vorhandensein der für die Regulierungsarbeiten benötigten Baustoffe am erfolgversprechendsten sein.

München, den 9. Februar 1935

Für bie Sachbearbeitung:
g·z. Wäcken

Für die Gesamtbearbeitung:
gez. Dr. Keutner.
Dr. Ing.
Privat-Dozent a.d. Technischen
Hochschule, Danzig.

Der Institutsvorstand:
Forschungs-Institut
für Wasserbau u. Wassarkraft
gez. Esterer

ZAHLENTAFEL.

Bezeichnung	Hwangho-Versuche 1932 gerader Flußschlauch Hauptversuchsreihe		Hwangho-Versuche 1934 gewundener Flußschlauch Versuchsreihe			
	3	2	1	2	3	4
	gerade Hauptdeiche Deichweite 8,9m	gerade Hauptdeiche Deichweite 3,8 m	gerade Hauptdeiche Deichweite 8,9m	gerade Hauptdeiche mit Flügeldeichen Deichweite [illegible],9m	gewundene Deiche schlanke Linien-Führung Deichweite [illegible],7 m	gewundene Paralleldeiche Deichweite 3,47m
1) mittlerer Schwemmstoffgehalt bei HW in gr/li	1,61	2,93	2,67	2,04	2,85	4,00
2) mittl. Oberflächengeschwindigkeit bei HW im Flußschlauch in m/s	0,70	0,78	0,49	0,53	0,54	0,65
3) mittl. Wassertiefe (Pegelhöhe) nach d. 5. Modelljahr über dem befestigten Vorland in mm	30,10	44,20	33,10	40,80	42,90	55,80
4) mittl. Spiegelgefälle bei HW in ‰	1,16	1,17	1,20	1,16	1,16	1,02
5) mittl. Vorlandaufhöhung in mm	4,30	1,50	2,10	4,00	0,40	1,00
6) Austiefung im Flußschlauch infolge der Vorlandsaufhöhung in mm	18,30	1,10	8,00	15,00	0,90	1,30
7) Tatsächliche Austiefung d. Flußschlauchsohle in mm auf d. Modellstrecke 38,5 m bis 80,0 m unter Berücksichtigung d. Materialauflockerung	23,70	7,20	13,60	22,00	5,30	10,00

VERZEICHNIS DER LICHTBILDER.

VERZEICHNIS DER PLANBEILAGEN.

附錄一

魯豫冀三省派員赴德試驗黄河全案

甲　李儀祉述派員參與試驗之緣起

黄河爲害二千餘年，自漢迄今治河之書，汗牛充棟，而河之不治今猶昔也。蓋吾國不乏聰明特達之士，對河工具有卓識長才，而無專門之研究，僅邀一時之成功。輾轉數年，河患仍昔，前功盡棄。國家經濟損於是者不知凡幾。故研究治河爲最急最要之圖也。

近代水工規模之大者，多先之以試驗，治河亦然。其法先依天然河床流勢，以及其挾帶泥沙之輕重，依例設比，以爲模型。治導規劃亦按比例設施其間，而以覘其效用之若何，及河流變更之情態。於是有所得，則以爲實施治導之標準。數十年來試驗之效，彰彰大著。於是水工試驗場之設，遍及全歐，不下數十處。斐禮門遊歐，徧訪之，普爲之記而倡其用於美國。而試驗場之鼻祖，則特萊斯丹教授恩格思氏是也。氏今年近八十矣。治河名家多出其門下，素以研究黄河爲志二十餘年，蒐集關于黄河資料，孜孜研討不倦。其所著有制馭黄河論，（見本編）斐禮門自華遊歸過歐訪之，相與討論治河之策，（見沈君怡治河之商榷）民國十二年，氏年七十，曾欲來華遊歷黄河上下，以中國内亂未果。

民國十七年，導淮委員會成立，電聘恩格思氏爲顧問工程師，氏以病來電謝之。繼改聘方修斯。方亦氏之高足，方來華，氏電會曰，方來與其親來等也。方修斯在華半年，於贊助導淮計劃之外，兼研究治河。其書尚未刊行。

方氏與恩氏對於治河之見解，大同小異。其不同之點，在方氏則主以縷堤束水刷深河槽，在恩氏則以固定中水位爲主。二氏往來函件，互相討論者甚多。其函且俟異日發表。方氏教授於漢諾佛亦據有在歐洲最大之水工試驗場，對治黃河之策，亦自行試驗。

恩氏最近則更進一步，倡爲大模型試驗 Grossmodell-Versuche 之法，利用天然流水改造之，以爲試驗之模型。其地點則選擇巴燕邦之奧貝那赫谷 Tal der Obernach 瓦痕湖 Walchensee 之南約二公里。其創設爲一九二六年。合力經營者有德國政府巴燕邦政府及威廉帝科學促進會 Kaiser Wilhelm-Gesellschaft 名其試驗所曰水工及水力試驗場 Forschungsinstitut für Wasserbau und Wasserkraft in Obernach am Walchensee 而以恩氏主其事。開辦以來，以試驗解決之水工大問題甚多。

一九三二年十月恩氏來函，附贈該試驗場刊物數種，且曰予對於黃河之興趣，始終不衰，最近以斐禮門及方修斯之來相質論，益觸研究興致。敝場爲用天然流水作水工試驗之首創，昔年對黃河雖曾於特萊斯丹大學作種種試驗，而迄未得有如是大規模之設置。貴國人士，對治黃河當較鄙人爲尤切，此良機也，望勿失之。予答之，盛稱其試驗場設備之優點，合乎試驗黃河之用。且曰現敝國政府方組織一黃河水利委員會，俟該會成立，卽與相商，委托以試驗治河之事。一九三二年十二月十四日恩氏繼來函曰，承十一月十二日大示敬悉不棄，以瓦痕試驗場合乎黃河試驗之用，並允作試驗準備，幸甚。此試驗所欲證明者，爲縮狹堤距之究否能刷深河槽，而因以降落洪水面也。欲達此目的，依鄙人之見，應將此間現有之灣曲試驗槽，長一〇〇公尺寬二、五公尺者，均改造爲直槽。兩岸各以相對距十二公尺八公尺及五公尺之防洪堤界之。在此槽中，應以按合黃河實在情形含泥之水量注入。試驗槽之坡度應作特別試驗以定之。此間有現成木槽，以供此項試驗，須使低水約當五公分水深時，泥質尚澱槽底，水深稍過於是泥質即能浮起爲度。至試驗河床先爲平衡之梯形橫斷面式。床底敷以四〇公分厚之河泥，岸坡爲一比一以混凝土一薄層護覆之。河堤以混凝土爲之。灘地以硪實之土爲之,不與任何護覆。

中水位及洪水位時河床底所輸下之泥沙質,皆收集於一塘。至其浮游之泥質則隨流而去。其他設備詳情,參觀一九三一年二月出版予所著之水工試驗報告。

本試驗場對中國付托之試驗事,願盡義務不收酬勞。惟試驗設備,及工作費,約需一萬六千馬克,希望能於本年四月間賜下,以便早日着手。

最好中國政府能派工程師一人來此共同試驗。試驗期限約需百日。並可請方修斯教授參與。　　恩格思白

此函寄滬時,予正以父喪在籍,及再來滬,乃商之於黃河水利委員會朱委員長子橋,請設法襄成此舉。朱以黃河水利委員會未成立,款亦無所出,乃提議請魯豫冀三省政府合力担任試驗費,並荐派李賦都前往巴燕參作試驗。繼得三省覆電,深與贊荷,并允分任費用。李賦都爲漢諾勿大學畢業工程師,方修斯之弟子。民國十七年回國,先後供職於重慶市政府、渝簡馬路巴縣段工程局、三姓東北水道工程局、導淮委員會、華北水利委員會爲工程師。現任西安市政府工程師。最近恩氏來函,(一九三二年六月八日)謂治導黃河試驗預備工作,已經起始,請促李賦都來德。

此其經過情形也,現李賦都擬於本月十日以前啓行云。

乙　三省派員赴德試驗定約

一、三省會派李賦都工程師前往巴燕邦奧貝那赫與瓦痕湖水工及水力試驗場合作治導黃河試驗

二、所有該工程師來往川資及駐德旅費由三省政府担任

三、該工程師到德即與該試驗場定一合同塡寫四份代爲署名寄呈國民政府及三省省政府

四、試驗費定爲一萬六千馬克

五、試驗經過情形及其結果由該工程師詳爲記錄完全譯爲中文刊印分呈國府及三省省政府暨內政部及其他與水利有關係之政府機關

六、此約由該工程師簽名分寄三省政府存案

丙　黃河水利委員會呈行政院文

呈爲呈報治導黃河模型試驗經過情形,請撥欵繼續試驗事,竊協於民國二十年冬,接到德國特萊斯敦水工教授恩格思來函,並附書一册,書爲一九三一年在奧貝那赫水工及水力試驗場試驗挾帶泥沙之彎曲河道利用築隄束水以刷深河床之功效,原書附呈,未及譯出,函中大意謂最近德國政府與巴燕邦地方合辦一最大規模之水工及水力試驗場,引用奧貝那赫天然河水以作試驗,不似其他各試驗場之囿於廡廨之下,故模型比例較爲偉大,試驗結果較爲確切,貴國黃河治導問題,關繫民生最鉅,數千年來迄未得一根本圖治之法。本試驗場願盡研究之勞云云。協細閱其書,覺其場中佈置完善,且恩格思爲世界著名河工專家,水利工程之以模型試驗,即爲該氏所創,成效彰著,嗣又留心黃河問題凡十餘年,先後與費禮門沈怡方修斯討論治導黃河之法,發表意見於各雜誌者甚多,民國十八年曾由導淮委員會電聘爲該會顧問工程師,氏以年逾古稀辭不能來,薦方修斯以自代,然氏對于治黃熱心,老而彌篤,此次有此試驗提議,實最好機遇,當復一函,贊其試驗場之完善,且稱其適於研究試驗黃河之用,恩格思教授於民國二十一年四月間,第二次來函,謂該試驗場準備以義務性質接受中國政府之委托,除薪工材料費實需一萬六千馬克外,不收他費,此時該試驗場適空閒,可以利用,並請派中國工程師一人往德參與此試驗,協當即與黃河水利委員會委員長朱慶瀾電請國民政府行政院,請准撥欵以作試驗,嗣奉電交內政部審核。協以內政部審核需時,而該試驗場係露天性質,冬季上凍,若時間遷延過久,恐致失時機,乃復與朱委員長電瀕河之河北

南山東三省政府,請其分担此試驗費,暨派遣工程師旅費,每省各任七千七百元,並派李賦都(德國漢諾佛工科大學畢業工程師)於民國二十一年七月由上海乘輪往德,參與試驗,李於九月初抵該處,該場已佈置就緒,並作預備試驗已畢,正式試驗即行着手,十月終告竣,得有最佳結果,恩格思即據以爲簡要報告,於是年十二月終寄至協處,並附一函,請再作一終結試驗,協即譯其報告全文,並其來函一併附呈,據其來函,謂終結試驗需款三萬八千馬克,又言一九三二年試驗由中國撥助一萬六千馬克,實際用去二萬二千馬克,故此預算決非過高,內中有恩格思名譽薪金五千馬克,在該氏亦不過以十年辛勤,欲略受酬勞,以示有功吾國之義,且恩格思以年邁外人,關心吾國河患如此,在吾國政府宜如何與以嘉獎,畀以實力,以成其志,且吾國黃河之患,數千年來迄無根本解決之法,恩格思之試驗,雖專注意下游,而於三省河防得一解決良法,其功不謂不偉,恩氏來函又言終結試驗至遲須於本年四月內起始,十月底可以告竣,我國所派工程師勢須留彼一年,旅費約需八千馬克,連試驗費共需四萬六千馬克,約合國幣五萬元,上次試驗費已由三省分任,此次試驗費請由財政部撥發,並請電我國駐德公使通知恩格思試驗起始後,由使館派員參觀,當此國難日急財政困難,此項請求,似乎過迂,然黃河決口改道,每次損失至少以數千萬計,而人民生命損失更鉅,政府方極力重視治河,特設黃河水利委員會矣,則此區區之款,必所不靳,協自被任爲黃河水利委員會副委員長後,始以江淮水災工賑方急,不能兼顧,繼以患病在身,休養家中至今尚未就職,曾電請辭職一次,未蒙許可,然協雖未即就職,而對於黃河問題,刻刻留意,再經此項試驗,確知治河下游有可恃之法,則準其成績,加以實地設施,必能睹其成效,事關治河要政,謹敢瀆陳伏祈

裁允施行,不勝切禱,此呈

國民政府行政院院長宋

照錄恩格思來函譯文

李協先生閣下

茲奉上予之黃河試驗簡略報告,爲予及及令任李賦都及奥貝那赫水工試驗場工程師喬治衛根適所完成者,令任學識精湛,衛根爲予試驗場最可恃助手,予得其力甚多。

至試驗全部資料甚爲繁富,將由明星試驗所於最短期間整理完竣奉上

報告書中所建議終結試驗,預算三萬八千馬克,須使能於一九三三年四月內起始,如是則至一九三三年十月可以按新試驗計劃從容完成,予所以先奉上此簡略報告者,以便閣下預爲籌劃允許此款,使明星試驗所得早爲準備,使此終結試驗至遲得於四月內起始。

所列預算中有爲僕本人之名譽金一項五千馬克,想必蒙閣下所贊允,蓋予自十年以來,留心黃河治導問題,而一九三一年在此試驗場所耗金錢及光陰甚多,得以供今日試驗之用,略得微酬亦覺無愧,令任李賦都留此共作終結試驗所甚願也。

至保護隄工之問題,則至來此試驗完成之後,予尚不能予以終結評斷,蓋關乎此點必全河下游有詳細之測量也。

一九一八年九月七日上尉陳儀先生過訪,曾爲致一書涉及治導黃河之事摘錄如下。

> 附上特萊斯敦教授虎各好夫所條陳測量黃河下游計劃,據其計畫測量黃河下游全部外勤及內業約需三年,黃河水文測量工作亦須同時舉行,黃河下游全部治導計劃,至早須在測量工作起首三年以後始能爲之,又一年以後,始能着手治導之預備,及實際工作,河岸河隄之適當位置,雖必恃全部根本治導計劃告成後始可確定,但在施行關於河防工程,不可少有間斷也。
>
> 根本治導工程,約需時三十年,全部工程費用約需三萬萬馬

克,每年須一千萬馬克,起首四年中測量及計劃工作費用,約需五十萬馬克,但應置飛機一架之費在外。

測量之圖,應有千分之一平面圖,河身横斷面圖,每相距約三百五十公尺一幅,河身縱斷面圖,須含有河底及洪水中水低水之水面線,測量每斷面圖時,同時須測定洪水位中水位及低水位水中所含之泥沙量。

測量工作完竣,予可介紹德國專家來華助作計劃,予老矣不能用也,而漢諾勿水工教授方修斯博士,及布里門水工總辦舖拉特則皆上選也。謹祝

台安

恩格思白 一九三二,一一,二四,

附錄二

全國經濟委員會派員赴德試驗黃河全案

甲　黃河水利委員會致全國經濟委員會函

逕啟者,查吾國黃河爲患,已數千年,歷代治河者固不乏明達之士,然大都邀一時之功,未嘗通盤籌劃,作一勞永逸之計,以致河患至今,愈潰愈烈,而沿河各省人民財產之損失,不可以數計,今當本會成立伊始,又值黃河告災,治標之外,允宜集合中外專家之力,早定根本治導之策,然後循序實施,庶幾永除河患,共慶安瀾。查德國水工專家恩格思教授素以研究黃河爲職志,殫精竭慮,求根本治導之方已二十餘年,近以八十高齡,猶孜孜研討不倦。氏先於一九二三年曾在德國特萊司登工科大學水工試驗室作黃河丁壩之試驗,成效頗著。去歲又應吾國魯冀豫三省政府之請,在德國瓦痕水工大模型試驗場作治導黃河之試驗,業有報告公布。惟恩氏以前項試驗,尚未完成,擬於本年繼續工作,而絀於經費,嗣求吾國政府補助,又迄未撥付。致此項試驗以經費無着中途停頓第念恩氏爲世界著名之水工專家,毅然爲吾國黃河作種種試驗,已屬難能可貴,而以耄年抱此熱誠,尤爲不可多得。本會感謝之餘,亟願補助恩氏此項試驗費,俾竟全功,以爲實施黃河治本計劃之借鏡。惟本會經費奇絀,殊難籌措,而此項試驗費,尚需國幣六萬元,以此箋箋之費,而獲河工上莫大之助益,失此不圖,殊爲可惜。用特專函奉商,即希查照,准予補助此項試驗費六萬元,並希見復,實紉公誼。此致

全國經濟委員會

民國二十二年十二月

乙　全國經濟委員會秦秘書長函恩格思教授

恩格思教授閣下

關於閣下研究黃河問題,已得本會常務委員會於本年一月二十七日常會通過。允許供給繼續試驗之經費,用特函達,倘若閣下願意繼續完成試驗,予以經濟委員會之名義,請即將閣下一九三二年在奧貝那赫之試驗見示,曩黃河水利委員會函,謂完成上述試驗需款四萬馬克,其詳細項目估算,以及開始工作之時日,祈即示知,俾得即滙款前往閣下試驗所得之結果,將由黃河水利委員會長官處理,且彼等現亦承認經濟委員會担負一部之責任。

佇盼佳音惠臨,即頌

鐸安

全國經濟委員會秘書長秦汾

丙　恩格思致全國經濟委員會函

全國經濟委員會秦秘書長勳鑒,頃奉一九三四年二月一日　大函,敬悉

貴會常務會議議決,補助鄙人繼續進行黃河試驗,無任欣幸。鄙人現擬完成一九三二年在德國奧貝那赫地方舉行之黃河試驗,（在直河槽內用挾沙之水流試驗）並參酌一九三一年鄙人所作之試驗,（彎曲河槽內用挾沙水流試驗）規劃新試驗爲四組。

一、彎曲河槽之兩旁用直隄。（參觀一九三一年試驗之第一圖）

二、彎曲河槽之兩旁用直隄,並加導水隄（參觀一九三一年試驗第二圖）

三、四、彎曲河槽兩旁之地,亦係彎曲,但用兩種不同之堤距。

此次試驗之目的,乃欲解决治導黃河之根本問題,『研究堤距束

狹之後,究竟河床之刷深,洪水面之降落二者是否顯著。』鄙人深信在一九三二年試驗時所得之經驗,對於此次試驗當有極大之價值。新試驗所需之費用,鄙人曾與明星水工研究所洽商如左。

一	改造大模型試驗場之河槽等	一六,〇〇〇馬克
二	添購器械及設備	五,〇〇〇馬克
三	購買並配合炭屑(代砂粒用)	三,〇〇〇馬克
四	雇員薪給	九,〇〇〇馬克
五	恩格思教授酬勞	五,〇〇〇馬克
六	預備費	二,〇〇〇馬克
	以上六項共計	四〇,〇〇〇馬克

昨接沈怡君來電,藉悉此次委托試驗,大致決可實現。故已先與明星水工研究所接洽,着手籌備,最遲定於七月一日開始試驗。鄙人當覆沈君一電,希望在三月中旬先滙二萬馬克來德,但爲簡捷起見,如蒙接信後即行逕滙三萬五千馬克交明星水工研究所查收,(匯欵請寄 Forschungs-Institut in München, Bankkonto Bayerische Staatsbank 同時將酬勞金五千馬克交鄙人,(滙款請寄 Porf. H. Engels. Konto bei der Sächsischen Staatsbank Dresden, Depositenkasse am Haŭptbahnbof)尤爲感荷,此次試驗之全部結果,當然專供

貴會採擇之用,如承派遣沈怡君前來參加試驗,無任歡迎,並擬於九月底試驗完竣。此復順頌

綏

恩格思敬啓一九三四,三,二

再啟者,預算表內第五項之酬勞,鄙人曾於一九三二年十一月廿四日致函李儀祉君,說明如左。

「預算內有余之酬勞五千馬克,想蒙見諒。蓋十年以來,余對黃河問題,研究不遺餘力,且一九三一年之試驗,余曾犧牲甚多之光陰與金錢,而一九三一年試驗之結果,可供此次試驗之參考也。

丁丶參加黃河試驗之經過

一　緣起

德國恩格思教授爲近代水利名家,對於水工試驗建樹甚多。一八九三年氏首創水工試驗室於德國德蘭詩頓,自是以後,各地水利學者競相仿效,對於河渠海港及造船工程,無不有鉅大之貢獻。惟此種試驗,大半均在室內舉行,雖成績卓著,但間有因模型比例過小,無法與自然界情形完全適合,致試驗結果不盡合用者。恩氏鑒於此項錯誤有矯正之必要,乃有「大模型試驗」之提倡,其目的在利用天然流水,就地設置試驗塲,以解决水工上之各種問題。一九二六年德國明星水工及水力研究院正式成立附設試驗場於巴燕邦(Bayern)之奥貝那赫(Obernach)奥貝那赫者,爲一山溪之名稱,通瓦痕湖,(Walchensee)地位天然,第一次之黃河試驗,即於二十一年夏在此舉行。當時試驗之目的,在欲研究縮狹洪水隄距以後,是否可以刷深河槽,並使洪水位因此降落,以便由此决定治導黃河之方策,其經過詳見恩格思治導黃河試驗報告書,據恩氏意見,該項試驗,因經費關係,中途停止,尚不得謂爲結束,倘能再作一試驗,其結果必更可觀。此事停頓者幾達二年,卒於二十三年夏因全國經濟委員會之資助,得以繼續,是爲第二次即本屆之黃河試驗。

二　試驗目的

本屆黃河試驗之目的,乃在各種不同水位之下,研究河槽因各式隄防所起之影響,且因第一次黃河試驗所採用之河槽爲直線形,故此次改用「之」字形河槽,以便由此覆核第一次試驗結果之是否無誤。

三　試驗分組

本屆黃河試驗共分四組,如下:(參看黃河試驗分組圖)

甲　大隄成直線形,隄距取寬,內爲中水河槽,作「之」字形,幷假定中水河槽已經固定。此組試驗之目的,在研究寬大之隄距對於河流所起之影響如何。

乙 大隄仍成直線形,隄距之寬及「之」字形中水河槽概如甲。惟自大隄起,每隔相當距離,在兩岸灘地上築翼隄一道,蓋因中水河槽固定之後,萬一洪水大溜趨出槽外,可賴以防止。

丙 大隄成曲線形,隄距取寬,但較甲已較狹隄身與中水河槽不並行,中水河槽作之字形如甲。

丁 大隄成曲線形,隄距取狹,隄身與中水河槽相並而行。此組試驗之目的,在研究縮狹以後之隄距,對於河流所起之影響若何。

四 設備述要

本屆試驗,仍在德國明星水工及水力研究院附屬之奧貝那赫試驗場舉行。該場面積甚廣,本屆之試驗槽即築於上屆試驗槽之旁,長約一百二十餘公尺,寬八・九公尺,全部用混凝土築成。按恩格思教授對於治理黃河,素有固定中水河槽之主張。今試驗河槽用混凝土建築,其用意不外假定此中水河槽業已固定,至於試驗時,則仍在槽中舖以與我國黃土情形相類似之瀝青炭屑,俾河床冲刷之情形,可以充分表顯,兩旁灘地,究用混凝土抑用其他易於冲刷之材料舖面,曾經幾度研究,後卒決定採用混凝土,取其於洪水後,灘地上填高之情形,可以一覽無遺,因瀝青炭屑係黑色,而混凝土灘地則爲白色也。河水中本應摻入黃土,使與黃河之水同其性質,但因所需數量過鉅,故仍以瀝青炭屑代替。此次黃河水利委員會交作者帶德之黃土二千公斤,則留作定性試驗之用。此項定性試驗,經一再舉行,無不證明此次所用之瀝青炭屑與黃土有同樣之性質。瀝青炭屑之產地,距試驗場頗近,故原料之來源,殊不虞其竭蹶。惟因河水含沙有一定之成分,且此項配合工作及配合後之覆驗,頗費手續。因此已配合之河水不得不設法保存,遂有所謂環流設備。關於詳細設備情形,可參閱恩格思教授之臨時報告,及正式報告,玆不多贅。

五 試驗經過

本屆黃河試驗,自二十三年六月十五日開始籌備,作者抵奧貝那麸之日,爲七月四日,時河槽僅粗具雛形,二十七日河槽本身竣工,但灘地舖面工程,則至八月十一日始告完工。試驗槽係在露天,毫無遮蔽,而是年夏季,山中雨水特多,故工作時作時輟,試驗之進行,爲之延遲不少。河槽完工之後,又因抽水機能率不敷需要,臨時設法改造,更費不少時日。因上述種種原因,正式試驗直至二十三年九月初始能開始,甚非始料所及。幸九月以後,天氣轉晴,加以恩格思教授之竭力督促,及試驗場職工之努力,卒能於二月之中,完成全體四組之試驗。十一月八日四組試驗全部工竣,作者亦於十二月中由歐啟程返國。

六 試驗結果

本屆試驗結果,已如恩格思教授報告所述,完全證明第一次黃河試驗結果之無誤。第一次試驗結果之最堪注意者,即河道之刷深,在寬大之洪水河槽,較之狹小之河槽爲速。惟上屆試驗時之河槽爲直線形,且模型年較短,本屆試驗一則採用「之」字形河槽,再則將模型年由三年增至五年,而其結果竟與第一次黃河試驗相若,換言之,對於縮小隄距,認爲可以不必也。

七 本屆試驗之價值

恩格思教授對於治理黃河,認爲第一步應固定中水河槽,對於現有隄距,則認爲不宜任意縮狹,其主張詳見所著制馭黃河論。由上屆及本屆黃河試驗之結果,已充分證明築隄縮狹河道之可以不必。揆恩氏之意,隄以防潰,不宜作爲治水之工具,惟當以岸束水,(按即固定中水河槽)。按我國明季潘季馴氏畢生致力於黃河之治理,厥功至偉,其治水名言,爲『以隄束水借水攻沙』八字。就字義論,則恩氏所主張者爲以岸束水,「岸」與「隄」固根本有別,但我人又知潘氏對於隄之功用,解釋本甚明晰。如云:『築遙以防其潰,築縷以束其流,』是遙隄之與縷隄,在性質上固有重大不同之點。潘氏河防一覽又云:『近年事隄防者,既無眞土,類多卑薄,已非制矣,且夾河束水,窄狹尤甚,是速之使決耳』照恩格思教授之解釋,潘氏之縷隄,嚴格言之,係固定中水河槽護岸工程之一種,而不能以隄論,並認潘氏之見解,爲十分合理,因其區別遥隄之功用爲防潰,而縷隄則有治導之功用也。恩氏且力言建築縷隄,(此處之縷隄,應作護岸工程觀。)足以固定中水河槽,又認爲縮狹隄距有使黄河發生危險之可能,凡此皆與潘氏當年治河之主張,不謀而合。我人已知潘氏一生嘗四治河,無往無功,則其主張已有事實上之證明,彰彰明甚。今恩氏之主張,復經兩次之試驗,證明其合理。由此可見治河眞理唯一,原無古今中外之分也。(沈怡)

附錄三

討論集

目錄

1. 鄭肇經制馭黄河論書後

竊按黄河之爲患,由來久矣;吾國朝野上下從事防禦,亦可爲殫精竭力,無微不至矣。然歷年以來,河道遷徙,隄防崩潰,噩耗頻傳,舉世震驚,豈天命之難知,實人事之不臧。嘗攷吾國水利之興,肇自上古,工程學術爲世界冠,此者西方科學,雖日進千里,而歐美人士目覩吾國水利工程者,猶莫不欽佩讚歎。然則黄河之患,胡爲乎終未絕跡耶?曰歷年治河,祇知治標之謀,未得治本之道,祇知局部之補救,未得全部經營之計劃也。近數年來,北方潦旱洊至,災情重大,舉國人士大爲覺悟,莫不以爲水利失修,亟宜治本,而不專以賑濟蠲課爲急務矣奈兵災匪患,紛至沓來,大局日危,民不聊生。更以國家財政支絀,羅掘俱窮,雖有宏願,一籌莫展,而歐美學者獨能於研究學術之餘,爲我策謀,以爲黄河爲患最巨,首宜治理。調查考求不遺餘力,著論立說共籌善策。噫!吾人能不感且愧乎!先是民國八年吾國聘請美國工師費禮門氏 Freeman 考察黄河,圖加治理,終以工程浩大,經濟困難,事遂中輟。費氏歸國著 Flood Problem of China 一文,民國十一年夏脫稿付梓。費氏本其實測黄河之情形,擬定治理之方策,請求世界水利名家共同商榷。民國十二年春,德國薩克遜大學教授恩格思博士 Engels 又採集歐美名家遊歷中國北部考察黄河之狀況,參合費氏最近實測黄河之結果,另著一文,題曰『制馭黄河 "Bändigung des Hoang-ho"』先生耆年碩學,誨人不倦,德國水利界之名宿也。先生文旣脫稿,出示經等曰,『黄河爲中國大患,年來余研究治理之道甚勤,惜未身臨黄河之濱,閉戶造車,出門焉期合轍;苟余于衰邁之年,猶得遊歷中華,實地考察,幸莫大焉!』嘗念恩氏學術邃深,苟能來華視察黄淮,一切治河方策當可因以釐定;二瀆安瀾之兆,其將繫諸此行。十三年孟夏余歸國後,因商諸蘇省當局,期由蘇皖及沿河數省共同聘請恩氏,作短時期之考察,奈甫有成議,而齊盧啓釁,事乃中輟,殊爲遺憾。爰將恩氏原著迻譯,廣爲介紹。更願引起國人之興趣,對黃河自下研究工夫。蓋吾國治河歷有年所,經驗豐富,著作繁多,苟求根本治理,决非外人短時期之考察所能作爲準鵠。而觀察數十百年來黃河之變遷,端賴歷代文獻,稽考文獻,責在我等。費恩二氏之論,僅爲草創之作,日後實行治河,尚須精確攷查,審古度今,治法乃定。且工程之大,既屬空前絕後,費用之鉅,又豈一呼可集。苟專仰給於外債,何異挖肉補瘡。所望國內政治上軌,人民覺悟,生聚休養,庶政乃興。庶乎治河方略早日確定,逐步實施,安瀾可期,實吾人所馨香禱祝者也。　　十三年孟冬肇經附識

2. 沈怡與費禮門論治河書

十四年秋余由歐赴美參觀工程,次年春將有歸國之行,乃往別費禮門先生,所談皆治河事,本文即余當日以書面形式向費君提出諸問題也。

(前略)前上一書,內述荷蘭政府近將庚子賠欵退還敝國,(註一)全國水利局擬就此欵先從事於黃河之測量,諒蒙鑒及。怡現因回國在即,頗思將平日蘊積於胸中久未解决諸問題之有關治河者,一一就正於先生之前。素仰先生爲美國水利界名宿,於敝國之黃河問題尤有研究,倘蒙賜教,感幸萬分。問題若干,謹開具如下!

一、上下流之治理孰先孰後　森林家與氣象學者之恆言曰:『治理下流,必先防止上流岩石因氣候而起之剝蝕作用。防止之法,植林尙矣。』此言也,就理想論之,固無人得謂爲非;然森林之造成,非有長久之時期不可。執是以觀,恐植林上游並無濟於今日之河患奈何?

一月以前,米西西比河工局局長濮德先生寄來工程雜誌一册,內載氏所作治理米西西比河之諸般建議。氏於其文中有曰『與其植林山嶺,不如犂植其地;即不然,任其滋蔓可也。』(註二)蓋氏意以爲熟地與草地,阻止雨水下流之功效,皆較森林爲大,其言殊發前人所未發,頗爲新奇。

嘗思治河本無一成不變之規,最妙之道,莫如治河者盡力治河,植林者盡力植林。各事其事,各盡其能。若謂治河毋賴植林,或植林以後,即毋須治河者,皆偏激之談,不足道也。

二、治理河口　河口積沙,水勢日微,爲任何大河通有之病象。治理之法,是否唯開濬是賴?利用潮汎之力以沖刷沉沙,其效果何如?

三、選擇入海幹道　河口三角洲上枝流至多,治理之時,選擇河流入海幹道之標準何如?恩格思先生嘗於此列舉二原則,其語見所著水功學全書:(註三)

一、保留沙灘上任何之枝流;

二、利用水勢最弱之枝流以爲入海幹道,蓋因水勢最弱之流挾沙較少,口外之沙灘必小,易於掘去故也。

嘗讀先生所著中國治河問題(註四)內有語云:『縱治河之動機僅爲防止洪水,但舟楫之事亦未可盡置諸度外。』然則選擇入海幹道之時,似亦當注意舟楫之事矣。

四、勘定河道　先生治河計畫有云:『茲擬分段將河道取直,每段長五英里以至二十英里,務將河槽置諸現有內隄之間,庶河道既能取直,而又不爲當地之害。現今黃河之隄距大致爲四至八英里,苟「新洪水河槽」完成以後,其正隄之距離將爲半英里,河面之寬將爲三分之一英里。』(註五)

嘗聞恩格思先生批評先生之計畫有云:

『一、歐美百餘年來治河經驗,皆以爲惟「之字形」之河道,最能持久不變;而實際天然河流亦鮮有具直線形者。故開直河之說,未免與自然相背。

二、當新槽尙未冲成之先,苟洪水驟至,原有之河槽旣因兩岸加築隄壩大爲減狹(較現寬減小八分之一至十六分之一),其結果勢必至不能容納此多量之洪水,而釀成異漲之禍。此項異漲之水,可高出現今最高水位至數公尺以上。

三、新河（即直河）固可使之較舊河爲深,但新河下流必將較舊河愈淺。其未減狹之處,勢必河身日淤,河床日高。

四、減狹河道斷非短時所能奏功,若此則上述各項危險,殆爲勢所難免』(註六)

因此之故,恩氏乃有如下之建議:

『當今之急首在保護河岸,爲河流求一固定之中水位河槽。次則裁灣。(僅限於太不整齊之灣)塞枝,亦屬重要。自此以後,河身日深,而河床亦不致再有墊高之弊。且河槽既有一定,則河水嚙隄之患亦可由此而止,而兩岸田地勢必日趨安全,更不待言矣。』(註七)

以上係恩氏對先生計畫所下之批評及其個人之建議,倘蒙示以先生之意見,曷勝盼望。

五、隄防　黃河內隄之距離,據先生之報告(註八)所云,其寬自四至八英里不等。惟明潘季馴所著河防一覽則云內隄之距,本不當出二華里之外,可知古人亦未始不知隄距太寬,易失束水之效。潘氏嘗言築隄之法有二:『近者所以束湍悍之流,遠者所以待衝決之患。』又云:『築遙(遙隄即外隄)以防其潰,築縷(縷隄即內隄)以束其流。』可知縷隄之用,原與其他諸隄不同。

包世臣中衢一勺論縷隄之功用有云:『潘氏之法,遙隄相去千丈,中有縷隄;相去三百丈,河槽在縷隄之中,急流東下,日刷日深。其初每年有大汛一二次,溢出縷隄,漫灘直逼遙隄。三年之後,河槽刷深至五丈以外,不復漫過縷隄矣。』

曩讀先生考察黃河筆記時,見一隄工照片;該隄爲雨水所嚙,毀壞不堪,可見年來隄工失修情形。惟敝國於護岸向分種草與植柳二法;後者於黃河尤宜,語見劉天和問水集:『余行中州,歷觀隄岸,絕無極堅者;且附隄少盤結繁密之草,與南方大異,爲之憂慮。乃審思備詢,而得植六柳法。』(註九)讀此可知古人護隄,並非無法,皆後人因循自誤耳,可勝歎哉。

六、其他問題

甲、現有關有流量,河流斜度,流速,沙量等等記錄,是否已敷設計之用,抑尚嫌不足?

乙、先生對於敝國之河工有何批評?以爲必須速行改良者有何數端?

丙、治河以前,先生以爲急須着手籌備者有何數項?

丁、黃河無圖,擬用飛機測量(註十)不知以爲何如?又治河用之圖,比例尺之大小以何者最爲適宜?

戊、河流情形各不相同,故治法亦隨河而異。先生於黃河素有研究,有無特別應注意之點可以相示。(下略)一九二六,二,二十五。

3. 費禮門 沈怡論治河覆書

費禮門先生(John R. Freeman)美國水利界名宿也,民國八年嘗受運河工程局之聘,來華考察水利,返美以後,發表其治理黃淮之意見,我國亦有譯本,散見各雜誌;自是談水利者無不知有美國費禮門其人矣。

(上略)僕於黃河僅考察其在京漢津浦二路間之一段,見聞殊爲有限。今就鄙人之印象所得諸於此項有限之見識者言之,似治理之初,宜於河身南岸堤工以及險工所在,先有一番考察。如一年以前,開封下流隄決成災,河有南下趨勢,即此等危險所在。且累年堤決釀禍,無不在開封一帶。以現狀論之,彼處河勢之危急,當遠在洛口利津之上,可斷言也。治河需料,而枝料之用尤廣。故當着手治河之際,不妨同時研究樹木之養成。務須費時暫而得料速,然後始可爲濟急之用。如美國之木棉樹(Cottonwood)爲建築「樹枝壩」(註十一)最適宜之材料,於保護河岸,功効卓著;且料價甚廉,尤堪介紹。惟僕爲此言,非謂貴國河工上沿用之石工,盡可以此爲代。其故無非因工程貴賤,莫不隨地視料而異,則多一方法,即多一伸縮地步。至於石壩本身原有之價值,固不因此而損其毫末也。除上言考察南岸險工以外，亟宜自京漢路黃河鐵橋起，溯河而上。探河源及鉅量黃土之所自來此黃土者，嘗爲河水所挾，淤積於河槽之中，而爲河患之主因。

濮德先生之意，以爲阻止雨水之下流，墾地較森林尤見功效，此當視地面之斜度及土地之性質而判，並無一定之公理。

敝國北加洛來那州(North Carolina)在過去之三十年中從事開墾，成績甚著。其法係將山地墾成階級，每級之寬自二十至一百英尺不等。此項墾植法之原理，乃在沿「層次線」之地位施以墾植，庶雨水因階級之故，不能直接下流，而有充分滲入土中之機會；故名「層次墾植法」(Contour plowing)足下行經該州時，可先往訪賽維爾或白勞恩教授於該處之州立大學，接洽參觀此項墾地之事，後者爲尊師恩格思先生昔年之弟子，余信其必能竭誠爲足下助也。

關於植林問題，足下歸國以後，可往南京金陵大學，一訪其副校長威廉士先生，彼定能爲足下介紹勞德米教授及顏博士（譯音）。余知彼二人者，必將樂爲足下解決與此有關之疑難問題。

當余旅次日本之時，在箱根湖畔，見樹木遍山，梢頭齊整，有條不紊，嘗爲之讚歎者良久。余意彼日人之經驗與成績，頗堪爲貴國日後之參考。此種情形，前述二君諒必知之。

河水淡而海水鹽，當其在口外相遇之際，鹽水因自身之沉澱作用，壓迫其已加入之沙土，復轉而入於淡水；此乃造成河口沙灘之重要原因。惟其混合時之情形，即沙土何以因此沉澱，至今猶未得確切之解釋。即通常河工教本於此亦鮮有加以注意者。倘水流實在無力刷沙，則「開濬」確爲治河口唯一之道。惟僕與歐投司大佐(註十二)竊有同一之見解：即苟能於便宜之所，造隄築壩，利用河流自然之力，冲刷淤沙，則河口殆可不濬而自治。

僕嘗屢言之，治河之時，最妙莫如先建一「河工試驗室」，取全國各河床中之泥沙，一一試驗其性質，則泥沙沉澱與流速之關係，俱可不待實測而自明矣。

足下問現有關於流量，斜度，流速，沙量等等記錄，是否已合設計之用，抑尚嫌不足。查目前所有之記錄，初不過供暫時之需，距完備尚遠，益以貴國於黃河雖有窮千累萬之著作，然關於前述各項記錄，則可謂向所未有，故舍逐年測量以外，殊無他法。就余揣度，至少尚須經過二十年之時間，更須室內試驗與實地考察，俱有相當之成績，然後此項記錄，方有滿足我人需要之一日。

昔人有言：『失敗者，成功之母也。』足下幸毋以失敗爲慮，須知由累次之失敗，而然後我人之知識與經驗，始有更進一步之望。況河性，世之最難捉摸者也，而尤以挾沙之河爲甚。現代科學雖發達，但我人對於河流所具之知識，猶不過如何利用人工及機械之力以事開浚，以及少許之普通定理。若以所知與未知較，則所未知者，誠未有涯也。

足下復屬余指出中國河工之缺點所在，關於此層，非余今日，甚或非經長時間之研究後所能置答。苟有志於此者，必須對於一切工作方法，先有明瞭之觀念，然後更駕一葉小舟，泛乎此等大河之上，實地研究。譬如一壩，必也先考其歷史，製法，尺寸，爲何建設以及築後經過若干時日，始發生功效。誠有頭腦清晰之士，曾於相沿千餘年之中國治河問題，有一番研究，必將更爲遲疑，不敢遽下斷語。蓋中國歷史中有不少往例，必須首先熟悉，然後所下批評始有根據。鄙人不敏，愧猶未能也。猶憶鄙人在華之際，嘗於一日行至開封黃河下流五六十英里之某小村，其地當六十餘年前，曾被河水所衝沒，村長某且爲余詳述二百年來河流變遷及決口情形，並附以說明之圖；其印象至今猶深留余之腦際未嘗稍忘。假設余爲總理治河之人，余必首先組織旅行隊二三組，沿河兩岸，詳細考察，並於同時努力搜集河之史料，以爲治河之參考。

河道地圖可用飛機攝影法測製之。足下行經費城時，可往晤韋毛慈先生，此人與某飛機測量公司頗有關係。又抵紐約時可往泛卻爾特公司訪馬失史先生，接洽此項測量之事。同時不妨詢彼等全副儀器之價値,以及在六個月期間內,借用熟練之工程師數人,其酬金共爲若干。此數工程師抵華之後,即可爲轉教其他中國工程師之用。就余所知,空中照相機之於飛機測量,確有奇妙之效能。爲求一律起見,鄙意圖紙之大小,不宜超過一平方公尺,比例尺亦不宜過小,庶圖上尙有充分地位,可爲記錄河道變遷及設計薪工之用就余目前之感覺言之,設計用之圖,比例尺不宜小逾五千分之一。爲表示河道以及隄工形勢之全圖比例尺不妨爲五萬分之一。此外若能縮製一圖,介於以上二比例尺之間,則更屬盡善盡美。在決定比例尺之大小以前,應檢取河流彎曲之處數段,繪其剖面形狀以作比較。圖之比例尺若大,則一切重要記錄及說明,無不可以直接塡註圖上,此乃其最大便利之點。

恩格思教授主張在現有內隄之間,爲河流謀一永久不變之中水位河槽,余極端贊同。惟在實行此項計畫以前,必須先擇一二十公里之河段,加以精密之試驗,庶施工之際,更有切實之把握。

治河之道,千頭萬緒。既無一定之公理,又無一成不變之治法。苟稍不愼,發爲錯誤之主張,復從而實現之,則大錯成矣。因此,每十公里之河段,即應作一單獨研究。而每百公里之間,或須數易治法,亦非偶事。總之解決此項問題,必須經長時期之研究,然後步步實行。決不可自始即立一不着邊際之方案,致貽後日無窮之悔,此則可以斷言者也。(下略)

一九二六,二,二十五。

4. 恩格司先生論治河書

恩格思先生(Prof. Dr. H. Engels)前爲德國德蘭斯登大學水利學教授,現已告老退休。先生爲首創河工試驗室之人,學問淵博,於水利工程上建樹甚多。余之識費禮門先生,實出先生之介紹。故自得費氏覆函,即將原函併寄先生,乞其批評,此書其覆函也。函中包含精義至夥,可與費函互相發明,世之關心治河者幸毋等閑視之。

(上略)六月十日來函論治河一節,以爲目下距大規模治河之日尙遠,此時惟有盡力於個人研究及宣傳二事,深合鄙懷。讀致費禮門

先生書,洞中緊要,想見别來進步,尤以爲慰。附來費君覆函亦已讀畢,今將鄙人意見逐條答覆如下:

（一）上下流之治理孰先孰後　拙作制馭黄河論文中嘗有言:『苟上游山嶺長此不樹木種草;而暴雨或山洪可自黄土表面直馳入河;或兩岸黄土對於河水之嚙嚼,永無保護之方;則治理下流殊難期有完滿之結果。但此項工作皆非旦夕所可奏效,而在此時間中,河流必將往復氾濫,視今益厲』（註十三）因此余始終主張治下流之重要遠勝於治上流;誠能於治理下流之際,同時在上流植林以及施行護岸工程,則尤善矣

（二）治理河口與（三）選擇入海幹道　足下於此曾引用拙著水功學全書第四七一頁所云,但未注意該段所論者,係爲治理河口之無潮汐者說法。黄河河口爲一「三角洲」所欄住,致使潮水不能深入如口外潮汐之差别有二公尺半,而口内反僅半公尺。是故治理下流,根本上必須先治河口。治河口之法,當於三角洲上擇一枝流以爲幹道,然後築隄束水,使之蕩滌自深。如築堤之後,水力仍嫌不足,亦不妨略施開浚之工。

選擇幹道之標準,須視當地之情形而定,苟爲口外形勢所許可,似亦可以利用水勢最弱之道,以爲幹流。譬如潮流係由北而南,則所擇之河道應在極北,因潮水至此,尚未爲河沙所混,不致有沙沉澱河口也。因此在決定此項問題以前,首須研究黄河口外潮流之方向係由北而南?（是否冬日如此?）抑由南而北?（是否夏日如此?）舍此以外,應在近海各枝流中設置「自動測潮計,」以觀察潮水漲落之狀況。

（四）勘定河道　關於此層,余之態度猶一如昔日;尤以對於將河流作大規模之取直,不能苟同。我人誠欲防止河流之變遷,惟有善用其天然之性,因勢利導,而不在武力取直。蓋喜曲,河之天性也;惟曲折而有一定之河槽者爲上。是故善治河者,並不斤斤於裁灣取直之說焉。

（五）隄防　余之見解以爲黄河每岸有一隄已足濟事。當大水之

時,兩岸雖爲水沒,但岸上之水甚淺,力殊不足以刷沙,可無他虞。凡此種種,足下在德蘭詩頓大學所提出之博士論文中,亦嘗論及之。

應借手試驗以謀解決者,即在何種流速之下,河沙尚能停止不動不爲水冲之問題,假設此項流速每秒鐘爲〇·九公尺(大致當不外乎此),則兩堤之距宜爲二千公尺;設沙土在流速每秒鐘爲〇·七公尺時始不爲水動,則堤距應爲四千公尺。

如依上法決定二堤之距離,則每次大水過後,均可在兩岸灘地上積起一層沙土。逮其淤墊漸高,更當略施護岸工程,庶足以禦激溜,但亦僅施諸有險工一邊可耳。

無論如何,保持河槽一定深度不使時時變動,乃爲治河者最應注意之事;而此種情形,亦惟河流彎曲,得其自然之狀,始克實現。余意標準河槽必須在低水時節仍有充分之平均流速,其力須能冲刷泥沙,使之隨水入海,不致沉澱河內。若海口水勢散漫無力,可於口外沙嶼之上擇定幹道,築堤束水,倘猶不濟,則繼之以開浚之功。苟能照此實行,而下流河底墊高之病不從此戛然而止者,未之有也。

（六）其他問題

甲、現有關於流量,河流斜度,流速,沙量等記錄,鄙意已屬合用。

乙、對於貴國河工,鄙人殊無從批評,因此事非經實地考察之後,不能有所表示也。

丙、及丁、治河之先,第一當測一可靠之河流形勢圖,此項地圖若用飛機攝影測量法測之,必可合用。

戊、關於此層措作制馭黃河論中已詳言之矣,故不復贅。

末尚有數言:即當治河之際,應於下流各段,隨在取適宜之材料,保護河岸,以爲試驗。惟此等試驗當於河上舉行,絕非室中所能解決。又下流河道,長逾千里,工程所需材料爲石,或爲枝,或爲木及鐵絲等等,必須因地制宜,庶不背經濟原則。費禮門君主張在河流兩旁植林儲料,極爲重要,亟應從早辦理爲保護險工起見,若伏而夫式順埽、Wolfsche Gehaengo)及法白而式攔水牆(Faber's Stauwand)均不妨試用。此二者於隄岸之崩潰,頗能先事防止(註十四)

以上所云,不過其大略,苟尚有未盡之處,可參看拙著水功學中所載治河十大原則(註十五)至於治河之時,必須自始即有一統轄全河下流治理事宜之機關,以遠大之眼光,爲施工計畫之訂定,然後審愼實行,此乃當然應循之手續,似毋待多言也(下略)

(註一)荷蘭退還庚子賠款之說,發動在十四年冬季。當時盛傳爲數凡數百萬元,實際未付之數本息合計總不過七十六萬五千餘兩。以此治河,河奚能治;況今因政局變動,交涉停頓,並此而不可得哉!

(註二)參看Colonel C. L. Potter, Some Suggested Ways of Controlling the Mississippi Floods, Eng. News-Record, Volume 94, No. 14.

(註三)參看 H. Engels, Handbuch des Wasserbaues, 1 Bd, 2. Aufl. S. 401.

(註四)參看 John R. Freeman, Flood Problems in China, Transactions of Am. Soc. C. E, Vol. LXXXV.

(註五)同前。

(註六)參看 H. Engels, Die Baendigung des Hwangho (Manuskript) 此文曾經鄭君肇經譯其大概,登在同濟雜誌第二十一期

(註七)同前。

(註八)參看 John R. Freeman, Flood Problems in China.

(註九)劉天和六柳法:一曰臥柳,二曰低柳,三曰編柳,四曰深柳,五曰漫柳,六曰高柳;其種法及功用俱詳所著問水集中。

(註十)參看沈怡所著飛機攝影測量術載在東方雜誌二十一卷十八號。

(註十一)樹枝壩西名Tree-retards 美國米疏利河一帶甚見通用。

(註十二) Captain Eades美人以治理美國米西西比河河口得名。

(註十三)參看H. Engels, Die Baendigung des Hwangho.

(註十四)參看H. Engels, Handbuch des Wasserbaues, I Bd, 2. Aufl S. 453. 又 H. Fngels Handbuch des Wasserbaues, Ergaenzungsheft, S. 15

(註十五)參看H. Engels, Handbuch des Wasserbaues, I Bb. 2. Aufl, S. 373.

5. 方修斯治理黃河之主張

方修斯教授在黃河及其治理一文中,有下列之論斷:

『黃河之所以爲患,由於洪水河床之過寬,亦一大原因。蓋黃河灘地甚廣,灘上之水甚淺,沙隨水落,與年俱積。費禮門氏嘗假定每一百年,

泥沙平均墊高30公分;此數是否可靠,雖不可知,但由余觀之,猶以爲太小。余敢言在若干地方,但經一度之洪水,即可使其地墊高30公分。

依余意見,固定中水位及低水位河槽之辦法,並不能作爲黃河治本方案。余意整理洪水河床,乃治理黃河之第一步;此意費禮門氏曾一再言之。務使在若干年內,洪水位可以有顯著之下落,且縱在最高洪水時,不致高過河隄兩旁之土地。欲達到此目的,舍促進黃河本身之力量,以冲刷河床外,别無他法。

由前人所作種種對於黃河之測驗（中略）,證明河水苟有相當之約束,其力足以自行冲深其河床。余之計劃,並不欲利用最大洪水以爲冲深河床之助,乃在利用年年出現之尋常中量洪水。故我人必須認清,新河床雖有勉強容納中量洪水之量,但在起始時,決無法容納最大之

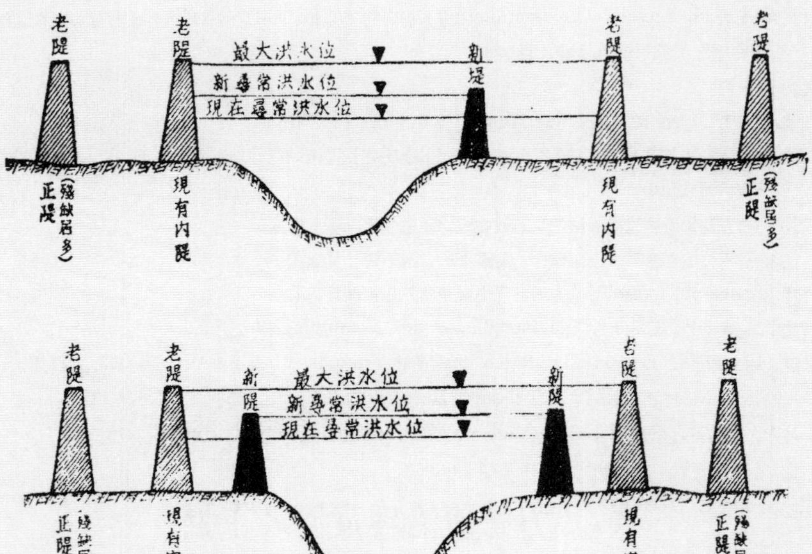

第一圖 方修斯新隄計劃示意圖

*O. Franzius, Der Huangho und seine Regelung, Bautechnik 9. Jahrgang, Heft 26 und 30.

洪水。必須俟若干年以後,新河床已達到其冲深之程度,而目前之洪水河床亦一無變化,則未來之最大洪水,方可容納。河床之寬度,余意當在 400 公尺左右;但其詳細寬度,不妨留待日後規定。新隄造成以後,舊有河床仍須照舊保留,以便遇最大洪水時,有備無恐,此點關係異常重要。至於新隄所佔之空間,以愈小愈佳。倘有必要,現在之隄,不妨臨時酌量加高（約20公分）,務使舊河床內,因添築新隄而失去之容積,可以由此補償。余本此意曾向中國國民政府建議,在現有黃河河道內,建築一道或二道之新隄,其平均距離概爲 650 公尺。凡有堅固完善可以利用之老隄,則築一隄已足;但事實上,原有之隄甚不完整,恐多數非築二隄不可。此種新隄,並無與現有內隄同樣高低之必要;做法固須力求堅固,但誠遇最大洪水,縱有決口,亦屬無妨。惟爲使此種決口減少起見,不妨於多處設立滾水所在,以便異漲之水,得以由此漫溢。溢出之水,流入新隄與老隄之間,此時情形,與新隄未築前迥不相同,水已不足爲患。即此一端,已使老隄外之住民,增加不少安全。』（下略）

6. 方修斯治導黃河試驗簡要報告

第一節　通論

黃河初步試驗依洪水流瀉方式之不同,分爲二組。試驗之程序,爲低水 —— 洪水 —— 低水。試驗之目的,在如何約束洪水河床,俾河底足以自行刷深。

甲　黃河模型之構造　河工試驗,均在「河工試驗槽」內舉行。槽以鐵製,約長20公尺,寬 2.5 公尺,深 0.5 公尺。槽中用沙製成梯形之河床,平均寬度,約爲30公分。河床深度,視需要而定。須於洪水時期,灘地上水深 5 公分,從河邊至河床其深度亦爲 5 公分（第一圖）。河床及灘地之縱坡,均爲1:800,蓋與試驗用之沙質,最爲適宜也。

第一圖

甲組試驗槽之剖面

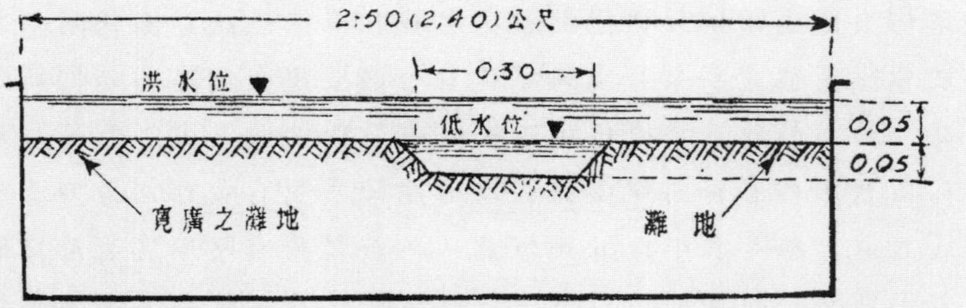

乙 測驗設備 試驗槽底。安設水泥板,其縱坡爲1:800。自板向上,用尺探量,可知河底之精確高度。爲便於觀察起見,將河床等深各點,用白棉線連接標識。又豎立水則四根,PⅠ至PⅣ,用以測驗水位之高低。水則之零點,亦以槽底水泥板爲依據。至於水面之坡度,可在量水板上觀察之量水板有量水管十根,各與一河底標尺溝通此項河底標尺之距離,各爲 2 公尺。立於河之中央,同時亦可作爲河流分站之用。

第二節 甲組試驗

灘地寬廣——河岸堅固

爲便於觀察洪水汜濫時河流之狀況起見,爰將全部試驗槽之寬度,作爲洪水淹及之灘地,而低水時之河床寬度,與洪水時之河床寬度,約爲 1:8 之比(30:250),參觀第一圖。河床之兩岸坦坡及灘地上,均用濕沙和水泥粉撒蔽一層,使其表面稍爲固結,其糙率仍與沙質相同。試驗之程序爲

低水——洪水——低水

按低水爲梯形河床內之滿槽;洪水乃水溢出河床,泛濫灘地,水流充滿試驗槽之謂也。

甲一 先使低水流過梯形之河床,俾河床適合於天然之狀態。水

(1)（甲一）試驗——低水時

(2)（甲二）試驗——洪水時

(3)（甲二）試驗——洪水

(4)（甲三）試驗——低水

(5) 由低水達於洪水以後之河床

a) 隄距相等

b) 隄距不一律

面坡度,保持1:800而不變。河底形狀,亦合標準。

甲二 水面漸由低水位升至洪水位,每次升高約爲1公分。洪水之流瀉,不因河身之灣曲而偏倚。水向與試驗槽壁平行,河床僅如斜檻而已。坡度仍爲1:800。

甲三 嗣將水面仍降至低水位,則第五站第六站間,及第八站諸處之沙脊,經水冲刷,逐漸低落。而第四站第五站間,及第七站之深渦,遂被沙淤墊,河灣深槽之內,亦爲沙所填。水面在試驗開始之時,因沙脊的壅高。試驗終了,仍回復1:800之坡度。

甲組試驗之結果 河流灘地寬廣之處,洪水期內,河床之砂石,並不能被刷移動,隨流而去。換言之,即河床經過洪水後,未必可以刷深也。蓋洪水之流向,與槽壁平行取最短之途徑,平舖灘地,趨向下游。凡河床與洪水流向相交之處,河床被刷,成爲深槽。但冲出之砂石,仍淤積於下方。俟淤砂漸多,高出灘地,則一部份之砂仍被洪水挾之俱去,分散灘地之上。如河床地位與洪水之流向相同,則河底之砂石,隨流移動,迨至下方河灣,又停積成灘。洪水之後,水面降落,回復低水位時,砂石移動之狀况,僅爲冲刷沙脊,淤填深渦而已。故甲組試驗之結果,河流經過洪水之後,砂石地位雖稍移動,而無長期刷深之現象也。此次試驗終了時,其水面之高度及坡度,以及河底坡度,均與試驗開始時之情狀相同。

第三節 乙組試驗

灘地狹窄——河岸堅固——堤防平行

乙組試驗之低水位河床寬度,與洪水位河床寬度改爲1:4之比例,(30:120)參觀第二圖。河岸坦坡及灘地,仍有堅固之表面。乙組試驗之目的,在約束洪水,使其刷深河底。並於試驗將完,水位降落之時,洪水淹沒灘地之高度,僅爲5公分,試驗之程序如下:

第二圖

乙丙兩組試驗槽之剖面

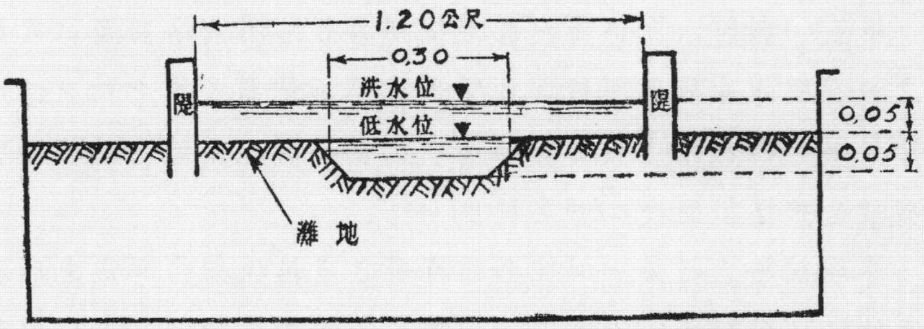

低水——洪水

乙一　低水之試驗歷時較短。

乙二　再將水量放大,使洪水淹沒灘地之高度爲5公分此時之坡度,仍爲1:800。但流量僅爲每秒鐘26公升。前在甲二試驗時,每秒之流量,達45公升。如以每秒26公升之流量,在甲組寬槽內試驗,則洪水淹沒灘地之高度,祇有3.2公分。在乙組試驗內假使流量仍爲每秒26公升,欲求灘地上之水面,降至12.2公分,須將河床酌量掘深。於是下水(即試驗槽下游之水位)亦見低落。但第四水則PⅣ處,水面僅降至3.8公分。又按甲組灘地寬廣,試驗槽內,如用每秒26公升之流量,每小時沖刷之砂,約爲1公升。故乙組試驗槽內,每小時亦從上游投沙1公升。然槽內刷出之砂,最初每小時爲2.3公升,漸增至4.9公升,嗣後漸減。經過繼續試驗後,刷出之砂,減至每小時1.0公升左右爲止。(實測之數,爲每小時1.2公升。)因下水之低落,水面往往驟起波折。在天然河流建築堤防之處,亦常有此現象。其結果足使河底之砂被挾移動。此項水面波折,經長時間之試驗逐漸和緩。

最初試驗時——如第三圖,試驗將竣時——如第四圖

第三圖

下水降落前後之水面

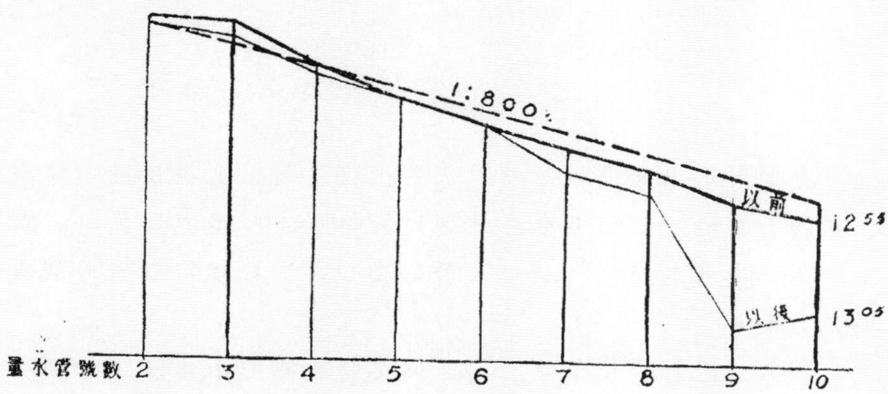

1932年三月四日12^{55}及13^{05}時觀察量水板之記錄

量水板上三公厘＝圖中四公厘

第四圖

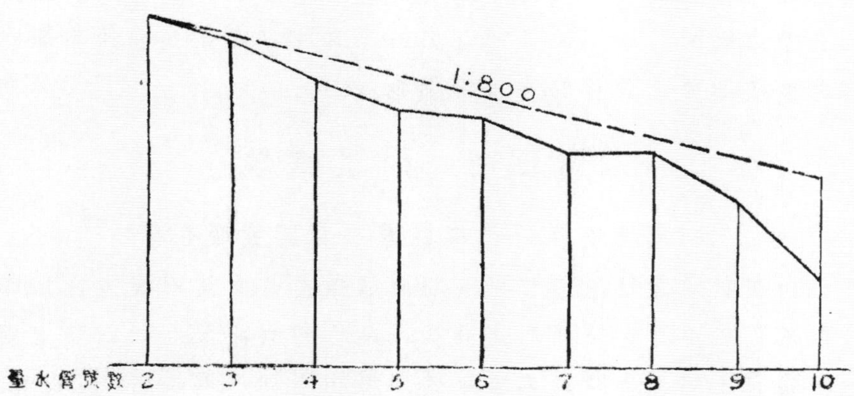

1932年三月十日九時觀察量水板之記錄

一俟試驗終結,水面亦即降落,其情形如下:

水則	水面低落之數	
PI	5.0公厘	
PII	6.8公厘	
PIII	10.3公厘	(9.0--9.3公厘)
PIV	12.0公厘	(希望之數爲18.0公厘)

水則PIII處之水面,降落最大,蓋因第八站河底較深,糙率較小,流速亦特大也。依照常態,其應降落之尺寸,須在9.0至9.3公厘之間。至水則PIV處水面僅低落12公厘。蓋以模型之出口,構造堅固,河底未能刷深之故也。

洪水試驗,歷三十七小時而止。因最後數小時中,水面已不再繼續低降也。(河口堅固)試驗終結後之水面比降,參觀第四圖。

乙組試驗之結果 經過長時間之試驗,得以精密觀察。當試驗(乙二)終結之時,砂石之沖刷,已漸停止。上游投入之沙,經歷河槽全部沖出。河床及水面,亦均降落。河灣之後,並無淤沙。祇因河口構造堅實,水面未能再行低落,達到河口降落18公厘之希望。如欲滿足刷深之尺寸,則模型之比例,殊感不便,(河寬與河深爲1:2.5之比)。或僅須撤除河口之橫檻,即能達到目的,亦未可知也。

第四節 丙組試驗

灘地狹窄——河岸堅固——堤距寬窄不等

丙組試驗之目的,擬將瀉洪斷面,選擇數處,使其束狹,換言之,即堤防距離寬窄不等。以冀河底之刷深,或能均勻有律。蓋乙組試驗之堤距相等,略有不同也。先將河床加以整理,再作下列三項試驗:

丙一 經過短時期之低水流行,河床適合天然狀態。

丙二 如試驗(乙二)之法,增加水量至洪水位。堤距束狹之處,上游水面雖壅高2-2.5公厘不等,但水面坡度平均仍爲1:800。而砂石之移動,較乙組試驗覺加大一倍半之多。河床之刷深,比較迅速。故試驗之時期亦較少。

丙三　束水堤(Leitdeiche)撤除以後,繼續洪水試驗。水面坡度,仍爲1:800。水面較(丙二)試驗時約低5公厘。

丙組試驗之結果　因堤身之束狹,上部水面壅高,乃有數處河床冲刷較深。比較(乙二)試驗時,河床起伏不均之形狀大爲減少河灣灘地,沙石亦不易停留,大都均被冲刷而去。

第五節　結　論

灘地寬廣之河流,對於低水河床之影響,最爲不利,蓋瀉洪之斷面遼闊,則水流無力攜挾沙石以俱去也。故束狹平行之堤防,以及堅固之河岸與灘地,足使低水河床經過洪水以後,大爲刷深。更於相當處所斟酌河流形勢,東狹堤距,則河床之刷深,愈加平整有律矣。

7. 恩格思致方修斯論治河書

(上略)讀大著1930年黄河報告,頓使余興趣復生,緣八年以前費禮門先生曾首先向余提出此項治理黄河問題之討論也!

對於「順河流自然之勢,以固定中水位河槽」一層,余等之意見相同。但足下之意,以爲倘非因航運,則河流灣曲處,並無固定之必要;此點余殊不能同意!

足下與費禮門及荷蘭工程師單百克,(Van Schermbeck)均主張將洪水河槽縮小,俾可增加水流冲刷力,以免河底之墊高。但足下復覺費禮門所建議之横壩,頗有危險,余竊有同感。余之主張已詳1923年所著制馭黄河論一文。在該文中,余曾述及,原有之河床,將因横壩之建築,縮狹甚多。因此,在起始時,即新河床尚未冲刷至其期待之深度以前,洪水位必將驟然增高。我人固可使此項縮狹河床之工程,由黄河出山處開止;因是處兩旁皆山。爲天然狹隘之段,俾洪水位異常增高時,不致發生危險。但河床之刷深,非朝夕之功;爲避免泛濫起見,此縮狹段之新隄,及用以縮狹河床之橫壩,其高度,仍須超過此最高之臨時洪水位,方保安全。同時在縮狹段以內,因河床突然及大規模刷深之結果,足使下游尙未縮狹之河床,與日墊高,爲害之大,非可逆料。而費禮門氏理想中之新河道,決不能於極短期間,即告成功。故上述沙底墊高之流弊,亦必無法避免。換言之,果照費氏所建議縮狹河床之方法實行,則在是項計劃未能全部實現以前,必將增加無數決口之事,殊可斷言!

今足下之意,欲於現有河道中,增築平行新隄,以期縮狹洪水河床,其目的在使水位——尤注重在洪水位——由此下落;縱在最大洪水位時,河水不致高出,或僅些微高過兩旁之田地。足下並希望由此可以刷深河床4至5公尺,用意甚盛。

此種希望誠能實現,詎不甚善!雖足下之計劃,較之費禮門所主張者,已妥善多多,但在此種縮狹之河道,尙未充分刷深以前,洪水位之驟然增高(縱其增高爲暫時的現象),恐仍屬難免。且其增高之結果,足使水位高出新隄,甚至侵及內隄,使後者受其摧毀,亦未可知。且洪水冲刷力固可由此加強,但是否因此即可達到將河床一律冲深之目的,亦屬疑問。更可慮者,因洪水時冲刷力增加之結果,是否將使沿河道灣處格外冲深,並將刷剩之巨量泥土,堆積而成高逾尋常之沙檻。最後,洪水位如此下降,是否確屬必需?在目前內隄與老隄,即一部份已經毀壞之正隄之間,有不少之居民,散居其中。在較大之洪水時,此種村落因其他地位之低於河床,時受大水之威脅;今者因河床冲深以後,此種危險可以消除,固屬無疑;但欲求此等村落有相當之安全,建築「環隄」或未始非方法之一。惜余於黃河實地情形,一無所知,不敢故作主張。余深信以足下之學識與經驗,作此主張,必經極鄭重極成熟之考慮!而足下又爲余素所佩仰之專家,則將來竟有使余拋棄目前余所作種種過慮之一日,亦未可知。凡上所述,皆余在審查足下之建議時,所發生之問題與過慮。

在未能使余爲足下之主張所折服以前,余對於前在制馭黃河論一文中所云,仍視爲恰當。該文有云:

黃河之病,不在隄距之過寬,而在缺乏固定之「中水位河槽」。於是河流乃得於兩隄之間,任意紆曲,左右移動。凡任何荒川之病象,黃河無不備焉。及至河流日益逼近,刷及隄根,則隄距遂不堪問矣。治理之道,宜於現有內隄之寬,實施適當之護岸工程,固定中水位河槽之岸。次則裁灣(以過於灣曲者爲限)塞支,亦屬重要。誠能若此,其利有二。一爲河流在中水位時,由此得一固定不移之河槽;自此以後,水流將一變向旁冲刷之狀態,而專向深處。此外則河槽不致再逼及隄身,遼闊之灘地,賴以保全。而當洪水之後,水落沙停,灘地之上,日漸淤高。此種情形,匪特無害,甚且可喜。因固定之河槽,將由此益深,而冲刷力亦將隨之以增,所有因隄距過大而起之不良結果,將因中水位河槽之固定而盡除。

此外堪注意者,即灘地愈廣,則洪水時,其上水流之速度必愈小。由是灘地之淤高,愈少妨礙,而大隄在洪水時所受之危險,亦可愈少矣。

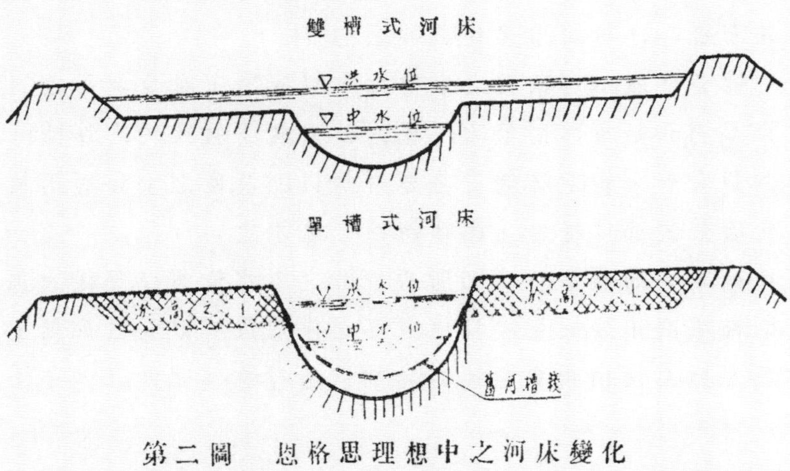

第二圖　恩格思理想中之河床變化

余心目中對於治理之目的,大致遠不及足下所期望之大。苟兩岸灘地淤高至於洪水位,換言之,河床已由「雙槽式」而變爲「單槽式」。

且因單槽式河床所需要之「比降」,不及雙槽式之大,故洪水位或可由此稍稍降低。再者,水落時,苟低水位時之流速,其力足以刷沙,則沙之淤積,换言之,河床之墊高,亦可由此停止。凡上所作推測,即兩岸灘地,是否能在相當時間內,淤高至於洪水位,固屬疑問,但縱不能盡如我人之期望,亦决不致有何等之妨礙,故鄙意以爲不妨努力加以實行者,此也。

曩者,余嘗主張於治理下游之時,宜先之以河口「三角洲」之澈底整理。今讀尊論,以爲整理三角洲,宜以使沙確能隨水入海爲目的,不必過事他求,此意甚是!大著論河口及三角洲一段,余殊十分同意。他如李協先生對於未來海港之主張,以爲宜改設小清河口,或其他適宜所在,余殊以爲極有見地。

抑尤有言者,按照余之建議以治河,對於現有河道及隄防之關係,殊少鉅大之更張。更張愈少,則其效果愈大。且所費有限,而所獲甚鉅,尤其特點。

余從事河工試驗凡四十餘年,對於任何試驗,尤其若目前討論之黄河問題,自有濃厚之興趣。但余於前述種種,獨以爲苟有人贊成我說,卽可起而實行,已無再事多作試驗之必要!

目前最要而不可稍緩之事,當推黄河流速,比降,及剖面之測量,由此求得最適合於黄河情形之「流速公式」;或就通用之各種流速公式中,加以考查。求得之後,倘有必要,再加以改造,使之十分適用於黄河。根據此項公式,即可從事「標準河槽」之規定。

此外亟宜同時進行者,即所有危險之中水位河岸,應從速加固,以禦河溜;而坐灣頂冲,逼近隄身之處,亦宜速加裁灣取直蓋此種工作,初毋需待乎標準河槽規定之後,而始加以施行也。(一九三〇年十一月四日)

8. 方修斯覆恩格思論治河書

(上略)接十一月四日賜書感甚。先生對於治理黄河問題之興

趣,如此濃厚,良足令人感動。讀所論各節,使鄙人盡覺有不斷研究之必要。對於先生所提出之各種問題及建議,謹答覆如下:

因治理黃河同時須爲航行着想,故鄙見處理彎曲之河道一層,殊不成問題;因無論如何,此項處理,爲必不可免也。但鄙意若置航行問題於不顧,只爲開闢一中水位河槽着想,則此種河灣之有無,並無何等關係。

先生主張,治河工程須從窄狹段開始,與鄙人昔日之意見,洵屬相同。鄙人原意,擬自近河口較狹之處,開始施工,然後由此向上推進。又先生認鄙人之建議,較諸費禮門先生所建議者,爲切合實用,聞之殊慰。但費君已往之貢獻,並不因此減少其價值,即我等今日種種研究,亦每賴費君之資料,此點諒先生必有同情也。

先生之過慮,以爲苟依鄙人之建議,在新洪水河床未冲深以前,將使現在之內隄,發生危險。對於此點,余殊知之。按余嘗主張,在河床之冲深尚未顯著以前,現在之內隄,仍須不斷保存,即是此意。再余之計劃,不過欲在現在之洪水河床中,造一二新隄,並無造橫壩之意。故在事實上,現在之洪水河床,毋需有何等之更張。

余且主張,苟遇異常之洪水,此項新隄,在相當所在,甚且可以過水。此種滚水辦法,在中國甚見通行。俾新隄與老隄間,原有之洪水河床,亦可幫同洩瀉洪水。如此情形,在河床尚未冲深以前,事實上,與平日可謂毫無二致。倘事有偶然,在新隄造成以後,即遭遇異常之洪水,則其環境之形勢,仍與無新隄時相同。余意在現有隄距 3 至 4 公里處,造此等新隄,决無妨礙。至在隄距窄狹之處,則不妨俟河床冲深至相當程度以後,再行建設。爲安全起見,將現有隄距之若干小段,加高呎許,或有此必要。凡此種種,均與當地情形有關,宜另行研究决定。由上以觀,則現在之洪水河床,並毋需變更,而河隄因余之計劃,亦不致有危險可言。

因縮狹河道,而河床得以冲深,此與先生所主張者,原則上本屬相同。此項辦法,費禮門先生所作之種種研究,足以助余證明其無害。余並主張,於隄前灘地,栽植柳樹;蓋此種方法,爲保護逼溜河床,在中國固屢見應用也。

先生更提出洪水位之下降,是否確屬必須一問題,余意欲求得一安全之解決,舍此以外,別無他法。今若欲保持現在洪水之位置,固未嘗不可,但必須灘地之不斷淤高,能與中水河槽之不斷冲深,互相呼應倘中水位河槽冲深極微,雖一時之間洪水水平面之上昇,較諸今日可略緩,但仍不能担保其不逐年增加。反之,苟中水位河槽之冲深,極有顯著之成效,則洪水水平面,亦必與年俱落。倘此項新洪水堤不築,余敢信所產生之現象,必爲前者試舉一簡單之例,加以計算,俾資證明:今有某段河流,寬約3公里,假定中水位河槽之寬爲300公呎(或僅需200公呎),是則中水位河槽之寬,僅爲洪水河槽十分之一。至灘地之漫水,並不因中水位河槽之故,而阻止,且此種漫水,本爲先生所希望,因其有助長淤積之功效。淤積之多寡與冲刷之深淺,應互相平衡在普通洪水時,倘灘地淤高4公分(4cm),則中水位河槽當冲深40公分(10×4=40cm)換言之,十年之內,灘地淤高至40公分時,中水位河槽已冲深至4公呎(4m);若爲二十年,則中水位河槽之深度將爲8公呎。若洪水河槽之寬爲4公里,則其得數將更奇。即使一一減半,每年以淤高2公分計算,則二十年內,中水位河槽之冲深爲4公尺;四十年內爲8公尺。此猶就中水位河槽寬300公尺而言也;若其寬祇須200公尺,則一切得數,均將爲前述之一倍半。換言之,每年以淤高2公分計,四十年內中水位河槽,將冲深至12公尺。

誠如前述,中水位河槽在四十年內冲深至12公尺,同時洪水河槽淤高80公分,但全體河床之平均深度,則仍與以前無異。在事實上,我人不應只以十年至四十年爲標準,至少須以百年爲根據。是以余之見解,中水位河床之冲深,決無如前述之甚,且縱係需要,亦不能聽其若此。因灘地之淤高,與中水位河槽之冲深,步驟不宜過於參差。否則當中水位河槽甫經冲深之際,洪水平面必將繼續漲高,而危及老隄。如何防止此種情形,此乃我人研究之最後目的。余於此,最欲考求者,即中水位河槽之冲深,是否根本有停止之可能?對於此點,費禮門先生之研究,殊堪重視。先生曾指出現在縮狹之處,在洪水時固可冲深,但水落即有返於原狀之虞。余頃已將其原因述及,即因遼闊之灘地上,水平面之高低,頗爲一定,因此冲深之段,其剖面愈大,動作愈緩,而泥沙在此之沉澱,亦將愈速倘在河槽中間冲成一狹而且深之溝,則其情形雖略異,但大致亦必相差不遠。洪水由灘地退歸河槽,須費長久之時間,故此項深溝中之淤積,雖與縮狹之段,不可同日語,然亦頗堪注意總之,泥沙仍將由兩旁灘地,向河中央移動,殆爲不可免之事實。倘先生對於此項由洪水不斷增高所引起之危險,如前所述者,仍欲有所停止,則除固定中水位河槽以外,對於洪水位河槽,其勢亦非加以固定不可。誠若此,先生之理想,即新河槽之冲深,與現有灘地之淤積,方能互得其平。此與余所建議者,倘有何異?不過此種治法,需時頗久,因此目前黃河下游之險狀,亦將同樣延長耳。

余竊欲於此聲明,即余所作建議中最主要之一點,乃在新隄築成之後,小量及中量洪水,立即陞高至最大洪水位之高度。如此則雖屬尋常洪水,亦可發揮其與最大洪水同等之冲深能力。同時尋常洪水挾砂量,僅爲河水之2—3%,以與最大洪水時挾砂量10—12%相較,則前者之輸砂能力,必較後者遠勝,不言可知。倘在最大洪水時,所冲起之砂量,猶如築隄以後,小量洪水抬高水位後之情形,則此項砂量,將爲最大洪水所不能勝載,且無法遠運,因其本身已含有不少砂量也。但照余之計劃,此項小量洪水之載砂力,可較以前增加8—9%。苟其冲刷力仍嫌不足,則不妨借助於濬河之工具至於運砂力之助長,則大可不必。

余認爲欲強迫維持一種平衡狀態,即賴以增進或保持現有之洪水位者,殊不可能。余之建議,使洪水位之降落,十分安全,堪稱唯一解決之良法。但洪水位長此降落,亦足以引起危險,故余在報告中,對於此點亦經詳加論及。聞黃河沿岸,石料尚屬充足,則誠欲阻止河床之降落,未始無相當方法;如在河中拋石成檻,或築堰(Wehr),同時且可大規模利用水量以產生電力焉。倘洪水河床已充分冲深,則此項堰工,不妨分設多處。其中大半均爲「固定堰」,一少部分可爲「活動堰」。此種固定堰,似可用石堆,積如隄狀;當洪水時,不難在極短時期,爲泥砂所填實。此堰所用之材料,不妨戲名之曰「泥砂混凝土」,以示與「水泥混凝土」有異曲同工之妙也。

對於治理河口,先生與余同其意見,甚屬可喜。又對於李協先生在小清河口闢港之主張,先生亦以爲可行,均使余聞後不勝欣慰。

此外建造新隄及橫壩之主張,即費禮門先生一度所建議者,雖余與先生,均認橫壩爲不必要,但即使建設,余以爲並不足以引起何等巨大之影響。此種主張,雖其形式稍加改良,仍不外中國古時治河所用之方法。中國人於建造此等隄工,殊有過人之本領。彼等昔日,對於黃河早經有雙隄之設,且其綿延殊長。彼等之祖先,在千餘年前,用極簡單之方法,所能做到者,何獨於今日反不能?照余估計,因此所需之費用,並不甚鉅。若與所得之效果比較,則余意更屬低廉。

先生以爲不必多事試驗,余殊不敢作此肯定之表示。余雖確信余之主張,必可收極大之效果,且亦以爲並無再作試驗之必要。但余所以仍主張先之以試驗者,無非欲假手試驗,獲得充分之證據,使多數之中國工程師堅其信仰。同時因試驗之結果,余希望於計算方面,亦可有所改正。如先生仍疑我說,則爲鄭重起見,余意先生對於「以固定中水位河槽,爲唯一治河辦法」之主張,必須詳細加以試驗,方足以證明二者之究屬孰是。試驗之結果,苟不與余在前文所計算,洪水河槽之淤高,及中水河槽所需要之冲深相符者,余殊不敢信。

最後余願再度聲明,即先生所主張「固定中水位河槽」一層,仍將採用,惟須在余所計劃之新隄築成,及河床降低以後耳。余未嘗不重視先生之主張,觀於余將此種辦法列入最後施工計劃中,可以證明也。

(一九三〇年十一月十日)

9. 恩格思與沈怡論治河書

（前略）接來信,承詢余對於方修斯教授所作治河建議之見解,余等於此問題,曾互相交換意見,茲特檢附來往信札,以備詧閱。

余在奧貝那赫(Ohernach, Ober-Bayern)水工試驗場所作之大規模試驗,現正告結束,此項報告,將在"Bautechnik"雜誌發表,屆時當寄奉一份,藉供參考。

余此次試驗所得之結果,其中最有趣及最堪寶貴者,即若將隄距大事約束,則在洪水時,河床非但不冲深,洪水位非但不降落,且其影響所及,足使水位不斷高漲。河床凹陷處所,在洪水時固可有鉅大之冲深,但河床隆起處所（一稱河脊）,雖不加高,然亦未能相當降低。故其結果,二者間高低之相差,較前益鉅。換言之,河床縱剖面之不整齊,將因洪水而愈甚。

余於一年前,即已向方修斯君,對於彼所津津樂道各點,如河底將因此有鉅大之冲深,以及洪水位之降落等,表示余之懷疑。而由余最近試驗之結果,已證明方君所理想之冲深,及降低洪水位二點,並無實現之可能。惟余不能不聲明者,此次在奧貝那赫試驗時所用之泥砂,每粒大小約3.5公厘（mm）,所用均係清水。此種情形,當然與黃河顯有不同。余以此項問題之重要,故在所作報告書中,曾提及對於黃河有舉行特別試驗之必要,而目前奧貝那赫之試驗場,對於施行此等試驗,可謂十分合宜。余爲此事,曾致函李協先生,並建議即在奧貝那赫地方,舉行試驗。所需費用,約爲四萬馬克。余初意與現在之主張,並不相同,參看余致方修斯君之函可知,（按恩氏初意,以爲毋事再多作試驗之必要,不妨即根據彼之主張,起而實行。）今因奧貝那赫試驗之結果,頗覺若能爲黃河作特別試驗,亦未始非無益之舉也。（一九三一年十月二十日）

10　鄭肇經治導黃河試驗報告書書後

竊按黃河爲禍中國,已歷數千年之久。承平之世,每遇潰決,恆大舉堵築;惜祇求安瀾,而忽於修守,終歸隳敗。若夫亂離之季,一遇潰決,則朝野無暇顧及,勢必奪流改道,更屬不堪收拾。是以吾國歷代治河,固未嘗統籌全局,確定治本方策;而修守事宜,亦多日久玩忽,任其荒廢。此黃河所以歷數千百年,仍爲易淤易決易遷之河流也。今者,河決冀魯豫之境,災遍數省。國人惶惶,羣起呼號,以爲黃河不治,禍且不測;僉認速定黃河治本大計,爲當務之急矣。於是中外人士,各抒偉論,凡屬治河之法,舉之無遺,議論紛紜,莫衷一是,依違取舍,無所適從。蓋黃河猶久病之人,病象未加診察,徒據傳聞之言,而草擬方劑,則治效安可知耶。雖歐美水工專家,如費禮門恩格思方修斯等,均經長期研究,擬定治導之策。然費氏主張建築直河,恩氏主張固定中水位河槽,方氏主張築堤束水攻砂;意見仍屬分歧,亦未可遽判其優劣也。考其差異之原因,仍在黃河之病象,與受病之由,未能診察準確耳。是以規劃黃河治本方策之先,宜認明病原,對症擬方,始克有濟。李儀祉先生所擬治黃綱要,主張從事地形及水文測量,並實地觀察研究,期以三年,然後擬定治本計劃,其言是也。惟念費氏直河之說,難以實施,恩氏於制馭黃河論中,言之詳矣;姑不論方氏築堤束水攻沙之說,雖與明代潘季馴氏之議相似;然最近又經恩氏大模型試驗之證明,結果適得其反;且築堤工程,對於經濟方面,是否合宜,似尚有待考慮之處。而恩氏試驗之結果,以爲寬堤河槽,刷砂之深度反大於窄堤河槽,如經確實證明,則治導黃河,自以採用固定中水位河槽之法最爲妥適。然則恩氏之試驗,其關係重要,不待言矣。但去歲恩氏於試驗報告書內,曾經聲明是項試驗,尚未結束;故有請求我國政府補助四萬馬克,完成試驗工作之議。奈以經費支絀,未果實行。功虧一簣,殊爲憾事。值此舉國高唱根本治河之際,除實施測量工作外,允宜仍請恩氏完成試驗。同時實地選擇黃河內河床變遷較少之寬堤及窄堤河段數處，趁今冬枯水期內，測繪地形，剖面，及水位，比降，流速，流量，含砂量等。再於明年中水洪水之時，於各段同樣測驗，並詳加觀察，互相比較；對於恩氏試驗之結論，或有相當之證明，如是三年以後，水文紀錄稍具規模，而治導方策，亦略有準則然後參酌財力，因地制宜；擬定治本方策，循序實施，洵千載之利也。國人果具決心，完成千年大計，則水文測量，及實地測驗，固不宜緩。而恩氏年登大耋，以風燭殘年，爲我策劃。國人感佩之餘，宜知寶貴，則最後之模型試驗，尤應早日促其完成也。（民國二十二年十月）

11　李賦都論黃河問題

篇前語

黃河問題，可謂複雜矣，困難矣，關於導黃之意見，可謂多矣足以證明黃河問題之重要，而能引起各方學者之注目與討論也。余觀導黃議論之繁雜，各方對於其主持之堅守，在理論上固各有其相當之價值，每發一言，亦即有其一言之理由然負導治之責者，終應取何法乎？

此次恩格思教授在德國試驗黃河，爲時四五月，費用一萬六千元，成績雖有相當之價值，然終以時間過短，經費過少，未能達一澈底與無疑之解決，殊爲可惜。

黃河對於我國利害關係至重，對於其導治方針，宜用盡心血以研究之，非專以空談，而尤非以冒昧從事，所可了事也。

余對於黃河問題，仍注目於「試驗」。反對之人，固亦有之。然吾人須知水工問題，決不可與別種工程相比。歐美之水工學識，當遠高於我國者；然終仍依賴「試驗」以助其成效之精美。蓋流水複繁，而吾人之學識又有限，不能僅靠理論也。況在我國之情勢乎。

遊德經過

余承豫魯冀三省政府派往德國參加恩格思教授之黃河試驗，於民國二十一年七月起程,九月初抵南德 Obernach 水工試驗所。黃河試驗,即在此行之。余赴德主要問題,固在試驗黃河;然亦注意於水工試驗所之設備,與其中之工作。故於去歲十月杪黃河試驗完竣後,即遊歷瑞士 Zuerich 及德國以水工試驗所著名之各市:如 Muenchen, Dresden, Berlin, Karlsruhe, Hannover 等處. Muenchen 水利研究院並派工程師與余同行,除參觀水工試驗所外,並至南德 Kempton 參觀 Ott 水文及水工試驗儀器廠,與 Muenchen 之飛機測量公司,獲益非淺。十二月初抵余前六年讀書之 Hannover 市,與余師方修斯教授相會。方氏對於黃河問題,亦極注意,並在其試驗所內,作各種之黃河試驗,實足令人欽佩。方氏請余在其試驗所內實習,繼續研究治黃之方法,余至此,恢復以前學生之生活,感無窮之興趣,

恩格思氏於黃河試驗告終後,曾作一臨時報告書,余曾譯載大公報及工程月刊.恩格思並擬於一九三三年再作第二次之黃河試驗,未果。余本年七月起身回國,經 Muenchen 訪水利研究院院長。該院對於黃河試驗之詳細報告書,適已完成關於此次黃河試驗之各種設備,試驗方法與結果,以及方修斯試驗黃河之報告,余將於最短期內,作一詳細之記載,報告三省政府,期使我國水利家得一完美之參考與評論.現值黃河為災,黃河水利委員會成立之際,余深知國人對於黃河問題之關切,先草成此篇,略述此次試驗研究之要點,及導黃着手重要之工作,以作當局之參考。

黃河應卽着手導治

黃河對於我國之利害,人所共知,余觀恩格思教授研究黃河之熱心,與方修斯教授不為經濟困難所屈,在其試驗所內盡民族互助之精神,誠慚愧不遑。恩格思曾與余談,歎曰:『前十餘年吾已從事研究導黃之法,乃為病魔所擾,不能親視黃河,深以為憾.而今之黃河,猶昔之黃河,中國時局仍不容樂觀。向使以此二十餘年之光陰及因內亂耗費之金錢,以導治黃河,則工作當已告一段落。』外人對我國如此熱心,則我國

當局應作何種感想乎?黄河今年不幸釀此巨災,人財損失極大,目前除臨時修補堤口,防免水勢擴大之外,別無他法。然我國當局應以此次之水災作爲最後最深之教訓,勿再拖延時日,此次災後,即應盡全國之能力,着手於導治黄河之工作。余敢敬告於黄河水利委員會諸公,務各盡其能,各專其職,以互助與忠實,成此偉大事業。黄河水利委員會應取用學識高尚品性忠誠之專門人才,若本國人才不足,儘可擇聘外國經驗豐富之人員。吾人若念及黄河問題之重大,與我國水利學識之幼稚,當不以余言爲謬矣。查已往關於黄河工作之弊病,在無統一的通盤導治之行政機關。關於黄河之機關,僅爲局部者,所謂各掃門前雪。其工作不過補修隄防,及築護工程,而無根本導治之工作。今有黄河水利委員會之成立,實幸甚矣。此外吾人尚須特加注意者,即黄河之導治,實爲我國水利工程之最要者。他如導淮,及興辦冀省水利,固屬重要;然黄河不導,足以危及其他之導治工程。此次黄河爲災,淮河流域及冀省,均呈危狀,即其證矣。

專家導黄意見

黄河爲害之原因,黄土是也。上中游坡度較大,水力較大,黄土或經雨水由土山田地溝壑間接沖入河內,或直接由兩岸及河身沖至下游。及其至下游也,因通常水力過小,不免於淤積,以致雙堤以內,河線無常,時加改易。河槽時近堤根,危及堤身。再加以堤之路線,曲折無規,如修補不週,一遇大水,則不免於潰決。因河身歷年淤積,高出兩旁地面,故尤顯河床淺小,每遇大水,不免決潰,其災患之巨,可想而知。故導治黄河之根本方法,在中上游則爲阻止沙泥之沖洗,減除河水之含沙量,在下游則爲防止泥沙之淤積,使河槽深入地內,使河水所帶之泥沙盡量輸之入海,使河身有充分的深且固定之槽線,及堅固而線形適宜之堤防而已。

關於黄河之論著與導治之意見,可謂多矣。有主張注重上中游之導治,以求根本解決者;有主張着手於下游者。在上中游則曰植林,曰普及溝洫,曰保護河岸,曰設築水庫,修攔水壩,曰改移河道。於下游,則曰束堤攻沙,曰築横壩,曰固定河槽,改良舊堤綫形;曰改移河身路線,曰分殺水怒。凡治河所有之方法,未有不建議用之於黄河者。吾人於治理黄河之先,須先明瞭各種意見之用意,及其成效速遲,與經濟上之是否適宜,萬勿各存己見,互相爭持。

關於黄河下游之導治,如前所述,議論甚多。賈讓治河,主張開門築渠,以分殺水怒,使民得以溉田。潘季馴則主張以堤束水,以水攻沙。稽曾筠言治河必導溜而激之,激溜在設壩,是之謂以壩治溜,以溜治槽,稽氏之所謂壩者,卽英文所謂Dyke,德文所謂Buhnen及Parallelwerk等是也。

近代亦有導黄入淮入衛之説,其意亦在分殺水怒,與展灌溉事業。又有開設湖澤等等之説。在西人方面則有費禮門,恩格思,方修斯等之意見。費禮門主張修新窄堤,並築横壩之護堤工程,且使全河成直形之節段。方修斯治河方法,則首在築成與河流方向適合而帶弱曲之窄堤,其寬度約在五六百公尺。近堤之處,植以叢木,以保護堤身。設計堤內河體横斷面,只需使其能容收普通每年之大水,利用此每年大水,以冲深河底。據彼判斷,河底於八年之後,即可冲深四公尺。如此,則高水僅達於現在邊床之高處。新堤之上,並設溢水段,使特别大水,溢入新舊二堤之間,使該地漸次淤高。既係臨時性質,又未改已往狀況,可謂有利無弊。

自恩格思發表其治河意見之後,吾人對於黄河之導治,始得一特異之記錄。束水攻沙之法,恩格思極力反對。謂黄河之患,不在堤之過寬,而在其無固定之「中水河槽」。因無固定之中水河槽,故河槽曲折無常,時近堤根,而百患生焉。若黄河得其固定不變之河槽,則水流有方,邊床自行淤高。堤之距離愈寬,則邊床愈高,水流速度愈小,而淤積愈易,堤之受險亦愈少。若邊床淤至高水線程度,則導治之效力可謂完全達到。如此則河水至高水線,亦有一整個之河槽。因其與有邊床者較,其需要之坡度較少,故高水線亦漸次降落。在此固定之河槽內,若能使低水流速,足以攜帶其所含之泥沙,則槽河不至於淤高。至於邊床淤至高水線所需時期之多少,固一疑問;然亦不足重視,知其趨向已足矣。恩格思對

1 渠尾操縱水位活動堰(第2試驗)

2 含溢水槽之水箱，出渠之水用抽水機抽入箱內，水由箱經量水閘流入回水渠，由回水渠仍流入渠內

3　測量橫斷面之設備

4　第2試驗以前之河床，由渠之中部觀望渠之尾端，左邊爲回水渠

180 恩格思治導黃河試驗報告彙編

5 第2試驗：第1模型年，低水流過之情勢

6 第2試驗：第3模型年流後河床之形勢

7　第3試驗以前之河床

8　第3試驗：由中水漲至高水時河水出槽之情勢

9　第3試驗夜景

10　第3試驗高水流過之情勢

11　第3試驗：第三模型年後河床之形勢

於此種導治法施行後，希望邊床淤高，河槽冲深，故固定中水河槽，採用活動護岸法，如活動柴龍是。邊床淤高後，可將護岸增高之；河槽冲深後，可使柴龍隨而沉落之。恩格思謂：以隄束水，無異乎以強權反水之天性，攻沙之功效有限，爲時亦久，在未達目的以前，災患自所不免，況其成效尚爲一疑問。恩格思謂：修堤僅可以防水災，而不宜以堤治水也。據以上之原理，恩格思對於治黃方法，第一爲固定河槽，第二爲整理已有之隄防。前者務須依河流已有之綫形，過曲者稍裁之，但勿使其全直，河之近堤根者，或改堤線，或移河線以避之，萬勿過改已有之狀況。後者務須使堤線有規，勿過於曲折，勿使雙堤距離忽然改易。此次恩格思試驗黃河之目的，即在察視因水位之變異，與堤防寬狹之不同，以確定河渠所受之各種影響。

恩格思試驗之經過

試驗地所在Muenchen附近Obernach露天試驗所。該所附屬於Muenchen水工及水力研究院試驗所位於Isar引河旁。河內設壩,引水入試驗渠,水經渠後,仍流入原河內。此種利用天然河水之試驗法,極為經濟。計該處可供試驗之水量,每秒可達八立方公尺。

黃河試驗,渠長九七、五公尺,比例尺為一比一六五,全床為一直形者。河槽槽底及兩邊同寬之邊床底,於試驗以前係敞平者。河槽之岸坡及與槽成平行之高水堤,以三合土製成。邊床底之質料,係〇至五公釐成份分配均勻之石灰石沙粒。模型冲淤質,經特別預備試驗,擇用煙煤粒,其比重為每立方公寸一、三三克,其顆粒為〇至二、一公釐。依預備試驗,得模型槽底與水面坡度為千分之一、一,模型之高深比例尺為一比八二、五,大於平面者一倍。

隄防距離不同,對於流水情勢之影響,(冲淤質之運輸,河槽橫斷面之成就,水面位置等等)以堤距為三、八及八、九公尺之兩種試驗研究之。二試驗之水量,水面坡度,槽底坡度,試驗時間,均相同。每試驗之時間為三模型年,每模型年為二十四小時。在此兩種試驗之每模型年內,將水量依一固定之流量曲線,由低水(每秒二三・七公升)繼續的升至高水(每秒一九三公升),仍使落至低水。河槽內之水深為四〇至一一〇公厘,邊床水深為〇至四二公厘。

試驗以前,測量全渠之高低位置試驗時,測驗水量,水位,水面坡度,流速,每秒含泥量,水之溫度等試驗以後,測驗河槽橫斷面,河槽縱斷面,(以定槽內之冲刷與邊床之淤高值)每模型年內所冲刷之泥量等等。

經預備試驗及大概計算,得知若取不循環之流水試驗式,則冲淤質之損失過巨,絕非目前經濟力所容許。且冲淤質之供給,若求水量(每試驗日需一八立方公尺)與顆粒之互相適合,極感困難。於是乃取循環水式之試驗法,設抽水機及回水渠,將出渠之含泥水,仍導入試驗渠內。

模型之河槽寬度為一、九七公尺,今以一比一六五之比例尺計約合黃河者三二五公尺。模型之最大堤距,合黃河一四七一公尺。在窄堤試驗之堤距,合黃河六三一公尺。

擇用與平面相同之高深比例尺,則模型內之水過淺,水之流動不免爲平行線式者(Laminare Strömung)。據各水工試驗所之經驗,取用較大之高深比例尺,並無妨礙(此次試驗之高深比例尺爲一比八二、五)即對於冲浮質之選擇亦較爲易易。

試驗水量,係根據黃河最大水量每秒八四〇〇立方公尺,中水量每秒三四〇〇立方公尺,及低水與中水間之水量每秒一一〇〇立方公尺,以作模型內之低水量。取用此較大之低水量,爲使河槽之水不至過淺也。

依此試驗,水量及模型之比例尺,得中水深度(適與槽岸相平)合黃河者五、五公尺,槽內高水深度合黃河者九公尺,邊床深度合黃河者三、五公尺,及低水深度合黃河者三、一三公尺。計算試驗渠河槽之水深,在窄堤高水者爲一〇九公厘,在寬堤高水者爲九七公厘,在中水者爲六七公厘,在低水者爲三八公厘。

試驗結果,足以令人注意並出乎意料之外者,爲在寬堤情況之下,河槽冲深,反甚於窄堤者。窄堤河槽於三模型年內冲深約八、八公厘,而寬堤河槽在此之模型內,竟冲深至二九公厘,邊床淤積亦遠多於窄堤者。以此種結果論,則恩格思之導治方法較爲優良。蓋恩格思之目的,即在固定中水河槽,使邊床淤高,河槽冲深也。恩格思對於此結果,在其臨時報告內解釋之如下:

「窄堤河槽內及邊床上之流速與水深,均大於寬堤者,故窄堤內水之『冲刷力』亦因之較大,其所攜泥質沉落之機會亦較少。在次循環流水式之試驗,(水出渠後,用抽水機抽入回水渠,仍流入河渠)若增加流水年期,而不添加其所含泥量,則最後達於一『固定之狀態』,河槽不再冲深,邊床不再淤高,由高水降至低水時,在沉澱池(沉於河渠之尾端)所沉淤之泥量,亦達於一最後之値量。此種情況,可以每模型年河水含泥量之減少證明之。在窄堤試驗,似於八年後可達至上述之『固定狀態』。在寬堤試驗,則四模型年後已可達之。若於此寬堤試驗,延長流水年期,河槽似不至於繼續冲深,而在窄堤,則河槽似乎仍須增深。惜此次試驗之期限過短,時已入冬,不克繼續工作,以證其不謬也。以上所述,亦有他理。在窄堤試驗之泥沙由高水降至低水時,多經『沉澱池』攜帶而來,而寬堤試驗時,則此泥沙因邊床水流較緩,多有沉淤其上之機會。水之含量於每秒水量相同之情勢,在窄堤河渠,因水較深及河床橫斷面較佳,故遠多於寬堤之含泥量。」

明星水利研究院對於此次試驗結果,亦有詳細之解釋,今擇其要者筆之於下:

在將二種試驗,互相比較以前,須講明循環流水模型內泥沙之運輸,與天然河流者相差之處。

模型河渠可視為直形河流之一短段,在水量不變時,則河內經此段之水,已於該段以上收容泥沙;其多寡以其坡度及深度為衡。在循環流水模型試驗時,則以抽回原試驗水入試驗渠,模仿此種天然情形。惟模型內之泥沙,乃由渠底之冲刷供輸之。水位增高時,自然河水在入此段之時,已含較多之泥量。在模型內,則以增添新水,以達此高水位,以河床之冲刷,而得此較多之泥量。在水位降落時,模型內與自然河流之狀況,無所差異。試驗用水之總量,一部分於水位降落時,他部分於每模型年後,導入沉澱池。故沉澱池容納由河底冲出以充添水內泥沙之大部份,其餘由冲刷而來之泥沙,則淤積於回水渠內之死水處。此二種泥量,須由河槽總冲刷量減除之。蓋此種情勢,僅由循環流水式而來也。

此外特須注意者,一切試驗結果,只為一直行之河渠,有固定之中水河槽,及渠尾水位者。

以下為該二試驗結果之比較,其單位值係寬堤試驗之數值。

1. 高水水面流速之比,河槽內為一比一、一二,邊床為一比一、五。

2. 高水每秒攜泥量在二試驗內,由一模型年至次模型年,均有減少,因河床之冲刷漸近於一終點。然於三模型年之試驗時期內,尙未達及此境。三模型年內,每秒洩泥量平均數之比爲一比一丶八,故束窄河床,可使含泥量加倍。換言之,可使入海泥量,多於寬堤者一倍。在沉澱池所淤積之泥量,亦可用以作輸入海內泥量比較之標準。但因在回水渠內,亦有淤積,故不甚適合也。此淤泥容量之比爲一比一丶九,其値與直接所測量者相符合。

3. 水面坡度在此二試驗內,可使之完全相同,平均爲千分之一丶一六三或一丶一七四,最多相差百分之四。

4. 二試驗之高水水面位置,在三模型年內,雖河床冲深亦無大變更。此蓋渠尾「固定水位活動堰」位置未變所致。或係因河槽冲深之影響,與邊床之淤高相抵消,亦未可知。因無確實之考察也。經河床之束窄,高水位平均升高一四丶一公厘。如前所述,以沉澱池及回水渠內之淤泥計算之,河槽冲刷値爲數過大。但以此過大之數値,校正高水位置,則不能獲效。蓋由各模型年之水面高位,未能察出河槽冲深對於高水位之影響也。

5. 河槽冲深度,用四種方法計算之。寬堤試驗所得之數値,甚相符合(二二丶八至二三丶八公厘),而窄隄者則相差甚殊(四丶八至七丶二公釐)。由死水處邊床上及沉澱池內,淤積泥量所計算之値爲最大(七丶二公厘)。小而且薄分佈甚廣之淤泥,測驗時難免錯誤,故此種冲深度計算法,不甚精確。由測量橫斷面所得之數値(四丶八公釐),爲最可靠者。由此測量所得之冲深度(二三丶八及四丶八公釐),尙須減去在死水處及沉澱池經淤積而成之數値五丶五及三丶七。故此冲深値,在寬隄者爲23.8—5.5=18.3mm,在窄隄者爲 4.8—3.7=1.1mm。其比爲一比一六丶六。

6. 假設淤積泥量分佈均勻,則邊床之淤高値爲四丶三及一丶五公釐,故寬堤者與窄堤者之比爲一比〇、三五。

在實際上,邊床上之淤泥分配,並不均勻,普通爲寬條式,其灣曲與河槽凹線之灣曲性質相同,其薄厚由渠首至渠尾增加,由槽岸至堤尾則減小。邊床之淤積,乃由順流之橫運輸而成者

總而言之,水文較佳之窄堤河床,對於泥沙之順流運輸,較之在寬堤河床,遠爲適宜。故在窄堤試驗,泥沙之攜帶於沉澱池也,其量遠多於寬堤試驗者。

但寬度河床之特點,即在含泥量較少時泥沙之橫運輸爲甚多,因之邊床之淤積,亦遠高於窄堤者。

試驗結果,其足令人注目者,即寬堤高水河床對於河槽之冲深,勝於窄堤河床。蓋泥沙由河槽經短途而輸至邊床也。若中水槽固定,邊床不受冲洗,則河槽之冲深與邊床之淤高,互相扶助,能使得一整個之河槽。歷相當年期,河槽已深至相當程度,則可築較低堤防,以束窄邊床。故據此次試驗之結果,對於黃河之導治,可取下述二法:

1. 保護中水槽岸防,免邊床冲刷,依河槽之冲深,以增護岸工程。河槽深至相當程度後,再以較低之堤,束窄邊床。
2. 立刻以較高之堤,束窄河床,而不固定中水槽岸。如此,則河槽之冲深較緩。尤其因堤間河水凹線變遷無常,足使河底位置改異,危及堤防。故須時加護之也。

此二者之中,畢竟孰爲優良,須視地方情形而定。安全與經濟,亦須顧及之。

以上所述,純係一理想模型河段內有秩序之試驗。因對於黃河之研究,向少資料,故不能擇一種與自然河流相符合之泥質。所得之試驗結果,乃定性的,而非定量的。欲求試驗與自然河流相精切,須以縮尺相符之模型而達之。然因缺乏河流實際之觀察,不能實行也。

恩格思試驗之疑點

余發表恩格思試驗之疑點,並非謂恩格思導黃意見之不適當。查

此次試驗成效之不澈底,全係經濟與時間關係所致。吾人若有試驗黃河之誠心,給以充分之款費,及試驗時間,則定有精確之結果,請勿疑心也。

在束窄堤防與固定河槽,其泥沙冲洗之性質,如前所述,一爲順流者,泥沙直冲入海內,一爲順流與橫流者,泥沙之一部,由槽底冲至邊床,而淤積於此。此種冲刷性確合於理論,亦爲其他試驗所內所證明,其原理於後段再述之。

據恩格思試驗,黃河若有固定之河槽,則在寬堤之情勢,其冲深度反甚於在窄堤者。依試驗結果,除顧及經濟問題外,自以固定河槽位置爲適宜。然吾人對於此次試驗結果,亦有數疑點焉。即爲在黃河本身,於實行各法之後,其冲深度之比較,是否與經試驗所得者能互相符合,是也。

以堤束水,以水攻沙之效果,經方修斯之黃河試驗,與余在德之黃土試驗,確已證明,亦理之常然。可推知束水之法,不能謂謬。吾人於此二問題,特須注意黃河之含泥量河流之含泥量,若達於一相當之地步,所謂飽合點,則失其再收容泥質之可能。在達此點後,則河底不能再有顯然之冲刷。此種飽合點,在黃河內之數值,尚待試驗與研究。

此次試驗,窄堤河渠內大水之含泥量,多於放寬試驗者一倍。在黃河本身泥量之大部,乃係由上中游攜帶而來者。故下游之含泥量,在束窄堤防以後之情勢,固雖有槽底之冲刷,然與在寬堤者,可謂約同。即有所差亦不至如在試驗渠內之殊甚。今以此推論黃河之實情,若依方修斯之意見,利用每年普通大水,冲刷河身,因其含泥量遠少於特別大水者,故有收容多量冲刷泥質之可能。(余因恩格思試驗黃河之目的,在研究固定中水槽,與方修斯束水之法,故於此以方修斯之意見作比)若恩格思之方法,因大水含泥量,遠多於寬堤試驗時之含泥量,則其冲刷之效力,是否能與試驗者相同,一疑問也。此次恩格思試驗,以黃河已往之最大水量(每秒八千立方公尺)作每模型年之最大水量,其寬隄之距離,以模型比例尺論,亦遠窄於黃河本身堤防之距離。故在模型內每年大水時邊床之水,遠深於黃河每年大水邊床之深度。故模型內每年之冲深度,亦遠大於黃河本身者無疑。黃河在每年普通大水時,邊床之水既淺,橫流之冲刷效力亦較小,而特別大水,則相隔較遠,其冲刷之效力,是否能與窄堤者相爭衡,亦一疑問也。況恩格思試驗時之主要冲刷效力,在八千立方公尺之特別大水,而此特別大水之含泥量,遠高於試驗之含泥量。今以飽含之理推論之,則黃河本身之冲刷效力能否與模型者相若,又一疑問也。故取用恩格思之方法,在低水時槽內或不免於淤積,在平常與特別大水時,邊床自然淤高,河槽之冲刷,是否能與邊床之淤高相抵,尚未可知。若其不能相低,則雖有特別大水之冲刷,而河床全體或仍不免漸次升高。再者,恩格思主張,固定「中水」床位,而黃河並無長期之中水,則在此較大之中水床內,多半由低水流過,其淤積亦可想而知故此須固定低水槽若只固定低水槽,堤防距離與河槽寬度,相差殊遠,或難免有支渠之發現。凡此種種問題,均須待將來之試驗與研究,使可獲一根本而確實之解決。

著者之黃土試驗

普通河流多含沙土與石粒,其移動與冲淤性質與黃土不同。試驗河流,僅取用沙土,或各種代替沙土之物質,以黃土作試驗,未之有也。余在德國 Hannover 水工試驗所實習,歷時七月,作黃土試驗,僅二月而已。爲時既短,土料又少,範圍與成效自極有限。然余此次之黃土試驗,竟然引起多少學者之注意,均認此種問題之新異與繁雜,頗有確實研究與長期試驗之需要也。

余作黃土試驗,重要目的在視該項試驗究竟可能與否。華北水利委員會將設「中國第一水工試驗所」,而我國北部河流問題,以含有黃土者最爲繁雜,若不能以黃土作試驗,殊爲可惜。方修斯教授與余談論及此,曾謂黃土試驗恐難成效,因其在試驗渠內或不易於冲淤也。哈諾惟試驗所存有華北水利委員會寄來永定河流域黃土多包,余乃就其量之多寡,作一小規模之冲淤試驗,並略驗其成份與顆粒之大小。

據試驗結果,略得下列各點:

(a) 黄土試驗成效劣優,以模型之大小爲衡,若能使試驗渠內之流速小於每秒 0.3 公尺,大於每秒 0.4 至 0.7 公尺……(在此次試驗時水深20公分)則黄土即有沉淤及冲刷之可能。據恩格思教授黄河試驗之最大水量,每秒約爲200公升,最大流速每秒約爲 0.5 至 0.6 公尺,推知黄土試驗爲可能之事實。至於他種問題,如槽底發現波紋,據方氏談無大妨礙,或亦可消除之。

(b) 取用普通黄土塊,摻水成泥,以作河槽,較之由淤積而得者不易於冲刷。故作黄土試驗,宜取用經淤積而成之黄土。

(c) 黄土試驗之結果,只爲定性,而非定量者。欲使試驗結果有定量的移用之可能,則尚待研究。

(d) 在水工試驗所內作黄土試驗,務須有黄土試驗之特別設備,(特設之水池水箱或沉澱池等等)不可使黄水與其他清水混合。計劃試驗所時,務須注意及之。

現在哈諾惟試驗所試驗黄河,取用極細之沙土,結果亦佳。余參加該試驗,爲時甚短,殊爲可惜。

黄土之成份與顆粒試驗 中國黄土由極細之沙粒,粘土及石灰質組合而成。此種細沙,德文不稱爲沙。凡顆粒在 0.1 至 2 公厘以內者,稱之爲沙;小於 0.1 大於 0.02 公厘者,稱之爲Mo;小於 0.02 大於 0.002 公釐者。稱之爲 Schluff; 小於0.002公釐者爲 Koloidschlamm。黄土顆粒約在 0.05 公釐以下。黄土內之粘土成份愈多,則其結合力愈大。曾經試驗之永定河黄土,其成份多係含石灰質之細沙,粘土較少,而曾經試驗之黄河黄土,則含有較多之粘土,故亦堅於永定河者。置黄土塊於有薄水層之玻璃盤內,則見沾水之黄土部份,失其結合力,成爲分散之細沙,傾入水內。同時水亦高升,於極短時間內,全土塊爲水所浸濕,失其結合力。今置黄土於水中,使其沈澱,然後乾之,則發現直裂紋,與粘土之性質相

同,其體亦較堅於初時者,此較堅之沈澱土,亦含有細毛管作用,若仍置水內,亦易於分解,

茲將各種黃土顆粒大小及其成份比較列之於下:

永定河黃土顆粒大小與成份:

重量百分之14.4(%)其顆粒直徑≦ 0.01mm(0.0122mm)

………… 6.9 ………………爲 0.01 至 0.02 mm(0.0122至0.02365)

………… 44.8………………爲 0.02 至 0.06 mm(0.02365至0.06)

………… 33.0 ………………爲 0.06 至 0.2 mm

………… 0.9…… 大 於 0.2mm

黃河黃土顆粒大小與成份:

重量百分之43.6(%)其顆粒直徑≦ 0.01mm(0.0123mm)

………… 27.2 ………………爲 0.01 至 0.02mm(0.0123至0.023)

………… 26.2………………爲 0.02 至 0.06mm(0.02至0.06)

………… 2.4………………爲 0.06 至 0.2mm

………… 0.6…… 大 於 0.2mm

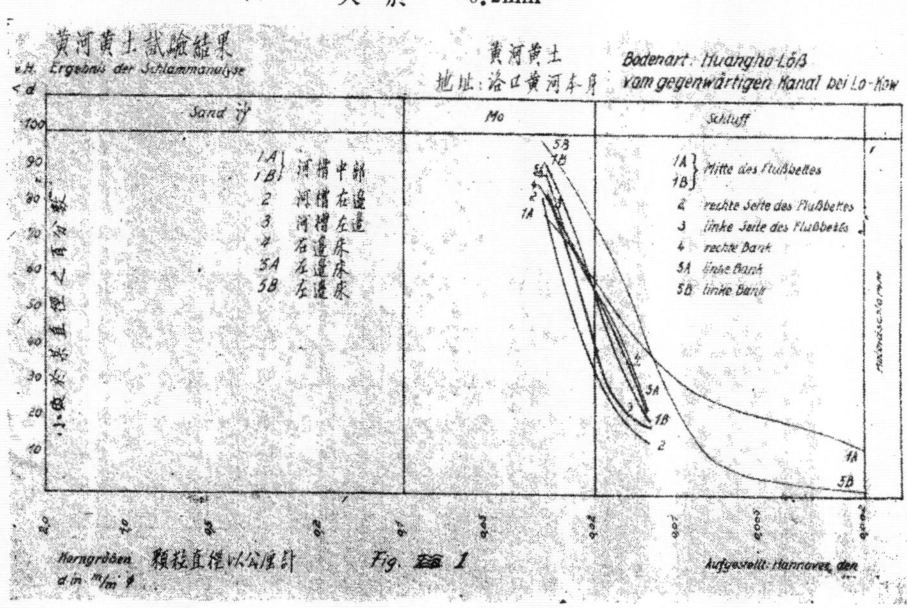

在括弧以內之數值。爲計算時所得之精確數值。黄河黄土之比重(Spor Gewicht)爲每立方公尺2.715噸,普通土塊之重量爲每立方尺1.86噸。永定河黄土之比重爲每立方公尺 2.7 噸,普通土塊之重量爲每立方公尺1.66噸。

山東河務局與導淮委員會曾經哈諾惟水工試驗所之請求,寄來黄土多樣,余在德時,均一一試驗之。該試驗原來目的,在視河槽內與邊床上所淤積之黄土,是否因河水流速與水力之不同,而影響於顆粒大小之分配此種試驗,對於研究河底之冲刷與淤積,極有關係。山東河務局寄來之黄土,係濟南洛口鎮及利津宮家壩一帶黄河槽內及邊床者。導淮委員會所寄來黄土,係江蘇黄河舊槽內及其兩岸者。第一圖至第三圖爲該黄土試驗之結果。第四圖爲取土地所之平面圖。在第一圖內可看出河床各處所淤積之黄土,因地位不同而性質亦相差異。圖內曲線位置愈高,則土內細微成份愈多。今視圖內之曲線位置,可知邊床上河水所含細微之土質,因水流較緩,亦有沉澱機會。而河槽中之土質,與

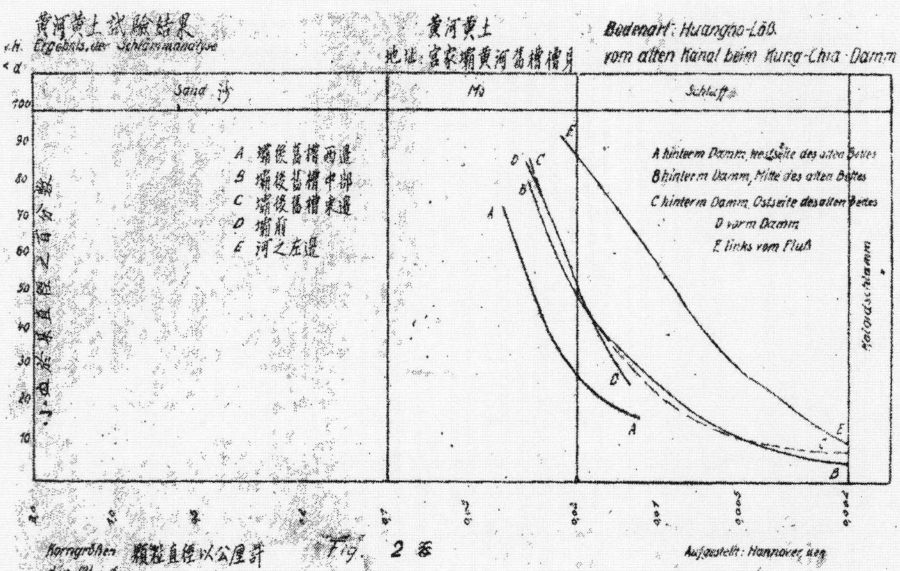

邊床者相比,則較為粗大。可知河槽內之水力較大,較粗之沙粒,沉落於河底;其細微者,則為水冲,輸洩之入海。又足令人注意者,即槽岸附近之土質,尚較粗於槽中者。此種現象,或由横流而來,亦未可知。(此種横流,在恩格思試驗黄河時,曾已看出,其對於河槽之冲刷作用甚大)此次研究,在理論上固然如此;然河流之變遷無常,地方之情勢又各相差異,不能得一與理想相符之結果。如此三圖,其能與理想略相符合者,亦僅一圖而已。

黄土冲刷與淤積試驗

(1)試驗設備: 試驗渠係一玻璃渠,寬 0.3 公尺,高 0.5 公尺,長 6 公尺,其全體設備如第五圖。

渠之兩端有方形水箱,下部設水管通連二箱首端,箱旁有抽水機,其軸與翼伸入管內。試驗以前,引水入尾端箱,同時水亦入管,達首端箱。試驗時抽水入渠,水經渠仍流入尾端箱內,成循環流水式。

此種設備,用以作黄土試驗,頗不適宜。箱內盛水有限,每當試驗開始之際,務須增添水量。而此多餘之水量,於每次試驗後,仍由尾端水箱下部之溢水門流出,多量黄土不免於損失。余本欲試驗水內含泥量與流水及冲淤關係,及含泥之包含點等等,均成無望。

(2)試驗渠與黄土槽 黄土槽長 3.4 公尺,深 0.14 公尺(第六圖)槽之首尾端設楔形木塊,覆以鐵片,阻土下傾。若槽底冲深,則於試驗後,依冲深度改低楔形木塊。渠之首端設消浪隙孔板,尾端設木製針壩,用以操縱水之流速。若將全壩封閉,可使流速小於每秒0.1公尺。槽上在第六圖Ⅰ Ⅱ處設二針尺,測量水面及槽底高度。每次試驗後,測量Ⅰ Ⅱ處之横斷面,及全槽中線之縱斷面。

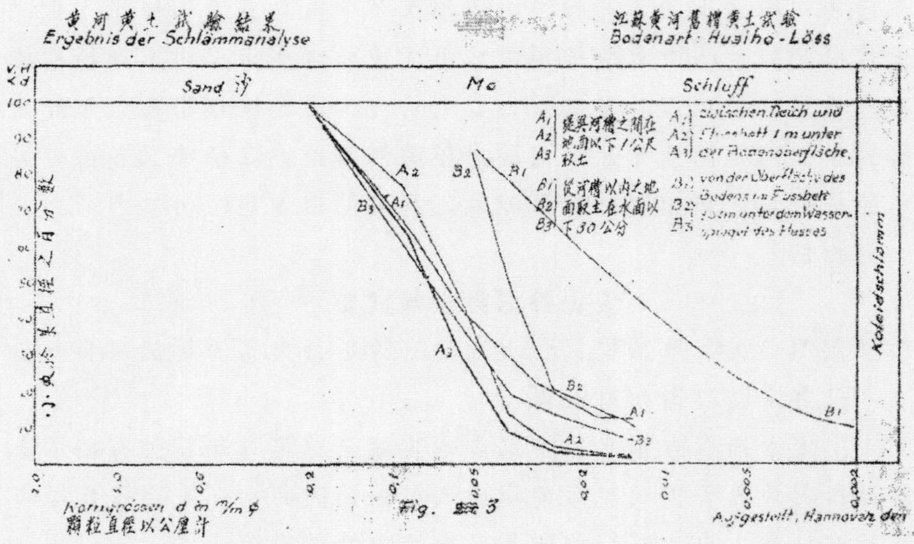

Fig. 3

試驗所用黃土，係華北水利委員會所寄來永定河流域內之黃土，其顆粒大小，可視本所內之「黃土顆粒試驗」。

試驗渠內黃土，由沉澱而得之，因其易於爲水所沖刷也。其理由亦極簡明，在沉澱之時，土之顆粒較大者（極細之沙質）沉落於渠底，其極細者，因沉澱較緩，於較大顆粒沉澱後，始沉落於其上，成一薄層。此種極細且含有粘土之薄層質，結合黃土最要之一部份。在試驗以前，曾將此薄層除去之。

自然界之河槽土質，亦爲經沉澱而來者，其成份亦爲粗細不等之細沙。水內較粗之沙粒，沉落於河底，其較細之成份，則被輸之入海。故經沉澱所得之試驗，河槽與自然者之性質，亦較爲接近。

試驗經過（第一表與第七圖）

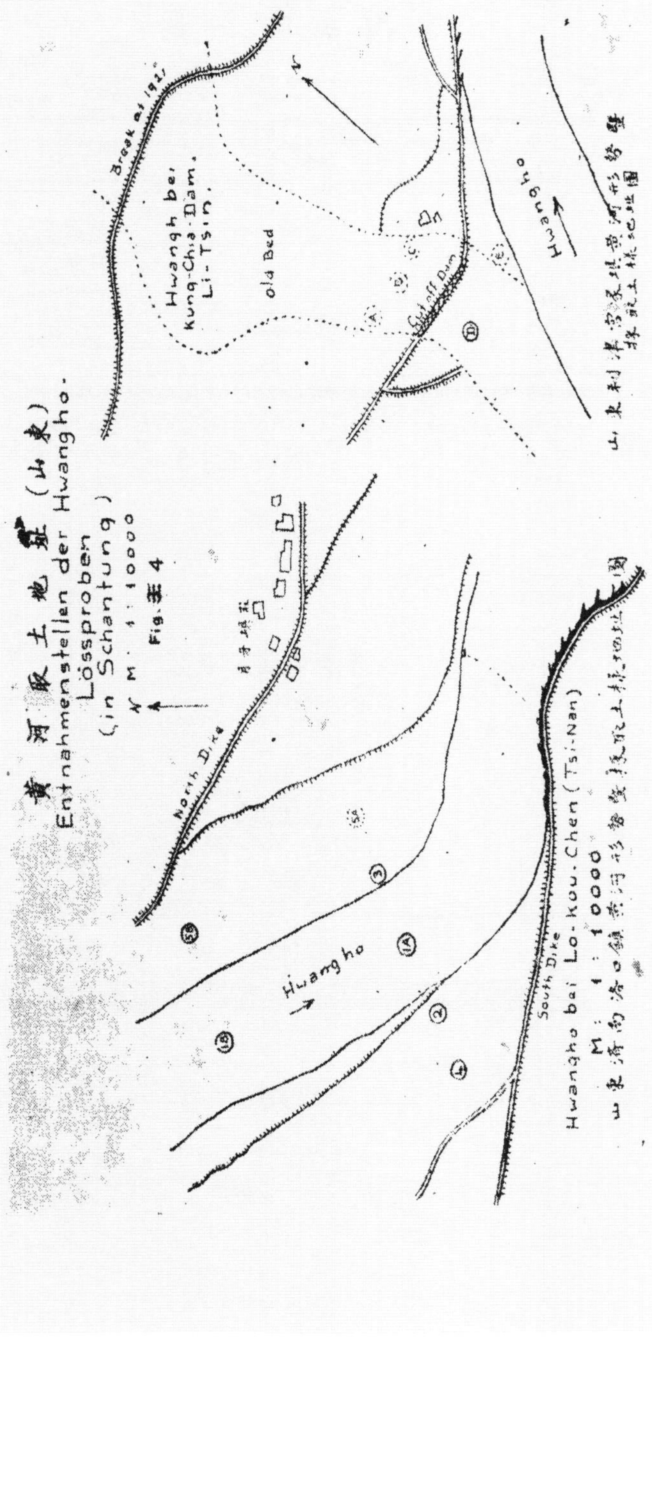
黃河取土地點(山東)
Entnahmenstellen der Hwangho-Lössproben (in Schantung)
M 1:10000
Fig. 4
North Dike
South Dike
Hwangho
Hwangho bei Lo-kou-Chen (Tsi-Nan)
M: 1:10000
山東濟南洛口鎮黃河形勢暨取土地址圖
Break at 1921
Hwangh bei Kung-Chia-Dam, Li-Tsin
Old Bed
Cut off Dam
山東利津宮家壩黃河形勢暨取土地址圖

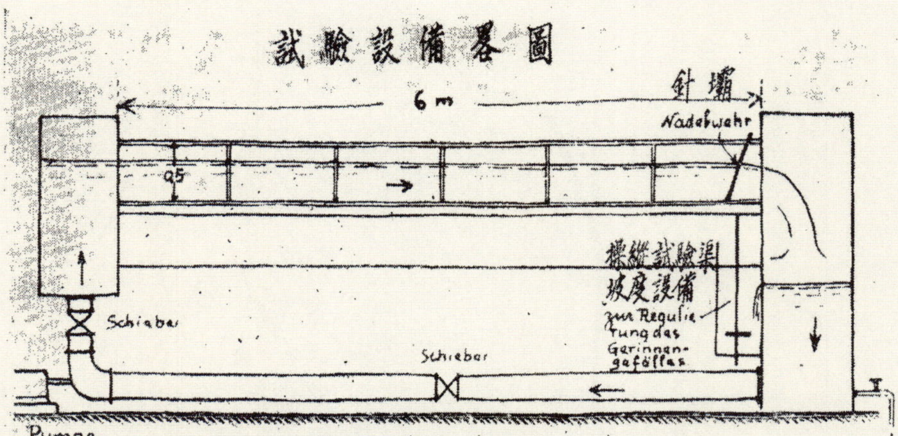

Schematische Darstellung des Versuchstandes.

Fig. 圖 5

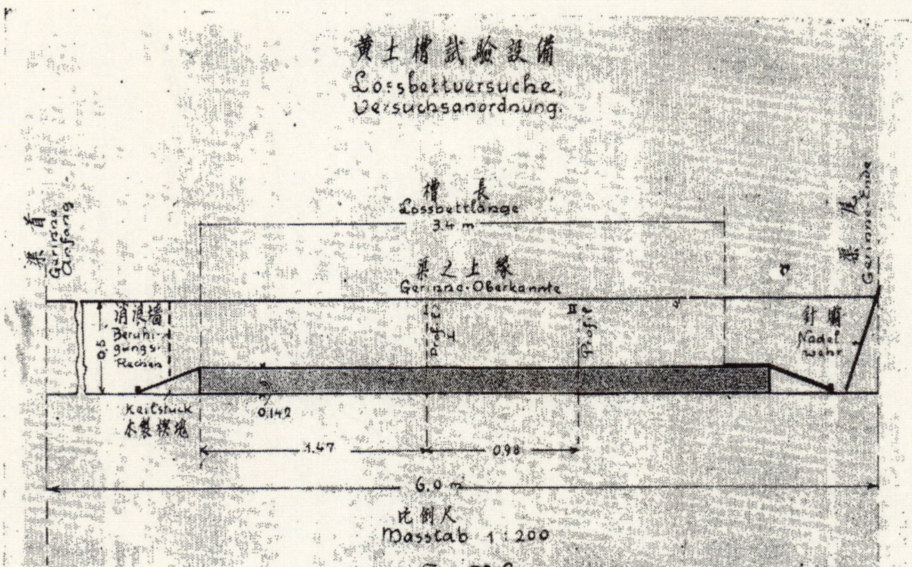

Fig. 圖 6

第一表 黄土渠試驗表

A. 短期試驗

試驗	水深 cm	流速 m/sec	含泥量 重量之百分	流水時間	渠底冲深 cm	渠底淤高 cm	每小時之冲深或淤高值 cm/s+d	注意
1	16.0	0.2	0.2	10分		淤高		
	16.0	0.3	0.2	10分		淤高		發現波紋
	16.0	0.4	0.2	10分				波紋冲散
	16.0	0.5	0.2	10分	冲深			

B. 長期試驗

試驗	水深 cm	流速 m/sec	含泥量 重量之百分	流水時間	渠底冲深 cm	渠底淤高 cm	每小時之冲深或淤高值 cm/s+d	注意
2	16.2	0.5-0.68		40分	2.5		3.75	
3	16.8	0.7-0.8		1小時	2.0		2.00	
4	14.8	0.5-0.66		1小時20分	0.5		0.38	
5	18.0	0.6-0.8		1小時	0.8		0.80	
6	15.0	0.66-0.8	3.45-4.1	1小時	1.6		1.60	
7	18.4	< 0.18		15分		0.5	2.00	發現薄弱波紋
8	18.2	0.18	0.314-0.24	6小時		1.2	0.20	仝上
9	17.6	0.30	0.55	4小時		0.6	0.15	槽底波紋强大
10	16.6	0.40	0.595	4小時	1.0		0.25	波紋較弱小
11	15.4	0.50		1小時	0.7		0.70	波紋弱小
12	19.0	0.60		1小時	0.8		0.80	波紋消滅
13	15.7	0.80		1小時	0.6		0.60	
14	18.8	0.50		1小時	0.0		0.00	
15	16.0	0.90		1小時	1.7		1.70	
16	16.0	0.6—0.7		1小時	3.5		3.50	

試驗前,槽內黄土含水份合重量百分之二五以各種不同之流速作各種試驗,計有短時及長時試驗。每次試驗後,停止流水,測量槽底切面及縱斷面。

(a) 短時試驗（第1試驗）：流速爲每秒 0.2 至 0.5 公尺每次試驗時間約十分鐘，結果如下：

流速爲每秒 0.2 公尺：黃土沉澱，成一薄層。

流速爲每秒 0.3 公尺：在所沉澱之上層，發現波紋，沉澱較緩。

流速爲每秒 0.4 公尺：波紋爲水冲散，然槽底尚未爲水所冲刷。

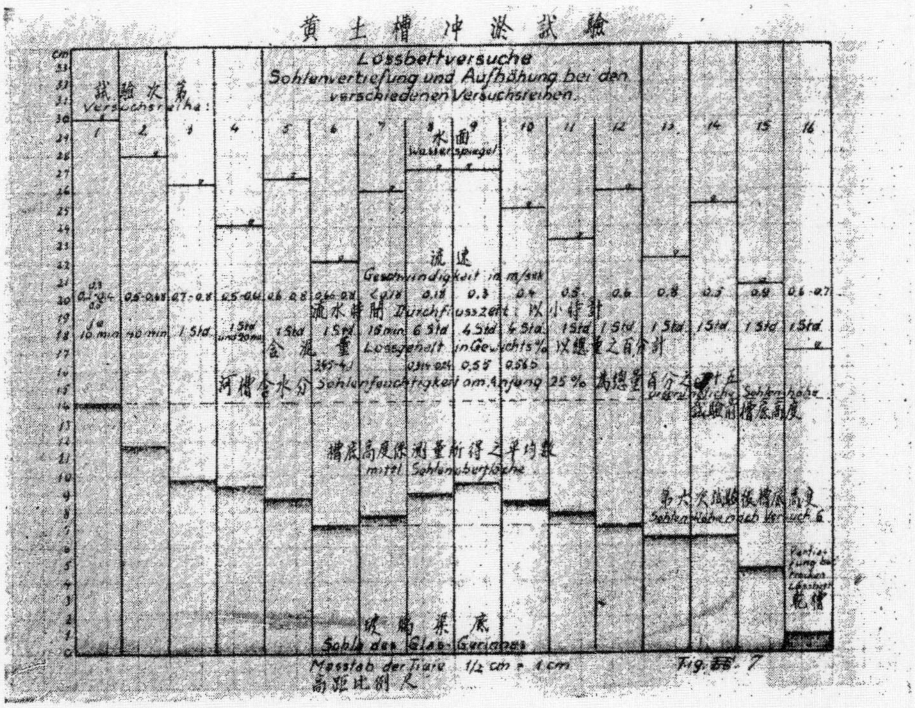

流速爲每秒 0.5 公尺：河底開始爲水冲刷。

經此短時試驗，略知淤積及冲刷之情形，然後作長時試驗。

各項試驗結果，以第一表與第七圖表示之。第七圖內槽底之高低，係切面及縱斷面測量所得之平均值。第九圖爲冲刷試驗槽底之縱斷面圖。

(b) 長時試驗（第2至第16試驗）：

由第 2 至第 6 之冲刷試驗，可知在平均水深16公分，流速每秒0.5

至 0.8 公尺之情勢,河槽於五小時內刷深 7 公分,水之含泥量達重量 4.1% 第 3 與第 4 試驗冲刷較少,由於槽底冲刷後,槽尾之楔緣過高所致。

第 6 試驗實行後,將槽底做平,使水以 18 公分之深度,及小於每秒 0.2 公尺之流速流過。(第 7 試驗) 黄土沉澱極速,於十五分鐘內河槽淤高 0.5 公分,合每小時 2 公分。

第 8 試驗,水流六小時,水深18公分,流速每秒 0.2 公尺,河槽淤高

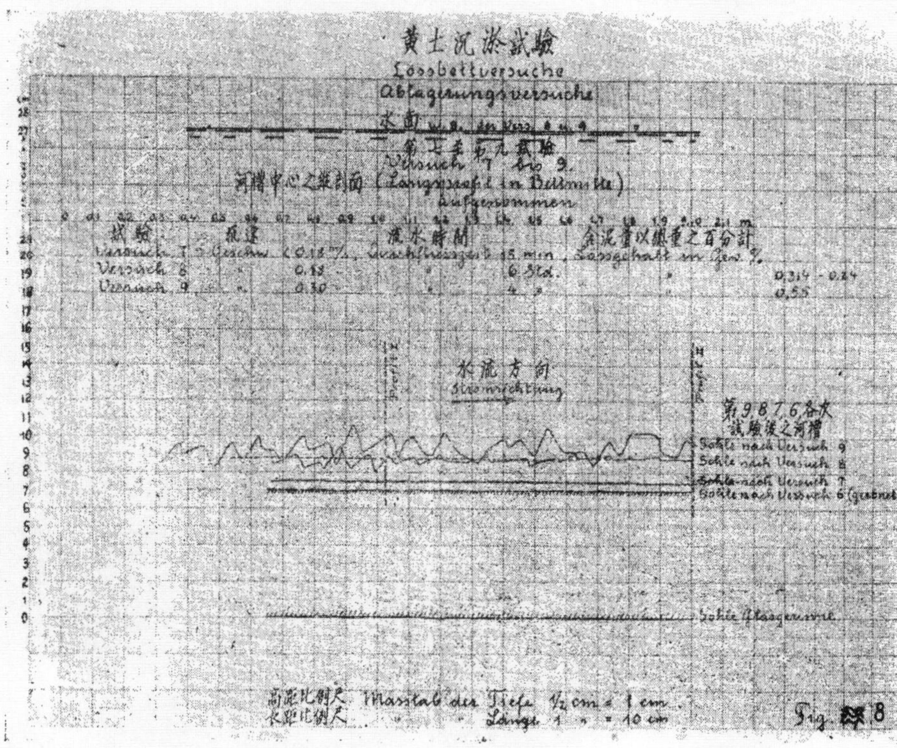

1.2 公分,合每小時淤高 0.2 公分。水之含泥量爲 0.28% 在此二淤積試驗,槽底發現波紋,但甚薄弱,與河內之普通沙灘無異。第十圖爲水流六小時後槽底之形狀,所淤之土層,極爲顯明。

以下每次試驗時,將流速漸次增加。在第 9 試驗,水深18公分,流速

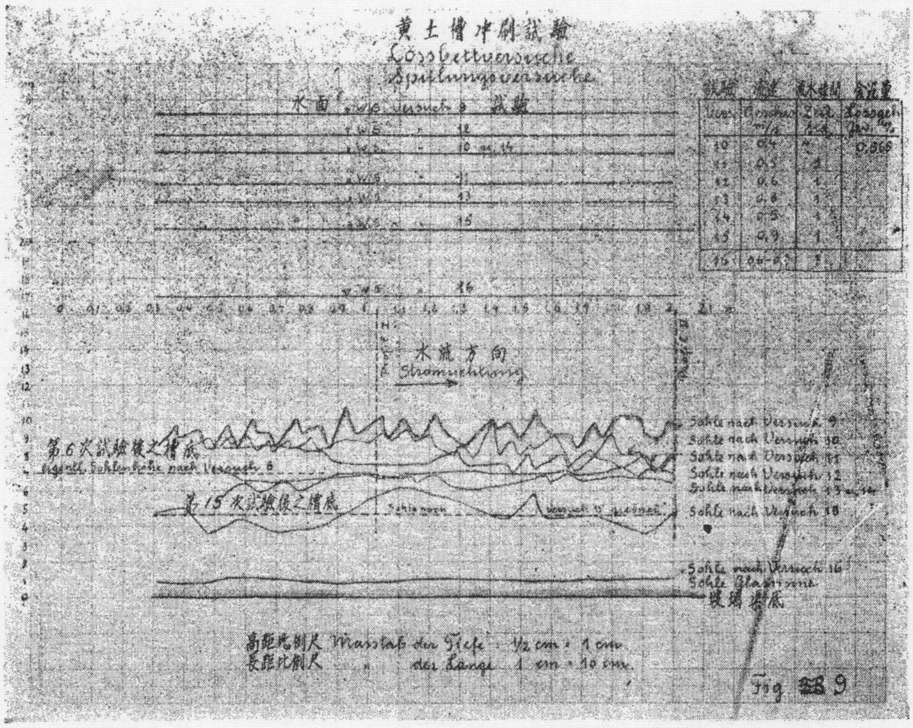

Fig 9

每秒 0.3 公尺。河槽仍見淤積。經四小時之流水時間,共淤高 0.6 公分,合每小時 0.15 公分。水之含泥量爲重量 0.55% 波紋亦較強大。(第八圖爲以上三試驗後槽底淤高後之縱斷面圖)

第 10 試驗,水深 17 公分,流速每秒 0.4 公

Fig. 10

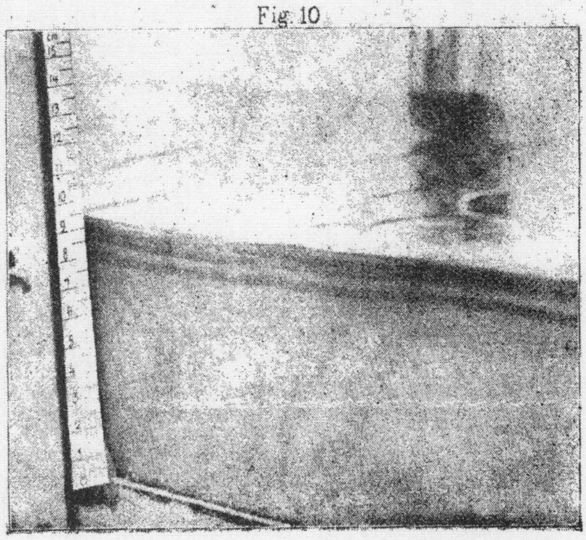

尺,流水時間四小時。河槽爲水所冲刷,其冲深1公分,合每小時0.25公分。波紋尚存在,然較弱於以前者。第十一圖至第十三圖爲該試驗後河槽之狀態。第十四圖乃切面Ⅰ與切面Ⅱ間槽邊波紋之形勢。此種波紋,由槽首漸次遊至槽尾,其移動速度,視水之流速大小。流速爲每秒0.3公尺時,波紋於三分鐘內移動1公分;流速爲每秒0.4公尺時,波紋於一、四分鐘內移動1公分。此種細沙移動,及波紋上之流水線,可視第十六圖。第十五圖爲一波紋之放大圖。紋體沙土結構式甚爲顯明,可看出波紋移動,與其上沙土冲淤之狀况。

第11試驗,水深15公分,流速每秒0.5公尺。河槽冲刷更甚,計每小時冲深0.7公分。此次試驗後,切面Ⅰ以上之波紋,完全消滅,切以下之波紋較弱。

第12試驗,水深19公分,流速每秒0.6公尺。試驗後之槽底高度適與第6試驗以後者相同,波紋完全消滅。在此次及以下各試驗,河槽之冲刷較爲困難。第12試驗後,由第7至第9試驗所淤積之泥量,已完全冲去。第12試驗之水力(流速爲每秒0.6公尺)不足以冲刷原先較

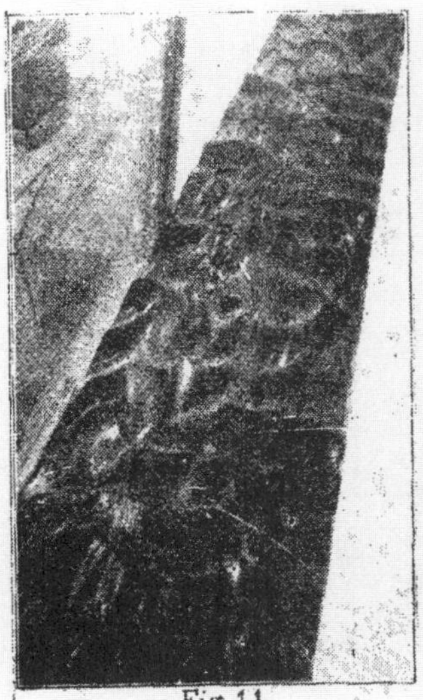
Fig. 11

Fig. 12
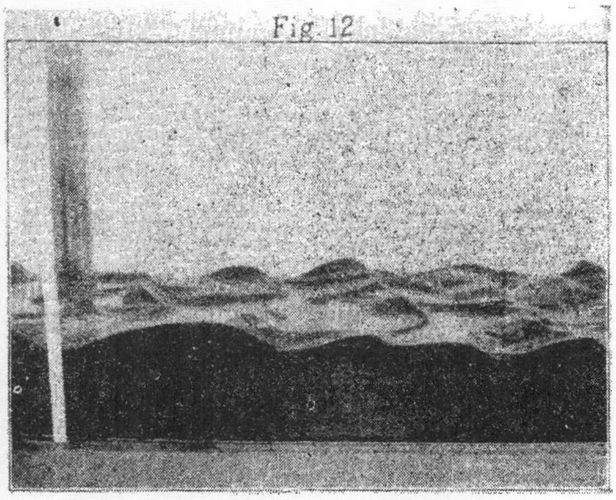

堅固之槽底第14試驗,壓時一小時,流速每秒0.5公尺。河槽未受沖刷。起初能以流速每秒0.5公尺所沖刷之河槽,現因其較爲堅固,始可以大於每秒0.6公尺之流速沖刷之。

第13試驗,水深16公分,流速每秒0.8公尺,河槽每小時沖深0.6公分。

Fig.13

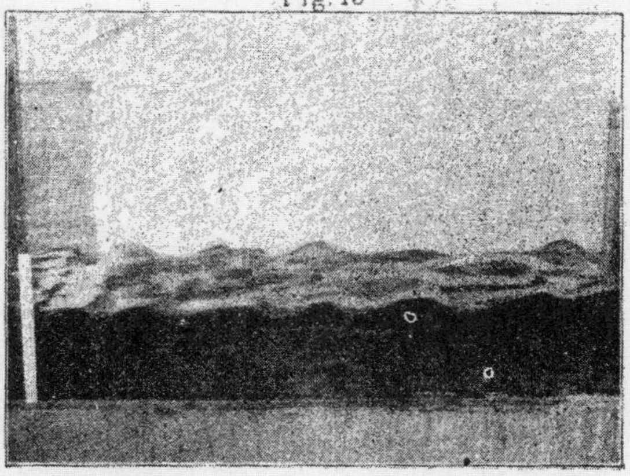

第15試驗,水深16公分,流速每秒0.9公尺,河槽之沖刷,每小時增至1.7公分

第15試驗後,將河槽做平,待黃土完全乾後,作一最後之試驗,以察乾槽床沖刷之情況。在此次試驗(第16試驗)水深16公分,流速每秒0.6至0.7公尺。水流一

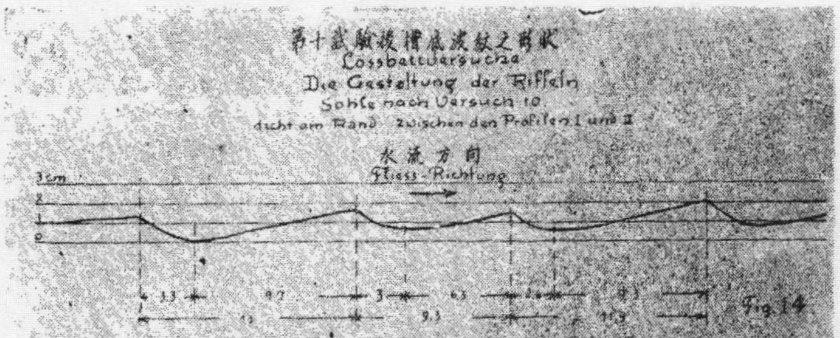

Fig.14

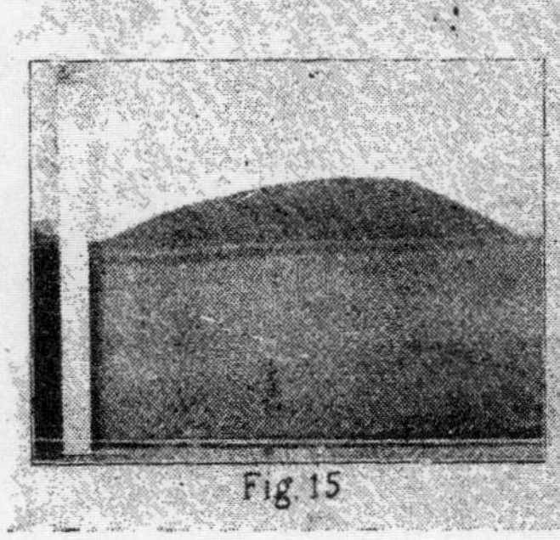
Fig 15

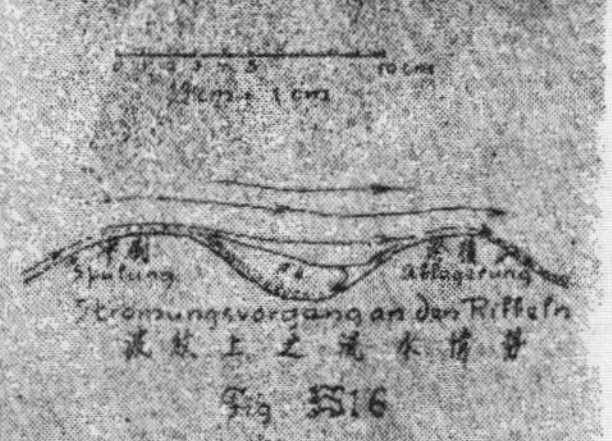

Fig 16

小時,河槽冲深 3.5 公分,遠高於以前各試驗者。

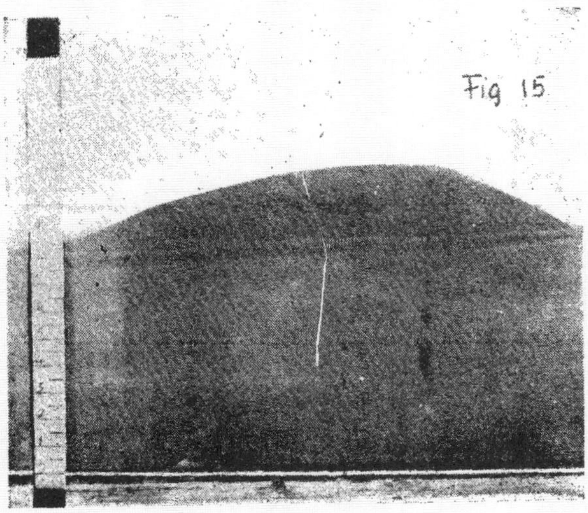

黃土試驗之結果

(a) 河槽黃土之冲刷與其結合力之關係。新沉澱黃土,在此次模型試驗之情况,則以每秒 0.4 公尺之流速,已可冲刷之。(第10試驗)而槽之下層黃土,因其受水及上層土質之壓力較大且長久,始可以每秒 0.6 至 0.7 公尺之流速(第12與第13試驗)冲刷之。在試驗之情勢,該土沉澱後,已歷時二十八日,受水之壓力共爲二十四小時,水深18公分。原來之新河床,於十七日後有25%之水份,(第1與2試驗)可以0.5公尺之流速冲洗之。今可預測,若河槽更堅,則冲刷河槽之水力,亦須更大。

乾槽底較之濕槽底易於冲刷。在原有25%水份,新淤河槽水深19公分,流速 0.6 公尺,河槽每小時冲深 0.8 公分。(試驗12)在原有堅固之河槽,水深16公分,流速 0.8 公尺,每小時冲深 0.6 公分。(第13試驗)在乾槽,水深16公分,流速每秒 0.6 至 0.7 公尺,每小時冲深 3.5 公分(第16試驗)其冲深約合水深22%。乾槽冲深較易之理由,亦甚明瞭。

蓋乾槽於水流入以前,因無水份,其顆粒之結合力較小,易於冲刷當水流過相當時間後,河底收容水份,則其冲刷情况,當仍與以前濕槽試驗者相同。

(b)河槽之冲深與流速之增加成正比例。新淤河槽在此次試驗之情勢,水深17公分,(第10試驗)流速每秒0.4公尺,每小時冲深0.25公分,約合水深1.47%。流速0.5公尺,水深15公分,每小時冲深0.7公分,約合水深4.66%。(第11試驗)原來較堅固之河槽,水深16公分,流速0.8公尺,每小時可冲深0.6公分,爲水深3.75%。(第13試驗)流速0.9公尺,水深16公分,每小時冲深1.7公分,爲水深10.6%(第12試驗)。

(c)在一固定之流速,河槽淤高,淤高河槽之流速與冲刷河槽之流速,其值相差甚小。在模型試驗之情况,水深18公分,水之所攜黃土於流速爲0至0.3公尺時,不免於沉澱。其沉澱之速效,與速流之大小成正比。在試驗時槽面發現波紋。此種波紋,在增高流速時亦先同時增大。若流速再大,河槽開始爲水冲刷之時,則此波紋亦隨之減小,由減小而漸消滅在水深18公分,流速小於0.2公尺時,河槽於十五分內,淤高0.5公分,合每小時2公分,合水深11%。(第7試驗)在同樣水深,流速爲0.2公尺時,河槽每小時淤高0.2公分。(第8試驗)在同樣水深,流速爲0.3公尺時,河槽每小時淤高0.15公分,(第9試驗)合水深0.8%。水內含泥量,在以上之試驗,約爲重量0.3%至0.6。

河槽淤積,關乎水之深度流速,流速之變異,含泥量,泥之種類與性質等等。假設水不流動,流速爲零時,則黃土之沉澱甚速。其所沉澱之量,在含泥量相同之情勢,自以水之深度爲衡。今使渠內之水,作直線式之流動(laminare Stromung)(在自然河流,是否如此,暫勿論及),則黃土之沉澱,與水之深淺,可謂毫無關係。其沉澱方向非爲垂直者,乃爲流水方向與垂直線所成之斜方向。其斜度之大小,與流水之攜帶力(Schleppkraft)有關係。黃土沉澱雖爲較緩,然其沉澱量終以水之深淺爲衡。在此直線式之流水情勢,若漸次增高流速,使黃土之沉落線與流水線成爲一線,則所含黃土,盡量輸入海中。但此直線式之流動,在實際上無發現之可能。蓋河內流水,在實際概爲混流式(Turbulente Stromung),即除水流之總方向外,尙有毫無規式之交叉與橫向之混合流動。其對於黃土流式之混合移動。雖然,吾人終可以此次試驗之結果,而略得一黃河本身現象之測想。至於實切之研究與考察,亦爲學理方面極有興趣之工作,並待將來之試驗與研究也。總之,此試驗足以證明黃土於河水之內,實易於沉澱。費禮門在黃河窄狹處之測量結果,與試驗性理之互相符合,實一證也。吾人並須注意,黃土既然易於淤積,而同時亦易於爲水所冲洗,且淤積與冲洗泥沙所須水力,與流速之相差極小。使吾測度黃河本身時在非淤則冲之狀態,低水時河槽內之淤泥,與普通高水時邊床之淤泥,於水位增高流力增大之後,仍不免爲水所冲洗。然以歷年來實際上之情況論,足以證明黃河之淤高,超出其冲刷度,以致現時之河槽,高出兩岸平地。

至於利用試驗結果,研究河槽之冲刷程度,則更非易易。然吾人終可據試驗之結果,以證明增加水力足以使河槽冲洗更甚。由此可推知,若能使河之水力增加,則可使河槽之冲刷,遠甚於其淤高之程度。哈諾惟水工試驗所曾作他種德國黃土之試驗,(其成份與中國黃土不同,且非經沉澱而得者)(第十七圖)利用高水箱6公尺之水壓力,在一方形切面之封閉長鐵箱內,作黃土冲刷試驗。箱之一端,以鐵管與高水箱接連,一端爲出水口,並含操縱設備。箱中以含25%水份之黃土泥作槽底,使水以各種之流速冲過。其結果如第十七圖。圖內之橫標,爲冲刷河底所需最小之近底流速,其縱標爲河水深淺。觀圖中之曲線,可知水愈深則冲刷河底所需流速愈小,河水愈淺,則此流速亦須愈大。吾人可斷言,在黃河本身之冲刷性,當遠超於試驗時者,因其水亦遠深於試驗渠內者也。

黃河上中游之導治

前已述及,導治黃河於上游,除各項局部水利工程外,在減除黃河本身及各支流之含沙量。黃河之害,源於黃土。則此項工程,在理論方面,亦爲治黃之根本方針。茲將各方對於上中游導治方法分述之:

（一）改移河道: 導黃入渭之說亦有之,其工程之偉大,人所共知。吾人對於此項計劃,因其既有成立之原因,亦須注意之。於考慮之際,當存「避免」注意。若無特別之利益可獲,則自無施行之必要。余曾與恩格思談及改移黃河下游問題,彼謂:「導治下游最重要之預備工作,爲河流縱斷面及平面之測量。改道之說,即有其相當之價值,然因缺乏研究材料,不敢作任何評論。」導治黃河上中游須有全流域之各項測量,明瞭地勢之高低,河道之容積,以及該流域地質對於含流量之關係等,待其成功之後,再作研究,亦非謂遲。

（二）保護河岸: 若黃河之泥量,大部由河岸之冲崩而來,則此項工程,對於上游極爲重要。其法亦多,例如兩岸植樹,又如直接護岸等等工程。若黃河及各支流兩岸之冲崩,僅限於全域之一部,則此項工程,尚較易易。否則決非當時經濟能力所容許。況黃河泥量是否全由河岸之冲崩而來,尚一極大疑問,其成效如何,實不敢斷言。恩格思對於此項工程之批評有言曰:護岸工程自極重要,然成效可疑,而工程則不下於萬里長城。况其對於含泥量之減少亦須時遼久乎（恩格思非反對該項工程乃陳明着手導治下游之重要與適當也)?

（三）設水庫: 於黃河上游及各支流上游建築水庫,意在消殺洪水。查黃河上游黃水入甘以先,地勢較佳,黃土亦少,或可設水庫,用以專防危險洪水亦無不可。若用此法於黃土山谷,則有全庫淤積失效之虞。陝甘一帶平地深溝甚多,此種深溝長至數十里,爲雨水所冲而成。全溝之泥量盡洩諸黃河。宜於溝之尾端建築高壩,使其全行淤積。不獨利於交通,且可利用廢地亦作農田。

設水庫或可取永定河計劃之官廳等處攔水壩之法,於壩之下部設水門以洩普通水量。在低水時水由底門流過,在高水時多餘之水量儲存庫中。因其爲時既短,且下部水仍暢流,或不至於有發生危害之淤積。關於此項工程尙待切實研究與試驗,以察壩上河段在大水時之冲積情况,及落水後對於壩下部淤積之影響。

（四）在黄河及支流本身築節壩：此項工程之用意,在減河內之坡度,以殺水力,使兩岸不至於冲崩,在收納一時之大水,以防下游之災患。施行之後,有淤積河身之虞。若各節河底於淤至壩頂後,而水力仍可保其弱緩之狀態,使兩岸黄土不至於爲水所冲崩,亦無不可。吾人於施行此項工程之前,須先考察黄河本身與各支流之狀况,始能斷定其適宜與否,若黄河本身與各支流均在V形深谷之內,則此法或尙有施行之價値,若其本身一部或支流,並非切入深谷之內,則經此種導治法後,各支流近口處水位增高,下游坡度減小,或難免河身之淤積與漲溢。設攔水壩亦可取壩下設門之法,但如前所述,仍待研究。

（五）溝洫主意：余在德與治河及農田水利專家,談論我國之溝洫主意,頗得一般專家之讚美。利用溝洫之制,不獨能減洪水量,且可減河內含泥量。於治黄及農業均有利益。

然余對於溝洫主意,亦終有數疑問在。溝洫注意,首在其能普及。若不能普及,則俾益仍淺。令使其能普及,則黄河之招災洪水,固有所減,然河內黄土因來原多端,或終不能使其近於零點。河內含泥量之百分數或因水量之減少而不能減至相當程度也。

（六）植林：植林之事,無論何人不當反對之。保存一株樹,即有一株樹之價値然以經濟與成效及其時間論,吾人不當視植樹爲導治黄河之惟一方法。亦不當僅靠植林,以求黄河之入軌。

總而言之,關於黄河上中游之導治,須有全域之詳細地形圖,黄河本身及各支流之詳圖,水文測量泥量來源以及各河含泥量之比較之研究,以考察各導治法之孰爲重要,須視地勢之適宜,成效之顯明,選擇施工方法,使其互相扶助,以獲最有力之效能。

黄河下游之導治

上游之導治,在減除河水所含泥沙量。而下游導治,則在泥沙之排洩與沖刷,使其盡量入海,使河槽為水沖深,並獲固定而適合之路綫,使堤防堅固,路線適合,確有防洪之可能。

導治黃河,上中下游具為重要,若只顧下游,則泥量終不能減,召災洪水,終不能除。言工程之先後則可,言只顧此而不顧彼則不可也。導治黃河上游,範圍廣大,工程複雜。今若顧及經濟能力,與成效先後,則不能不先着手於下游。或有謂上游不治,則下游亦無順軌之一日。須知治河之技能,即在輸沙防淤,減除上游所攜之弊病,吾人言學術幼稚,無力解決則可,若謂其為不可能之事實,則不可,請勿疑也。茲將各方對於導治下游之意見,述之於下:

(一)分殺水怒　歷代治黃多取用賈讓之說。賈讓治河主張開門築渠,以分殺水怒,使民得以溉田。此法用於黃河,自古至今毫無利益可見。須知水分則流緩,流緩則沙停。僅得一時之利,而黃河之害,則不獨未除,且使之增加。其法固善,惜不適宜於黃河也。利用分水之法,以殺招災洪水之怒,若能使黃河本身不至於因此而淤積,固屬全美。然分水入渠,則渠淤,分之入湖,則湖淤,分之於他河則他河淤。言治黃而反害他河,如此,則闢湖之工程不止,挖泥之工作不息,言救一時之急固可,焉能認其為導黃治本之方針。或謂取用分水之法,因分水口上部坡度增加,水流較急,可以收攻沙之效,並於歷年黃河決口為證。據此則黃河因其歷年決口,而河當早入軌矣。吾人在此務須顧及分水法,對於黃河下游全體之影響,不能僅以局部作準。截灣取直之法,人所共知。然現在則曰截灣只須截過大之灣,取直不可使其真直。蓋此直段以內,坡度增加,水流甚急,其所沖攜之泥量,因下部坡度忽小,仍不免於淤積塞堵之虞,全河受害。開封決口,為歷代次數最多之處,若依坡度增加攻沙之效能而論,則開封以上之河床應深矣。事實相反,即一證也。故曰在一處分水,則全河並不受其益,在各處分水,則坡度亦無增加之可能。分水之法,為求一時之利可也,終不能為導黃之治本方針也。

我國以農立國，灌溉事業，自關重要。而黃河流域之灌溉，關乎黃河流域之民生。利用黃水以興大規模之灌溉，則當同時顧及其對於黃河之影響，在治河方面所當注意者也。若一方面只顧興辦大規模之灌溉事業，甚至導沁入衛，引洛入淮，以殺黃水之怒，與該數河之農田水利言，頗合理。然以黃河本身之利害，則實有詳加考慮之必要。須知黃河之水入淮，則淮受其害，入運則運受其害，今洩黃水於他河，則除導治黃河本身以外，同時並須顧黃水所及諸河之防淤及導治工作。凡此種種，當有切實之考察，與經濟方面之比較，始能信其無弊。但吾個人則以黃河之導治，宜聚中而不宜分散。使黃河之水，只限於黃河本身，勿使問題更加擴大，各河具受其災。至於「河海不擇細流，故能成其大」；又如「黃河之水，所以凶暴者，因支流過多」之說，固以當然。然吾人務需明瞭黃河爲害之根本原因，並非因其水量之過多也。世界水量極多之河流，何止黃河一河哉！且黃河水量，與其流域，比反頗爲少。今若明瞭黃河之病源，則不當僅以分水爲黃河治本之方策。

（二）黃河隄距過寬　攻沙之法亦多，其最主要者爲順水壩（即所謂隄），爲橫水壩，近恩格思試驗黃河證明隄之距離雖遠，若固定河槽，則亦有攻沙之效能。

黃河之害，當亦由於隄防之過寬，據現時計算，若河床面寬 400 至 600 公尺，已足以容納 8000m ^{3}/s 之水量。黃河現有內隄寬度則遠過之。由於當時水力學識過淺所致。水力學定律毫未顧及，流速由深度方根增加爲當時所未知。今使水深由 1 公尺增至 4 公尺，可使流速加倍，亦其時水利家所未想及。即以歐美論，水力學識在現代亦尚在幼稚時期中。

堤防原在防水災，在普通不含泥之河流，或可謂與治河無大關係。恩格思亦謂修隄口可以防水災，而不可以隄治水；並謂築窄隄無異乎以強權反水之天性。但在黃河之情勢，似有不同之處。

黃河於最初時，或當行於地下也。修隄之策，或起自大禹，或起自後人,吾人不必詳加考察。然吾人須知黄河之隄防,乃係因需要而成立者。苟無堤防,則河水漫溢,受災之區無限,而其淤積之範圍亦當更廣,可斷言其無使河床固定與冲深之可能。今黄河之隄既不幸如此之寬,使雙隄以內之流水,不幸有自由行動曲折與淤積之可能,其時修堤之用意,僅在防水災,而未曾顧及於治河也。

恩格思謂:「因河無定槽,以致水流無方,發現一切弊病,並非因堤之過於寬廣也」。然堤過寬,始使水有變遷無常之可能。

當黄河尚在地下行時,若築較窄而適合之隄防,使其能容納最大水量,吾人决不能謂其失當。吾可斷言若其時築堤合規則黄河亦决不能至於現在之地步。故修窄堤,同時明瞭水力學,使河不至淤積,不能謂其爲強權而反水性也。如此,則多數之防險工程與災患可省矣。故吾人須知黄河現在之爲患,實因堤之過寬,堤愈寬,水流愈無規,淤積愈多愈速,以致河槽仍不免過小,反覺堤之距離仍不足寬。恩格思所謂「黄河之害,並非因堤之寬」,其意並非謂修堤務從於寬,乃因已有堤防既過寬,河床既無定位,故出「固定槽位」之意見。無論何種河流,當有其固定之河槽,亦爲治河極主要之定律。

黄河之情勢亦可謂特矣。若於當初無堤之時,即取用護岸固槽之法,則洪水或仍不免出槽漫流。在低水時河槽之淤積與現在無異,在高水時因洪水汎溢之範圍甚大,槽內冲刷之功效終不及現在有堤之情勢,欲使洪水不溢,河槽不淤,則仍須取用束水之法,使河向下工作,非設順水壩或横壩不能爲功也。蓋水之含泥既多,有舊堤河槽向無冲深之可能,況在無堤之狀態乎?

黄河之病,因堤之過寬,使河床漸次淤高,反不足以容納大水量。然據現在之情勢論,則其主要原因,實亦因無固定之河槽。河槽時近堤根,堤根受其冲洗,愈冲愈險,一遇大水,崩潰自所不免。加以舊有堤防線形無規,曲折無常,更爲危險。恩格思注意於固定河槽,實有其極深之價值也。對於束水攻沙之法,余頗表示同意,或築窄堤以增加水力(參觀方修斯治黃書），或設壩導溜，使其沖深河槽，取法雖異，然用意則同。視各處河床與地勢，以規定施工方針，視工程之簡易與經濟之顧慮，以察各項工程孰爲適宜。

欲求黃河無論何時不至於淤積，亦一難事。非固定中水與低水河槽，使低水之流速增加，不能成事。余於黃河初步計畫，先注意於淤積與沖刷之相差數值，務使每年之沖刷量多於每年之淤積量。二者相差愈多，則功效愈大。如此，則河槽只有增深，不如現在之漸次淤高也。

費禮門主張築直形新堤，實非適宜，有以下之理由：

河流之自然現象，爲曲形而非爲直形者。此次試驗黃河，雖取用全直之床線，全平之槽底，然水流之後，河槽內之深壕仍爲灣曲者，向左右移擺，時近岸根。依費禮門之原意，築帶柔曲之新堤，則河水之流動與其沖危堤身之性質，可謂固定且明瞭。在此情勢則固定中低水槽，以及增補堤工，亦僅限於槽岸與堤根受水沖洗之危險地所。例如曲之凹處，若築直堤，則不知何處危險，何處安隱，堤工什必到處寬厚與穩固，不合於經濟也。

今以水力學之常識，航運之便利，及顧及經濟起見，無論如何當修含有曲灣之河道。

費禮門主張設護堤橫壩，其長度約在 130 公尺，亦爲可取之方針。若依河流之方向，築柔曲之束水堤，則此項橫壩工程，亦僅限於堤身危險之處。若取用費禮門之直堤，則於無論何處，亦當有設橫壩以護堤身之必要。

我國對於此項壩工，頗有經驗。觀哈諾維水工試驗所內，正研究橫壩形式高度長短，及其對於河槽與堤身之影響。

建築新堤，因水力增加，固增堤身之危險。在大溜近堤之處（即曲之凹處），注意於護堤工程，終有相當之成效。或係拋石，或係橫壩，須察經濟之狀況而定之。方修斯主張在堤附近植以灌木，恩格思亦讚許，然尚須作以試驗，始可證其全善也。

（三）**固定河槽**　恩格思謂黃河之病不在堤之過寬，而在其無固定之中水河槽。因無固定之河槽，則水流無常，時近堤根，而病生焉。故其導治黃河之方針，首在定河槽，修補舊堤，與改良舊堤之路線。

查恩格思治河之法，實有其極深之理想。若能使黃河之中水河槽固定，堤防與河槽之路線適宜，則槽內流速大，而邊床水流緩弱，大溜僅限於河槽以內，如此則堤防決無受險之虞。恩格思希望於施工之後河槽漸次刷深，邊床漸次淤高，使全床於最後成一整個之河槽。

恩格思之計畫，在理論上固為全美。然用之於黃河，則有數疑點在：

（1）恩格思主張固定中水河槽，而黃河並無長期之中水。每年除三月至四月以內之高水，其餘多係低水，流量甚少，若只固定中水槽岸，槽中多為低水流過，恩格思謂使低水時不至於淤積，然在實際上，則低水時勢必淤積。

求黃河低水之不淤，非同時固定低水槽不可。使低水之深度，與流速增加。

（2）中水槽之冲深，與槽內低水時及邊床高水時之淤高，是否相抵，而使每年高水面不至於漸次增高，仍如現在與以往之狀態。

（3）固定中水槽後，邊床是否能保持其平淺狀態，因水槽寬度與堤之距離相比為小，在大水時，或亦有發現支流之可能，故或須有保護邊床之特別工程。

經此次恩格思試驗，始知固定河槽，含有極大之利益，即橫流之作用是也。此種橫流式發現於含有邊床之河流。柏林水工試驗所內之試驗，證明全床之流速分配性質，足以使較深河槽內，所洩水量，少於面積相同而無邊床之整個河槽者。

在有邊床，河床，其水流情勢，除順床方向者外，並有一種橫流者。此種橫流方向，與順流者成一相當之斜角。同時邊床流動較緩之水，亦因橫流作用輸入較深之河槽內。此種橫流之成就，與河床以內之角緣，有密切關係。凡順流之角緣小於一百八十度，生產「向角之橫流」，大於一百八十度者,生產「反角橫流」。邊床近槽岸處之淤積,即此反角橫流之作用。其淤積量之一部,由河槽之冲刷而來,其一小部,乃係由邊床近堤一帶冲刷而來。

此種淤積現象,亦發現於此次黃河試驗渠內。即於黃河本身亦可見之。參閱費禮門報告書內一九一九年之黃河切面圖可知也。

橫流作用,對於恩格思導治法不特因冲刷河槽有所裨益,且邊床淤積之位置,足以逼全床成一整個之河槽,不獨此也。即於每次大水降落時,邊床泥水亦不至於流入河槽之內,增加河床以內之淤積。

余對於恩格思試驗黃河之疑點,前已詳述。非經繼續試驗與研究,不能解決評論恩格思之治黃方針。設其施工得法,河槽永遠固定,邊床只有淤高,不致發現支渠,則首推高水面之變遷狀况,最低限度,須使水面不能漸次增高,此亦余主重繼續研究之主要用意。

總之,要使除黃河之水災,務須使黃河之水行於地中。黃河愈深廣則水災自亦愈少。現在黃河高出地面,實非吾人所可忽視,亦非任何河流當有之自然現象。今黃河下游,據地勢坡度,與水文之考察,既有冲深之可能,則何樂而不使其冲深。況據各種試驗,與黃河本身之現象,均已證明黃河確有冲深之可能,治河者,當注意於此點。

海口導治

恩格思建議取用挖槽之法,太不經濟。宜取用窄堤束水之法,在海口近處之新堤,亦不必過於堅固,蓋兩旁地面荒野,居民稀少,即偶遇潰決,爲害亦不甚大。

李儀祉建議利用小清河口,作將來黃河港口。恩格思與方修斯均極力表示同情。然黃河之水,仍須使其由本河注之入海。黃河與小清河當用一運河,及一船閘遞連之。黃河初步導治工程完成後,若航運較爲發達,或似有開港之必要,船閘上部之淤泥,可利用挖泥之法以除之。故船閘宜設於運河入黃口閘之前,港須從小以求搜泥範圍之縮小。但前港亦不宜於過小,每次開閘之時,當有黃泥洩入運河之內。此項缺點,似無甚妨害，亦可利用特別閘式減少之。

結論

余對於「治黄方針」，僅據各方之意見，略述其利害之關係，自覺才力薄弱，不敢信口作紙上計畫，須用試驗之法，待諸將來之解決。

往者對於黄河之試驗，如恩格思，與方修斯之試驗等，自均有其相當之成績，然吾人對於該試驗終因經濟力之不充，與尺寸水量之不合，不能得一可信之結果。吾人於試驗之時，務須能使其有互相比較之可能，始可推定各計畫之優點也。

吾人尚須注意於恩格思一九三一年之沙土曲河試驗謂修窄堤不能使水位降落，恩格思亦謂該結果對於黄河極爲重要，然仍需繼續試驗，以證其在黄河之情勢。吾人對於束水攻沙之法，幾爲導黄之一重要方針。故對於此項問題，與其施工之困難與否，仍須詳加研究。

現在中國第一水工試驗所將要成立，吾人爲求本國學術研究起見，務須共同扶助與努力，該試驗所含有試驗黄土河流之特別設備，在短期内余即將該試驗所之大綱計畫，及黄河試驗内容，獻於水利工程界，務請各方指教，並參加意見，以求成功。

12　李儀祉託沈君怡至德國向恩格思質疑之點

一、黄河洪水，據本會經驗，自河套綏遠南下者　百分之十五

自渭河及其支流來者　百分之六〇

自汾河來者　百分之二〇

伊洛沁等　百分之　五

又查渭河及其支流之最大者，如涇如洛，皆有極佳之地址，以供築停蓄水庫之用，是黄河洪水之患，但築二三水庫，卽可完全消除，現在本會正在測量各庫地形，但最可慮者，卽爲洪水時河中泥沙之量太大，渭

河最大泥量爲百分之二十餘,涇河最大泥量爲百分之四十六,若不爲之設法,則水庫之淤廢甚速,故計畫谷堰,擬多留瀉水底洞,以排瀉洪水,例如二十四小時之洪水峯分爲二旬至三旬排瀉之,每年於洪水將來之前,即須將庫內放空,及洪水期過後,再將多數洞關閉,以蓄較清之水其含泥量不過百分之一至五,以濟航運及農田之需,不知用此法可以解救水庫之淤廢否。

二、固定中水河床,固爲治黃之妙法,惟應用何法何料以固定之,頗費研究,蓋黃河除洪水外,多爲低水時期,中水時期甚短,中水床之護岸物若爲石料,則因沿河六百餘華里,產石之地甚少,所費不貲,如用梢薪,則低水面上易於腐爛,且難免不再爲河水所衝決,致前功廢棄,蓋黃河灘岸,或爲淤,或爲沙,俱輕細易爲水侵削,若需固定中水河床,洪水大溜或趨出中水床之外,而於灘上另闢一槽,亦非不可能之事,宜如何避免。

三、方修斯氏(O. Franzius)縮小隄距束水刷清河床之論,固似偏於理論,但吾國四百年前明代潘氏季馴亦主是說,並實行之,雖未全部奏功,而部分生效者已經彰著,後清代靳輔亦依其理以治河,亦頗見功,縷隄有治導之功能,德國學者所見亦多略同(如Ehlers, Danzig),惟所難者,黃河治導之段過長,上流刷深,其土不免淤於下流,決不能通勻一致刷深也,淤積之處,橫斷面狹隘,勢必決堤,河復他徙,結果此刷彼淤,此決彼潰,方氏謂決不必慮,而吾恐河床因之更加淩亂也,究竟縷堤對於黃河可望有治導之功否,有何法以免其弊否,請先生明爲指示,又先生之試驗,寬床之刷深,反較狹床爲過,愚始終未明其理,敢祈明教。

四、黃河河床之淤,決不能以人力或機力浚之,但有時裁灣取直,或切灘,不能不以工力爲之助,人力有限,而機力亦頗難施,水淺則用船機(Nass Bagger),不可能也,灘軟則用陸機(Trocken Bagger),亦難行也,不知此種困難,有無良法以解決之。

五、近日言治河者,議論紛紛,多主分疏,但昔潘季馴氏力闢是說,謂河分則力弱,力弱則不能攻沙,結果正流分流必至皆淤,宋時黃河受分疏之害最多,惟吾國人議論多趨於是,不知大試驗中可附帶試驗及此以釋羣疑否。

六、近二年來,小清河已經山東省政府極力經營,加以渠化(Kanalisieren),業已由上游起建船閘(Schiffschleuse)及堰(Wehr)二處,仍繼續進行,並謀浚深河床及海口,且設計溝通小清河與黃河航道於濟南附近,是黃河海口無須再去經營爲海港,但當爲治河計,是否有展長縷隄及築海壩(Leitdämme)之必要,是在方修斯以爲無需要,但吾國人主張於海口施功者甚多,方氏之言,是否可爲定論,希以見教。

七、制止黃河上游黃土地面削蝕,以減少河中泥沙,先生對此點有無見教之處。

八、近沿河下游各省盛倡以虹吸管(Heber)取用黃河之水,以淤沿河沙地,且已有實施者,尚未見大效,蓋人民畏黃河如虎,惟恐防之不力,故數千年未敢言利用河水於下游以放之或灌溉者,近人思利用矣,而又恐設減閘(Entlastungsschleuse)或涵洞(Ablässe)易牽引河患,故乃不得已而用虹吸管,但即此已引起蘇皖人疑慮不少,紛紛反對,先生對於此事,可否賜一言否。

13　恩格思復李儀祉函

一九三四,四,二七,來書垂詢各點,謹裁答如下。

(一)渭河及其支流築庫攔洪問題余審視寶鷄峽萬分之一平面圖,見其誠爲攔洪庫最優最適之地址,停蓄量甚大,得二或三如是良庫(高堰)而附以多數底涵洞,以瀉洪水,則二十四點鐘之洪峯,可以二十日至三十日瀉之,化險爲夷矣。

洪水期前盡開高涵,瀉空庫內之水,洪水過後,復行關閉,自屬正當辦法,尊函詢庫內積淤,是否可以此法滌除,所慮甚是,前於一九三三,十二,十八,函中,已及之矣。至用庫堰蓄含泥少之水以濟灌溉及航運之需誠有見地。

（二）保護河岸及灘地問題,保護低水及中水間一帶之岸,除潮汐界情形相異外,用薪梢護岸,四季中露出水面之時多屢加更新爲不可少。關於此點,予與尊見相同,予以昔時用薪梢於細沙岸工之經驗,亦頗知梢工被梳刷之利害。故主張中水岸工,用塡石之梢工（沈梢）,蓋完全用拋石,則必向下憑抵於低水護岸工上太靡費也。

尊函又言僅固定中水河床固甚善,而在灣曲之處,不免河溜沖決灘地,另成新槽,則前功盡棄,又有何法以防制此弊,則請視第一圖,是名「翼堤」,「翼堤」者,吾北德河堤設置常用者也,洪水之衝決,以「翼堤」A B C D 防制之,予於一九三一年模型試驗,曾對翼堤加以注意。現予模型槽中亦按予一九三二,十一,十二,書中所述者設備翼堤,其高上端與正堤頂平而逐漸降落,以至於灘地面平,但翼堤之用,固可使上下二曲之間過渡段內,增加流水之冲刷力,以刷深過渡段之淺處,但同時亦可攔高洪水之面,而肇危害,如一九三三,十二,二,尊函所論用「海灘壩」之作法,挖一深狹之溝於灘上,而築壩其中,使不致高超出灘面,則可免是弊,溝中作壩,用石或沈梢塡之法,亦可用徑一〇公分之密排圓椿代之,（第一圖 a 至 l）翼堤創造航槽之力雖多,然予深信尊意護灘辦法,爲較善於築翼堤也。

（三）尊函謂縮狹隄距,則此處冲刷而起之泥沙,不免又塡淤於其下游鄰接之段,增高下淤河床而致漫決,所見誠是。狹距之新堤不能沿長河而兩岸並舉,亦事實也。

尊函所詢黄河上可否用縷隄,予審知尊意所指者爲吾北德所用之夏堤,在北德田禾發育時期爲夏季,夏堤與冬堤（譯者按德國之冬堤,夏堤,有類吾國之遙堤,縷隄,）間之灘地,實賴夏隄以保護其田禾,其功用只在利農而非以治河也,在德國最大洪水期爲春季三月及四月,故夏堤甚便,而在中國則與之相反,最大洪水期爲七月及八月,與田禾發育期同時,故不能與德國強同也。

故黃河灘地,在田禾發育時期,不能以低堤衛護,使洪水可以漫過,而必用高出洪水面之堤,若新築狹堤,其頂亦必高出洪水面,而不宜使之低於洪水面,故予以爲治導在潮汐界以上之黃河,不能用低堤也。

尊函注意及予一九三二年之試驗結果,寬堤距之河床刷深較大於狹堤距之河床刷深。但予之一九三三,七,一〇,試驗報告中第三十七面所述者爲寬洪斷面對於河之速遽刷深,較優於狹洪斷面,非云對於較大之刷深也,此旨爲足下所忽,其理可如下解釋之。

狹堤距中之與寬堤距中相反者,水流其間所挾泥質總量,不能以之淤高灘面,蓋灘面狹,則停型之機會少,如是則全輸之於沉澱池中而已,在兩試驗中河路中之洪水深相差不過百分之十二,洪水流速相差亦如是。故於狹堤距中流過之水量中所含之泥量幾至倍大於在寬堤距中者,狹堤距中於同等時間內其床址刷深不能與在寬隄距中者相比,以此故也,設使狹隄距之試驗,尙能延長幾度模型年,——現行試驗中當能達此目的——則將見其床址刷深較大於寬隄距者矣。故寬洪斷面僅於急遽刷深一段河床較優於狹隄距,視余一九三三,七,一〇,報告第三十七頁,以河水之泥在此短途中致之於灘面故也。

（四）浚泥工事今已發展甚多,所謂濕法浚泥中之吸泥機,已可運用於極淺之河段,鬆軟之淺灘亦可用相當設置施用乾法浚泥工事。關于此點,可詢吾德有名之建築公司,如Julius Berger-Tiefbau, Berlin; Goedhart, Düsseldorf; Philipp Holzmann, Frankfurt am Main及Lübecker Maschinenfabrik, Lübeck等必能得滿意之答復。

（五）分疏黃河以減洪水,爲大錯,萬不可行,分之,是以人工造成河汊也,予視消滅河汊爲治河要圖,烏能造成之乎。

現予所進行之模型試驗程序,預計至冬季開始爲止,時間全被佔用,如尙有餘時及餘款,則於模型槽中,亦可設備一河汊試驗之,但予以爲不必也,但河汊之影響必致兩股河床全行淤高,可斷言也,又予諗知兩股之河,河幅之寬不相同者,其細者必淤之又淤,非用浚挖,終不能維持兩股並行也。

(六)設於業經渠化之小清河及黃河間,能鑿成一不至淤塞之運河,而小清河海口可治之以通航輪,則黃河海口可以不必設海港矣。但以治河眼光察之,兼據由安立森一九三四,五,十二,報告中所得來之知識,則海口治導爲仍不可少也,其治導之目的,在解除潮溜之障礙而發揚其本能,使漲潮時進水量與落潮時出水量,俱得增加,以冲刷入河幹槽中之沙而使之深闊,不致再塞視第三圖。

新成海口兩旁須築低引壩以限之,引壩穿過門檻沙以及海中,使海岸溜能刷拂出口之沙至海深處。關於潮界內河情之資料應與其相鄰接以上之河段,分別探求之。

(七)關於上游黃河防制黃土侵蝕問題,予對所指之地,缺乏相當知識,不敢妄加論斷,足下可參考荷蘭人 P. G. Von Schermbeek 之論說,見 Tijdschrift Von Het Kon Inst. V. Ing. 1891/92 Notulen der Vergadering 10 Nov. 1897 但 Schermbeek 遊蹤所至,僅及於出廣武山至海口一段,河之上游,固未嘗涉足也,伊固云,「黃土岸壁幾爲垂直,以至低水線上下,始變爲坦緩之坡,以達河底。汜水縣中低水與洪水間之黃土岸壁,高約三公尺,必須保護之,保護之法當以掩護最低水位與最高水位間之岸壁凡約四公尺,用天然石料爲最相宜。

黃土之性質,可允許大於四比一之陡立掩坡工,石工亦可嵌入黃土壁內,掩護工之脚,須用拋石護之,拋石出岸遠近,須由經驗定奪之,但求適可而止,普通約及低水下一公尺足矣。

(八)河隄上安設虹吸管以水內塘鹼地較用涵閘爲優,蓋皆不至使河隄間斷而成弱點,予贊成用虹吸管也。予等刻締造模型河槽甚忙沈君怡在此一同工作,甚可喜也。

一九三四年七月二十三日時在瓦痕湖

14　沈怡與恩格思教授論治河書(一)

（一）先生對於治河,主張固定中水河槽甚有見地,雖本年之黃河試驗,此時猶無法得悉其結果,但余敢信其結果,將較二年以前者,更爲良好,若然,則先生之主張,將更多一有力之左證矣,故目前之問題,不外用何法方可將中水河槽固定,就余感覺,事實上頗有許多困難之點,或謂此種問題,即採用何種建築方法,以固定中水河槽之問題,應視當地所產之材料,而後加以決定,此言誠是,但據本年四月廿七日李協先生致先生之信,我人已知沿河石料甚少,甚至良好之眞土,亦不易多得,觀於大多數之河堤,均用砂土築成,卽可證明,二年前及本年黃河試驗中之中水河槽,係一混凝土槽,其爲十分固定,殊無待言,且因固定之故,一切結果亦均能如我人所預期,至於如何方能將中水河床在實際同樣固定,有如此模型試驗中之混凝土槽,此則余甚願就教於先生者也。

（二）先生屢言築堤,乃在保護兩岸田地及人畜,而不宜視作治河之方策,對於此點,各方面之意見殊不一致,在拙著「中國之河工」一書中,余曾述及中國治河之傳統觀念,向以築堤爲無益,甚至幷其保護田地及人畜之價値,亦一概抹煞,直至明季潘季馴(1521—1595)出,一般對於築堤之觀念,始爲之一變,潘氏嘗云。

『河之性宜合不宜分,宜急不宜緩,合則流急,急則蕩滌而河深,分則流緩,緩則停滯而沙淤,此以隄束水,借水攻沙,爲以水治水之良法。』

又云:

『築遙隄以防其潰,築縷隄以束其流。』

由此觀之,潘氏治河主旨,亦在約束河道,約束者,固定之謂也,惟其固定之法,乃在建築相距約一公里之縷隄耳,潘氏之說,遙縷之功用,迥不相同,其言頭頭是道,且據此以治河,甚著功效。

由前所云,固定中水河床一問題,事實上並不簡易,因沿河一帶,適當之材料甚多,然則我人曷不一一效潘氏之法,建築縷堤,以期達到所期待之目的乎,設縷堤之建築,根本無益,則潘氏不當由此以成其大功矣,因其所著鉅大之成績,更令人對此不能須臾忘懷也

在余之論文中,先生當已見及,余一向均甚擁護潘氏之主張,但自去秋（一九三三）往遊河南,目覩該處黄河情形,不禁發生一種感想,即今日黄河兩岸之隄,是否即潘氏用以約束河流之隄,就余感覺,在事實上萬不可能,蓋開封一帶黄河之隄距,每在十公里左右也,至於開封以上,則竟有達二十公里者,此等情形,誠令見者爲之咋舌,嗣後余亟欲知悉現有二隄之間,曾否有潘氏所築縷隄之遺跡。若其間固一度有縷隄,則其築法亦大可研究。余與友人幾經討論,且遍查有關係之舊著,乃知潘氏當日所治之河,大半均在徐邳以下。惟彼在該段內修築隄防,既見功效,則係不可磨滅之事實耳。清初靳輔治河一仿潘氏遺規,亦著奇效。

（三）一九三二年黄河試驗之結果,河道之冲深,大隄距較優於小隄距,余今所欲知者,此大隄距之「大」字,應作何解釋,就余迄今之了解言,此所謂大者不外一九三二年試驗時兩組試驗之一種比較,緣其時先生曾選定一組之洪水河床,較爲寛大,而另一組之河床則比較狹小也,但目前黄河所有寛大異常之洪水河床,初不因一九三二年之試驗而證明其合理,此點關係甚爲重要,因中國數千年來對於造隄之主張,無不以愈寛爲愈佳,而其結果,有令人不敢贊一辭者,今先生試驗之結果,認大隄距爲較優,苟不加以說明,余誠恐在中國有被誤解之可能,幸先生之垂察焉。

（四）先生屢云,治理現在之河道及河堤,當避免任何操切之舉動,此言甚是。但余不知先生對於目前河南一帶寛大異常之隄距,作何感想。今試假定余等即在該處依照先生之主張,從事中水河槽之固定,在如此鉅大之隄距中,寛僅三百公尺之中水河槽,奚啻一細髮。李協先生

在其信中,已表示其懷疑,即固定以後之中水河槽,日後是否不再爲洪水所破壞。余今欲補充者,即此狹小之中水河槽,(比較洪水河槽僅爲三十分之一至五十分之一)是否不至爲洪水所淤沒。雖先生覆李先生書中曾云可用「翼隄」或「海灘壩」以資救濟。但以隄距如是之大,則每一翼隄或壩之長亦非十公里不可,此又與經濟問題有聯帶之關係,不能不顧及也。在此等情形之下,倘設法將相距甚遠之河隄移近至某種程度,不知先生之意見若何。

余雖發上述之問,但余已不能無疑此事之是否可以實行。因黃河下游隄距之情形,確甚奇異。如河南一帶地處上游,其隄距反較山東一帶爲大。若在普通河流,其情形當反是。雖當地地形亦有不少影響在內,但河南一帶河堤之寬若此,究令人不能無疑於其中有無特別之原因也。照余推測,當時治河之人,或有一種理想。因當洪水暴發,在河南一帶,換言之,即河水出山之處,水勢特猛,不得不寬其隄防,以資緩和,其中實含有蓄水之作用,不知先生之意云何。

(五)先生治理黃河下游之意見,對於現有彎曲之河道,每以不可動輒裁彎取直爲戒。此種原則,是否對於治理河口三角洲上之叉流,同樣適用。就余之感覺言,出口處之河道,愈彎曲,水流將愈不暢,倘能根本取直,豈不甚善。不知先生以爲然否。

(六)余上年在豫河所得之印象,使余不能時刻忘。余今附一豫河地形圖於此,良以該處河道,實爲下游最不整齊之一段。先生可否略示治理時應有之手續,特別對於坐灣之險工。

(七)一九二三年先生曾爲費禮門先生作一丁壩試驗,不知此種丁壩,對於治河有無實際之價值。

(八)先生稱本年之試驗,爲終結試驗,敝國之人,均以爲由是黃河問題可以得一根本之解決,究竟此「終結」二字作何解,尚乞賜教爲幸。　　(一九三四年八月廿五日時在瓦痕湖)

15 沈怡與恩格思教授論治河書(二)

先生對於治河,十分注重中水河槽之固定,且以爲固定之後,治河工作,已十去七八,自屬合理,但不知先生所期待於中水河槽之固定者,是否與余向來對此事之看法相符合,余以爲先生於此,殆欲達到以下各項目的。

一、固定大溜趨勢俾可減少隄決。

二、刷深河底,並使兩岸灘地相當加高,換言之,由此逐漸形成先生所望之標準河槽。

三、兩旁黄土河岸,不致再爲河水所侵蝕。

四、由上游而下之泥沙,使之充分入海。

李賦都君在其所著黄河問題一文中,有云「束水攻沙之法,恩格思竭力反對」,據余所知,築隄所以防水,而不能視爲治水之工具,先生之意見,不外如此而已,余今竭誠請求先生之明教,究竟先生所期待於中水河槽之固定者爲何事,尙乞詳示,以免中國方面對此事發生誤解,又近年河北省黄河試用磚工護岸,及建築透水柳堤,頗著成效,以上兩者,均係根據該省黄河河務局局長孫慶澤君之主張,先生對此意見若何,尙乞一併示及爲幸。

一九三四年八月廿八日時在瓦痕湖

16 恩格思教授覆沈怡書

(一)問 中水河槽在實際如何方能同樣固定有如模型試驗中之混凝土槽。

答 低水位以下用沉梢(塡石之梢工)低水位以上用拋石,在石料稀少之處,可仿河北省河務局所採用之磚工,以代替拋石。惟當注意其堅性及重量，務使在急溜中不爲水冲去。

（二）按足下所述潘季馴氏在尋常水位時用以約束河道之縷隄。在此種情形之下，鄙意已不能以〔隄〕論，而係固定中水河槽護岸工程之一種。假乎此種縷隄以固定之中水河槽其寬曾達一公里。據余目前所有對於黃河之知識而言，未免覺其太寬，但無論如何我人不能不承認潘氏之見解，爲十分合理，因其對於遙堤之功用認爲僅供防潰而縷隄則有治導之功用也，足下認河槽之固定，在隄距極大之處，（如在開封爲十公里，或開封以上竟達二十公里，）爲不甚可能，余個人意見以爲用建築縷隄方法此種固定，實甚可能。其詳請參閱左圖，由左圖可知在寬（假定二千公尺）而又淺之中水河槽中如何用建築縷隄方法，以獲得所希望之標準槽寬，並因此達到冲深河底之目的。

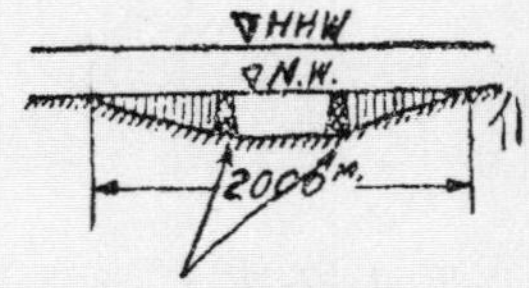

縷隄（先堆成隄形其後再用土墳實墳土之法甚多如用吸泥機亦其一土）

（三）余所用「大隄距」及「小隄距」兩種稱呼，完全根據模型尺寸。換言之，祇適用於實際與模型尺寸相折比之隄距。其實在黃河上所謂大隄距，較此種由模型折算而得 $9 \times 165 = 1485$ 公尺之數，尙不知大過若干倍也。

昔人在黃河上喜採用大隄距，余以爲並不足以引起何等不良之影響。但未在二隄之間將河槽固定，致使溜頭愈刷愈近隄身而無終止之一日，此則其大患耳。

（四）河南一帶之大隄距，余亦認爲有益，因黃河不啻由此得一蓄水庫也。此或當年所以選定大隄距之原因，有如足下之推測。餘參看一九三四年八月廿八日余致李協先生之信，本年七月廿三日在余致李君信中，所述用拋石填成之「橫溝」及「橫排圓椿」余現認爲較之建築翼隄，尤爲有利。

（五）在河口三角洲上河道形勢以愈直爲愈佳。

（六）欲使靠灣生險之隄工求得安全，不外保護外隄坡。且其護坡工程須自隄坡起，沿坡而下，直至河底爲止。此外亦可仿照左圖辦法，在虛線處建築新隄，設法使河岸與老隄遠離。

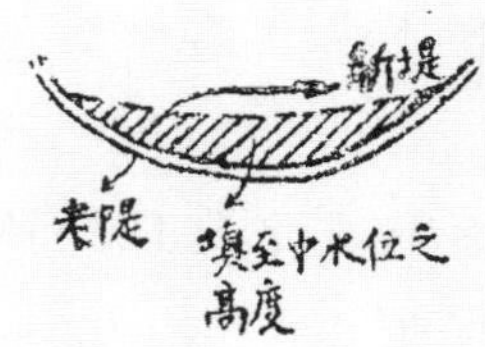

（七）余爲費禮門君所作之丁壩試驗，對於黃河並無用處。

（八）余於本年之試驗，祗求其對於大隄距抑小隄距之問題，得一終結之答案。

最後對於足下本月廿八日之信答復如下：

關於余治河之目的足下之看法完全中肯。中水河槽固定以後，余希望由此達到下列之目的。

一、深水河槽不再逼近隄身。

其他二、三、四各點均如足下來信所述。

關於孫慶澤局長所建議之護岸磚工及透水柳隄，余認爲至堪注意，余以爲關於第一項宜用鉛絲結網，（譯者按本用鉛絲結網）再柳隄所用木樁，難以經久，倘能改用鐵筋土樁或更相宜。此項柳堤轉瞬即將不能透水，但此於治河實有裨益。對於計劃中之「節制閘，」余雖不反對，但因其門限與平時洪水位等高，余意爲安全起見，總以不侵犯堤身爲是，而不如改用虹吸管之爲愈也。

一九三四年八月廿八日時在瓦痕湖

17　譚葆泰與恩格思教授論治河書

（一）先生對於治河之主張，認定黃河之大患在缺乏固定河槽，於是河流任意紆曲，刷及隄防，而致決溢，更因河槽之不固定，河底遂與年俱高。欲除上述各弊，依照先生主張，必須將中水河槽加以固定，同時浚治河口。此意誠是，余亦深信河床及洪水位之繼續抬高，均將因此停止。

有如先生致李協信中討論方修斯教授之例題時所云。但余有不甚明瞭者,即是否可將河床之繼續冲深,及洪水位之不斷下降二點,作爲先生治河之目的看待。

黄河汜濫之原因有二,(甲)由於洪水嚙隄而釀成之决口。此種情形在固定中水河槽及固定洪水大溜趨勢後,即可防止。(乙)由於發生非常洪水,例如一九三二年之大水,水位高過堤頂,以致漫溢成災。現在黄河之河底竟有高於隄外平原者,欲消除此種現象,鄙意必須使洪水位下降,不知先生之意見以爲如何。

(二)先生對於隄防(Deich)認爲非治河工具,但對於導水隄(Leitdamm)則不然,實則隄與導水隄之區別,僅在形體大小之不同而已,因地制宜,導水隄固可用,隄又何嘗不可用。我國潘季馴氏築隄束水,成效卓著,可爲明證。黄河流域地勢平坦,材料缺乏。今欲固定河道,鄙意築隄或築導水隄未始不宜此種導水隄,因用黄土築成,尺寸甚大,故亦以堤名,未審先生以爲然否。

(三)沈怡先生於一九三四年八月二十八日致先生一信中,已述及治河時種種事實上之困難。再者黄河每逢洪水退後淤留灘地上之黄泥漿,仍有向河身移動之情形,其結果足使已冲深之河槽重爲填沒,使中水河槽固定以後,此種危險仍不可免,將用何法以事防止。

(四)先生曾致書李協先生,建議於黄河兩岸作大模型試驗,有如奥貝那赫之設備,余對此事甚感興趣。未審先生可將試驗之程序見告否。

一九三四年十月十八日在奥貝那赫

18　恩格思教授復譚葆泰書

接十月十八日來書,兹答覆如下。

(一)余之治河目的,首在防止將來河床及洪水位之增高,爲欲達到此目的,必須固定河槽並使灘地淤高,照余之推測,黃河之河床須在此項治導工程告竣以後,換言之,二三十年後。始能逐漸冲深,洪水位之下降亦然。故在目前必須立即將過於低矮之大隄,一律加高,以免非常洪水之漫溢。

（二）余對於隄(Deich)及導水隄(Leitdamm)二者,認爲有絕對之區別,不容混淆。隄乃高出洪水位之防潰工程,而導水隄則爲高僅及於河灘之護岸工程。

（三）河槽固定之後,雖在水落時河岸凹進一面,所有冲深之處,仍不免於填沒。但同時二灣間之河檻及河脊,亦將消滅。故就河底全體言,彼此可以抵消而有餘,換言之,不特河底之墊高不足慮,反可望其慢慢冲深也。

（四）由歷次在奧貝那赫所作試驗之經驗,余認爲倘在黃河兩岸作大模型試驗,其程序宜如下。

甲、將奧貝那赫所作河水挾砂之試驗,應用黃土重行複演。

乙、研究塞去枝流以後之影響,例如先築一大模型河槽,內有若干枝流,然後加以閉塞等等。

此項模型比例尺宜大,深度與長度之比例宜一律。例如二者俱爲一比一百,河槽之寬爲三公尺,最大水量每秒鐘約爲六百公升。

一九三四年十月十九日在瓦痕湖

附録四

頒給水利奬章全案

一 黄河水利委員會呈 民國二十四年八月二十六日

案查本會第四次大會;關於沈委員怡鄭委員肇經臨時提議,德國恩格思教授,兩次主持治導黄河試驗,成績昭著,擬請轉呈中央頒給水利奬章,以資酬庸案:經决議通過等因。查恩格思教授爲水工專家,舉世知名,其兩次試驗治導黄河之報告,對於治河工程,確有貢獻,與興辦水利奬勵條例第四條第八欵之規定相符。擬請　鈞會賜予按照同條例第七條第二項之規定辦理,以資酬庸。决議前因,理合具文呈請,仰祈鑒核施行,並指令祗遵,實爲公便!謹呈。全國經濟委員會

黄河水利委員會委員長李儀祉副委員長孔祥榕代

二 全國經濟委員會指令黄河水利委員會 八月三十日

呈一件　爲德國水工專家恩格思教授治導黄河試驗有特殊貢獻請頒發奬章以資酬庸仰祈鑒核示遵由

呈悉。查恩格思教授對於治導黄河試驗,有特殊貢獻,核與修正興辦水利奬勵條例第四條第八款之規定,尚屬相合,自應照章給奬,以示酬庸,惟應依照原條例第六條,由主管機關叙列事實開具履歷,報會核辦,合行檢發請奬表式,仰即遵照分别塡列,并署名蓋章呈會,以憑辦理,此令。

三　黃河水利委員會呈　十月四日

案查本會前爲德國水工專家恩格思教授治導黃河試驗,有特殊貢獻,請頒發獎章,以資酬庸祈核示一案,嗣奉　鈞會會水字第八九二九號指令內開;「呈悉。查恩格思教授對於治導黃河試驗,有特殊貢獻,核與修正興辦水利獎勵條例第四條第八欵之規定,尙屬相合,自應照章給獎,以示酬庸,惟應依照原條例第六條,由主管機關叙列事實,開具履歷,報會核辦,合行檢發請獎表式,仰即遵照分別塡列,並署名蓋章呈會,以憑辦理此令。」等因,並附發請獎表式一紙到會。奉此,玆遵將該教授事實履歷,按照表式,分別塡齊。理合具文呈送,仰祈　鑒核施行,並指令祇遵,實爲公便!謹呈　全國經濟委員會　黃河水利委員會委員長李儀祉副委員長孔祥榕代

四　全國經濟委員會指令黃河水利委員會　十月九日

二十四年十月四日呈一件　爲遵塡請獎恩格思教授事實履歷表具文呈送仰祈鑒核示遵由

呈表均悉。除依照修正興辦水利給獎章程第十七條,存候彙案辦理外,仰即知照,此令。件存。

五　全國經濟委員會訓令黃河水利委員會　十二月二十七日

案查前據該會呈送請獎德國恩格思教授兩次治導黃河試驗,有特殊貢獻,履歷事實表到會,當經指令存候彙案辦理在案,玆查所送恩格思教授請獎原表,核與修正興辦水利獎勵條例第四條第八款之規定,尙屬相合,經呈奉　國民政府核准獎給一等寶光水利獎章,以示酬

庸，除檢同該項奬章及執照函送德國駐華大使館轉寄外，合行令仰知照。此令。

六　全國經濟委員會公函德國駐華大使館　十二月二十七日

案查前據黃河水利委員會呈，以德國水工專家恩格思教授，於一九三二年，及一九三四年，在德國奧貝那赫水工試驗場，兩次舉行黃河試驗，成績卓著，對於黃河治導計畫，有特殊貢獻，請查核給奬，以資酬庸等情，到會，經核與修正興辦水利奬勵條例第四條第八款之規定，尚屬相符，由會呈奉　國民政府核准給予一等寶光水利奬章，以示酬庸，相應檢同該項奬章，並填發執照，送請　查照轉寄祇領，幷希見復爲荷。此致　德國駐華大使館　附送一等寶光水利奬章一座，執照一紙。

常務委員汪兆銘　孫　科　宋子文　蔣中正　孔祥熙

全國經濟委員會水利處水利專刊目錄

第一種	民國二十二年全國雨量報告	定價五角
第二種	水利工程名詞草案	定價五角
第三種	水利論文索引	定價一元
第四種	鄱陽湖星子至湖口間深水道工程計劃	定價五角
第五種	恩格思治導黃河試驗報告彙編	定價三元
第六種	中國河工辭源	（印刷中）
第七種	水利工程設計手冊	（印刷中）

水利專刊第五種

恩格思治導黄河試驗報告彙編

中華民國二十五年三月初版　1—1000

定價大洋三元

編輯者　全國經濟委員會水利處　南京鐵湯池

發行者　全國經濟委員會　南京鐵湯池

代售者　上海生活書店　上海福州路三八四號

南京正中書局　南京太平路

南京中央書局　南京太平路

印刷者　東南印刷所　南京洪武路二十五號

後記

我是從數學史學習中逐步瞭解治黃史的。漢代《許商算術》的作者許商，好天文術數之事的王景、李尋善，他們既是數學家，又以治理黃河而聞名。我國現存最早的河工著作《河防通議》，將中國古典數學天元術運用到治黃工程中，創造了中國古代工程數學的一個高峰。除了數學史之外，內蒙古師範大學科學技術史研究還以少數民族科技史和地方科技史見長。李迪先生曾指出地方科技史研究的重要內容是人與自然環境變遷、科技遺迹與自然環境以及環境與生産的關係，此類研究具有明顯的現實意義和重要價值。想要通過大科學史研究，弄清變遷的原因和未來的發展趨勢，産出對于地方各方面的開發有更大、更直接價值的成果，這類研究大多離不開文獻。之後，李迪先生更是直接指出科技史研究不僅是對過去的科技工作和科技成果的回顧與總結，而且要着眼于現代，讓古人的發明創造爲今人服務，繼續在現代發揮其應有的作用。我將先生大科學史的治學理念視爲座右銘，在科研工作中更加注重讓科研成果服務于國家戰略與區域發展需求。

二〇一九年九月，習近平總書記在黃河流域生態保護和高質量發展座談會上指出，黃河流域在我國經濟社會發展和生態安全方面具有十分重要的地位。黃河流域生態保護和高質量發展是重大國家戰略。同年十月，黨的十九届四中全會提出『加强邊疆治理，推進興邊富民』，首次把邊疆治理寫入黨的文件。內蒙古師範大學組織科研力量，積極申報研究闡釋黨的十九屆四中全會精神的國家社科基金重大項目，其中『中國特色社會主義民族區域自治制度自信研究』項目獲批。我承擔其中的『鑄牢中華民族共同體意識下的民族自治地方文化自信研究』子課題，而黄河是首選文化要素。二〇二四年，該項目順利結項，我也對黄河文化所藴含的時代價值有了更深的體會。

有鑒于此，我帶領文化遺産智能應用服務中華民族共同體建設『英才興蒙』團隊，以黄河爲主題，開展了文獻、文物、傳統工藝等多模態資源庫建設和跨模態應用示範工作。這次與內蒙古人民出版社合作出版的《黄河國家治理文獻集成》，旨在梳理和總結文獻中所藴含的歷史經驗和文化信息，爲當代及未來的黄河治理和地方文旅産業發展提供參考與借鑒。

感謝內蒙古民族文化産業研究院、巴彦淖爾市圖書館等单位的傾力相助，感謝內蒙古自治區黨委宣傳部、內蒙古出版集團、內蒙古人民出版社對本項目的支持與幫助。

在此，也向致力于黄河治理和大河安瀾的歷代先賢與當代典範表達崇高的敬意：你們的不懈努力與無私奉獻，爲黄河的安寧與人民的福祉築起了堅實的防綫；你們的智慧與勇氣，將永遠銘刻在中華民族的歷史豐碑上，激勵後人不斷前行。

董杰

二〇二五年一月

北疆文化